TESTING TECHNOLOGY OF WATER PUMPS

泵测试技术

骆 寅 主编

江苏大学出版社
JIANGSU UNIVERSITY PRESS
镇 江

图书在版编目(CIP)数据

泵测试技术 / 骆寅主编. -- 镇江：江苏大学出版社, 2024.6. -- ISBN 978-7-5684-2198-0

Ⅰ. TH3

中国国家版本馆 CIP 数据核字第 2024HY5858 号

泵测试技术
Beng Ceshi Jishu

主　　编/	骆　寅
责任编辑/	郑晨晖
出版发行/	江苏大学出版社
地　　址/	江苏省镇江市京口区学府路 301 号（邮编：212013）
电　　话/	0511-84446464（传真）
网　　址/	http://press.ujs.edu.cn
排　　版/	镇江市江东印刷有限责任公司
印　　刷/	苏州市古得堡数码印刷有限公司
开　　本/	787 mm×1 092 mm　1/16
印　　张/	14.5
字　　数/	330 千字
版　　次/	2024 年 6 月第 1 版
印　　次/	2024 年 6 月第 1 次印刷
书　　号/	ISBN 978-7-5684-2198-0
定　　价/	68.00 元

如有印装质量问题请与本社营销部联系（电话：0511-84440882）

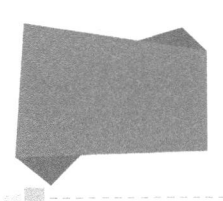

前　言

在现代工业的快速发展过程中,泵作为核心流体机械之一,在化工、石油、矿业、农业及城市供水等多个领域扮演着至关重要的角色。它不仅关系到流体输送的效率和可靠性,还直接影响整个系统的安全性和经济性。随着工业自动化和智能化的不断深入,工业生产对泵的性能要求也越来越高,这就需要有一套科学、系统的泵测试技术来确保泵设备能够稳定、高效地运行,本书正是基于这样的背景和需求编写完成的。

本书的编写目的是提供全面、系统的泵测试技术学习资源,培养学生和泵测试相关从业人员的专业理论知识和实践操作技能,以满足泵测试领域专业人才日益增长的需求。本书深入讲解了泵的基础知识、测试技术、试验方法及特殊类型泵的检测实践,在讲解理论知识的同时还强调实际操作技能的培养和提升。

本书共分为7章,内容涵盖泵测试技术的各个方面。第1章详细介绍了泵的分类、工作原理及基本参数,旨在为读者打下坚实的理论基础。第2章深入讲解了泵的运行试验、性能试验、汽蚀试验、四象限试验和模型试验,为后续的实践操作提供了必要的知识储备。第3章展开讲解了试验回路、参数的测量及对测量不确定度的估算。第4章系统阐述了试验台位等的选择、安装与起车、性能试验和汽蚀试验的通用方法,以及试验的常见故障及故障分析。第5章专注于水环真空泵、螺杆泵等特殊泵型的检测实践,提供了针对性的试验方法和技术指导。第6章针对潜水电泵的特点,讨论了电动机试验的关键技术和步骤。第7章介绍了泵在运行过程中振动与噪声的测量,为泵的运行维护和故障诊断提供了重要参考。

本书在编写过程中得到了泵检测领域的专家学者、工程技术人员及众多学生的宝贵意见和建议。特别感谢国家水泵产品质量检验检测中心(浙江)的童林丹、台州市特种设备检验检测研究院的赵丹华等,他们的实践经验和专业见解为本书的内容丰富性和实用性提供了重要保障。在此,一并向所有为本书的编写和完善作出贡献的个人和团队表示衷心的感谢。

为了更好地利用本书,建议读者按照章节顺序逐步学习,同时结合实际案例和操作实践以加深对泵测试技术的理解和掌握;鼓励读者在学习和应用的过程中积极思考、不断探索,将理论知识与实践相结合,提高解决实际问题的能力。

在本书的使用过程中,我们期待收到读者的反馈和建议,以便不断改进和更新内容与知识,使其更加贴合行业发展和教育需求。我们相信,通过大家的共同努力,本书能够成为泵测试技术教学和学习的重要参考书,并为推动我国泵测试技术的发展和应用作出应有的贡献。

最后,我们希望本教材能够成为泵相关专业学生和泵检测领域的相关从业人员的良师益友,帮助他们在专业道路上不断前进,为工业发展和社会进步贡献自己的力量。

由于作者能力和知识水平有限,虽然数易其稿,但书中难免存在疏漏之处,恳请读者批评指正。

编　者
2024 年 6 月

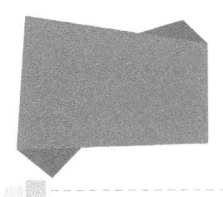

目　录

第1章

泵基础知识

泵属于通用机械的范畴,量大面广、用途广泛、型式多样、结构各异,因此分类的方法也很多。目前,国内尚无统一的泵分类方法,但按其工作原理,泵可以分为叶片泵、容积泵和其他类型泵三大类。其中,叶片泵又可分为离心泵、混流泵、轴流泵及旋涡泵;容积泵可分为转子式泵和往复式泵。这是最基本的分类方法,也是最重要的分类方法。此外,泵还可按其结构型式、驱动动力、输送介质及用途等进行分类。尽管泵的种类很多,但从泵测试的角度来看却大同小异:首先,绝大多数泵的性能参数都指的是"常温清水"下的性能参数,也就是说试验介质是相同的;其次,测量的参数及试验方法也基本相同。这是泵试验的共性。

1.1 泵的概述

1.1.1 泵的分类及工作原理

1. 泵的分类

(1)按工作原理分类

1)叶片泵

叶片泵的工作原理是通过旋转的叶轮把动力机的机械能传递给所输送的液体,使液体的能量增加,以达到输送或提升的目的。叶片泵包括以下几种。

① 离心泵:由于叶轮旋转,液体在离心力的作用下被甩至压水室而排出。

② 混流泵:叶轮旋转产生的离心力和轴向推力联合作用将液体斜向排出叶轮。混流泵按压水室的形式可分为蜗壳式混流泵和导叶式混流泵。

③ 轴流泵:其工作原理建立在流体力学中叶栅对绕流液体产生升力的理论基础上,叶轮旋转时通过对液体产生推力来传递能量,将液体沿轴向排出。轴流泵按叶片的调节方式可分为两种:一种是固定式(螺旋桨式),即叶片和轮毂铸成一个整体,多用于小型轴

流泵;另一种是可调式(旋桨式),即叶片安装在轮毂上并可以沿其旋转中心转动,以改变其安放角。可调式根据调节的结构又可分为半调节式和全调节式。半调节式是指叶片用紧固螺钉固定在轮毂上,当需要调节叶片时,必须先停机,然后松开紧固螺钉并按刻线转动叶片。全调节式是指在泵运行过程中,根据水位的变化通过调节机构(手动调节器、机械调节器或电液调节器)改变叶片的安放角,多用于大型轴流泵。

④ 旋涡泵:旋涡泵属于叶片泵的一种,但其工作原理与常规的叶片泵有很大不同。目前对旋涡泵工作原理的研究还不是很充分,仍建立在环型涡流传递能量和纵向旋涡传递能量的理论基础上。其设计方案也不够完善。

2)容积泵

容积泵的工作原理是依靠封闭且充满液体的工作室容积的周期性变化而输送液体。容积泵按运动型式可分为转子式泵和往复式泵两种。

① 转子式泵:包括螺杆(单螺杆、双螺杆、三螺杆)泵、齿轮(内啮合、外啮合)泵、滑片泵等。

② 往复式泵:包括活塞式泵、柱塞式泵、隔膜式泵等。

3)其他类型泵

其他类型泵有射流泵等。

(2)按结构型式分类

① 吸入形式:单吸泵、双吸泵。

② 壳体型式:节段式泵、中开式泵、蜗壳式泵。

③ 级数:单级泵、多级泵。

④ 轴的方向:立式泵、卧式泵、斜式泵。

⑤ 支承型式:悬架式泵、托架式泵、中心支承式泵。

(3)按驱动动力分类

① 人力:手动泵。

② 电力(电动机):回转动力泵、潜水电泵。

③ 水力:水轮泵、水锤泵。

④ 风力:风力提水机。

⑤ 柴(汽)油:柴油机泵、汽油机泵。

⑥ 太阳能:太阳能泵。

(4)按输送介质分类

泵按输送介质可分为清水泵、污水泵、油泵、渣浆泵、沙泵、纸浆泵、真空泵等。

(5)按用途分类

泵按用途可分为化工泵、消防泵、锅炉给水泵、空调泵、核泵等。

各类泵的特点比较见表1-1。

表 1-1　各类泵的特点比较

序号	名称	特点
1	离心泵	① 流量均匀,排出压力无周期性变化; ② 性能好,调节方便,可以很快适应外界变化; ③ 转速高,外形尺寸与占地面积比容积泵小; ④ 品种多、结构型式多、用途广泛
2	混流泵	① 流量、扬程适中,适用范围广; ② 效率曲线平坦、高效区宽; ③ 结构简单
3	轴流泵	① 流量大、扬程低; ② 结构简单; ③ 效率高,高效区窄,在小流量时有马鞍形; ④ 多为立式,叶轮淹没于水下
4	旋涡泵	① 扬程高、流量小,具有自吸能力; ② 结构简单,体积小,质量小; ③ 具有陡降的 H-Q 曲线、P-Q 曲线; ④ 效率低,一般为 $20\%\sim40\%$; ⑤ 不宜抽送黏度大和含有杂质的液体
5	容积泵	① 流量恒定,即当转速一定时泵的流量是恒定的; ② 泵的压力取决于管路的特性; ③ 对输送的液体有较强的适应性; ④ 具有良好的自吸能力
6	潜水电泵	① 机泵一体,使用方便; ② 规格品种多,能满足各种使用要求; ③ 占地面积小,泵房结构简单; ④ 无噪声污染

2. 泵的工作原理

在各类泵中,叶片泵是一个大家族,几乎占泵产品的 80% 以上。叶轮是叶片泵的核心部件,叶轮中的叶片形状及尺寸决定泵的性能。如上所述,叶片泵按工作原理分类实际上就是对叶片泵叶轮的分类,叶轮的分类依据是比转速 n_s。表 1-2 列举了叶片泵叶片形状、尺寸及相对特性曲线与比转速 n_s 的关系。

1.1.2　泵的基本参数

泵的基本参数是用来表征泵基本性能的参数,也是泵试验中要测量和计算的主要参数,通常被标在泵的铭牌上,主要有流量、扬程、转速、功率(配套功率)、效率和汽蚀余量。

表 1-2 叶片泵叶片形状、尺寸及相对特性曲线与比转速 n_s 的关系

叶片泵类型	比转速	叶轮轴面图	出口速度三角形	进、出口尺寸比	叶片形状	相对特性曲线	结构示意图
离心泵	低比转速 50~80			$d_2/d_0 \approx 3.0$	圆柱形叶片		
离心泵	中比转速 80~150			$d_2/d_0 \approx 2.0$	进口处扭曲形叶片；出口处圆柱形叶片		
离心泵	高比转速 150~300			$d_2/d_0 \approx 1.8 \sim 1.4$	扭曲形叶片		
轴流泵	300~500			$d_2/d_0 \approx 1.2 \sim 1.1$	扭曲形叶片		
混流泵	500~1400			$d_2/d_0 \approx 1.0$	扭曲形叶片		

1. 流量

(1) 体积流量

单位时间内从泵出口排出并进入管路的液体体积,称为体积流量。体积流量通常用 Q 表示,单位为 m^3/h、m^3/s 或 L/s。一般情况下,体积流量在流量大时用单位 m^3/s 或 L/s 表示,在流量小时用单位 m^3/h 表示。体积流量单位的换算关系见表 1-3。

(2) 质量流量

单位时间内从泵出口排出并进入管路的液体质量,称为质量流量。质量流量通常用 Q_m 表示,单位为 t/h 或 kg/s。体积流量与质量流量的换算关系为

$$Q_m = \rho Q$$

式中,ρ 为液体的密度,kg/m^3。常温(4 ℃)时清水的密度 $\rho = 1000\ kg/m^3$。

质量流量单位的换算关系见表 1-4。

2. 扬程

扬程是指泵出口总水头 H_2 与入口总水头 H_1 的代数差。

$$H_2 = \frac{p_2}{\rho g} + \frac{v_2^2}{2g} + z_2$$

$$H_1 = \frac{p_1}{\rho g} + \frac{v_1^2}{2g} + z_1$$

根据定义,泵的扬程为

$$H = H_2 - H_1 = \frac{p_2 - p_1}{\rho g} + \frac{v_2^2 - v_1^2}{2g} + (z_2 - z_1) \tag{1-1}$$

式中,H_2、H_1 分别为泵出、入口总水头,m;p_2、p_1 分别为泵出、入口测压仪表显示的表压(或泵出、入口处液体的静压力),Pa;v_2、v_1 分别为泵出、入口处液体的流速,m/s;z_2、z_1 分别为泵出、入口测压仪表中心到基准面的垂直距离(或泵出、入口到基准面的垂直距离),m;g 为重力加速度,m/s^2。

从式(1-1)中可以看出,泵的扬程由压力水头差、速度水头差和表位差三部分组成。按伯努利方程对扬程的定义,$z_2 - z_1$ 应是泵出、入口到基准面的垂直距离差,称为位能差。但在泵试验时,测得的进、出口压力(静压)除了测压仪表显示的表压外,当换算到基准面时还应包含从测压点到测压仪表中心的水柱高。因此,公式中的表位差 $z_2 - z_1$ 包括泵进、出口测压点到基准面的垂直距离和测压点到测压仪表中心的水柱高两部分,等于出、入口测压仪表中心到基准面的垂直距离差。式(1-1)是泵试验时扬程计算的实用公式。

表 1-3　体积流量单位的换算关系

立方米每秒 (m³/s)	立方米每分 (m³/min)	立方米每小时 (m³/h)	立方厘米每秒 (cm³/s)	升每秒 (L/s)	升每分 (L/min)	升每小时 (L/h)	立方英尺每秒 (ft³/s)	立方英尺每分 (ft³/min)	立方英尺每小时 (ft³/h)	美加仑每分 (USgal/min)
1	60	3600	1×10^6	1000	6×10^4	3.6×10^6	35.3147	0.211888×10^4	0.127133×10^6	1.5850×10^4
0.0166667	1	60	0.166667×10^5	16.6667	1000	6×10^4	0.588578	35.3147	2118.88	264.17
2.77778×10^{-4}	0.0166667	1	277.778	0.277778	16.6667	1000	9.80963×10^{-3}	0.588578	35.3147	4.4028
1×10^{-6}	6×10^{-5}	3.6×10^{-3}	1	1×10^{-3}	0.06	3.6	3.53147×10^{-5}	0.211888×10^{-2}	0.127133	0.01585
0.001	0.06	3.6	1000	1	60	3600	0.0353147	2.11888	127.133	15.850
1.66667×10^{-5}	1×10^{-3}	0.06	16.6667	0.0166667	1	60	5.88578×10^{-4}	0.0353147	2.11888	0.26417
0.277778×10^{-6}	0.166667×10^{-4}	0.001	0.277778	0.277778×10^{-3}	0.0166667	1	9.80963×10^{-6}	0.588578×10^{-3}	0.0353147	4.4028×10^{-3}
0.0283168	1.69902	101.941	0.283169×10^5	28.3168	1699.01	101940	1	60	3600	448.8213
0.471947×10^{-3}	0.0283168	1.69902	0.471947×10^3	0.471947	28.3168	1699.02	0.0166667	1	60	7.48038
7.86579×10^{-6}	0.471947×10^{-3}	0.0283168	7.86579	7.86579×10^{-3}	0.471947	28.3168	0.277778×10^{-3}	0.0166667	1	0.124673
0.630914×10^{-4}	3.785477×10^{-3}	0.227128	63.0902	0.0630902	3.785441	227.1285×10^{-3}	2.228058×10^{-3}	0.133683	8.02098	1

表 1-4　质量流量单位的换算关系

千克每秒 (kg/s)	克每分 (g/min)	克每秒 (g/s)	吨每小时 (t/h)	吨每分 (t/min)	千克每小时 (kg/h)	千克每分 (kg/min)	英吨每小时 (ton/h)	美吨每小时 (U.Ston/h)
1	6×10^4	1000	3.6	0.06	3600	60	3.54315	3.96832
1.66667×10^{-5}	1	0.0166667	6×10^{-5}	1×10^{-6}	0.06	1×10^{-3}	5.90524×10^{-5}	6.61386×10^{-5}
0.001	60	1	0.0036	6×10^{-5}	3.6	0.06	0.354315×10^{-2}	0.396832×10^{-2}
0.277778	0.166667×10^5	277.778	1	0.0166667	1000	16.6667	0.984207	1.10231
16.6667	1×10^6	1.66667×10^4	60	1	6×10^4	1000	59.0524	66.1386
0.277778×10^{-3}	16.667	0.277778	1×10^{-3}	1.66667×10^{-5}	1	0.0166667	0.984207×10^{-3}	1.10231×10^{-3}
0.0166667	1000	16.6667	0.06	0.001	60	1	0.0590524	0.0661386
0.282236	0.169342×10^5	282.236	1.01605	1.69342×10^{-2}	1016.05	16.9342	1	1.12
0.251996	15119.8	251.996	0.907185	0.0151198	907.185	15.1198	0.892859	1

3. 转速

泵轴单位时间内旋转的次数称为转速,用符号 n 表示,单位是 r/min。

4. 功率

泵的功率通常分以下几种。

(1) 泵输入功率

泵输入功率即原动机传递给泵轴的功率,也称轴功率,用 P 表示,单位是 kW。

(2) 泵输出功率

泵输出功率即单位时间内输送出去的液体在泵中获得的有效能量,也称有效功率,用 P_u 表示,计算公式为

$$P_u = \frac{\rho g Q H}{1000} \tag{1-2}$$

式中,P_u 为泵输出功率,kW;ρ 为泵输送液体的密度,kg/m^3;g 为重力加速度,m/s^2;Q 为泵的体积流量,m^3/s;H 为泵的扬程,m。

(3) 配套功率

配套功率用 P_g 表示,即与水泵配套的原动机的额定输出功率。一般原动机的输出功率要比泵轴功率大,配套功率 $P_g = (1.05 \sim 2.0)P$,其中 1.05~2.0 为配套系数。

(4) 原动机输入功率

原动机输入功率用 P_{gr} 表示,即配套动力机(一般式电动机)的输入功率,由试验现场测量得到,多用于泵站现场实测以求得泵机组效率。

5. 效率

(1) 机组效率

泵输出功率与原动机输入功率之比称为机组效率,用 η_{gr} 表示,即

$$\eta_{gr} = \frac{P_u}{P_{gr}} \times 100\% \tag{1-3}$$

(2) 泵效率

泵在运行过程中其输入功率并不是全部传递给液体,而是要损失一部分。这些损失包括机械损失、容积损失和水力损失,其大小用相应的效率表示。

1) 机械损失与机械效率

机械损失是指由机械摩擦引起的功率损失,如水泵轴承、密封和圆盘摩擦损失等,机械损失功率之和用 ΔP_m 表示。机械损失中,圆盘摩擦损失所占比例最大。机械效率 η_m 为输入功率和机械损失功率之差与输入功率之比,即

$$\eta_m = \frac{P - \Delta P_m}{P} = \frac{\rho g Q_t H_t}{P} \times 100\% \tag{1-4a}$$

式中,Q_t 为泵的理论流量,m^3/s;H_t 为泵的理论扬程,m。

2）容积损失与容积效率

容积损失是指由泄漏引起的损失,如密封、口环及平衡孔的泄漏等,用 q 表示。容积效率 η_v 为泵出口流出的实际流量 Q 与泵叶轮的理论流量 Q_t 之比,即

$$\eta_v = \frac{Q}{Q_t} = \frac{Q_t - q}{Q_t} \times 100\% \tag{1-4b}$$

3）水力损失与水力效率

水力损失是指液体流经叶轮时所引起的功率损失,如沿程水力摩擦损失及由撞击、旋涡、流速方向和大小改变引起的局部水力损失,用 Δh 表示。水力效率 η_h 为泵实际扬程 H 与理论扬程 H_t 之比,即

$$\eta_h = \frac{H}{H_t} = \frac{H_t - \Delta h}{H_t} \times 100\% \tag{1-4c}$$

4）泵效率

泵效率为输出功率(有效功率)与输入功率(轴功率)之比,用 η_p 表示,即

$$\eta_p = \frac{P_u}{P} = \frac{\rho g Q H}{P} = \frac{\rho g Q_t \eta_v H_t \eta_h}{P} = \frac{\rho g Q_t H_t}{P} \eta_v \eta_h = \eta_m \eta_v \eta_h \tag{1-5}$$

由式(1-5)可知,泵效率为机械效率、容积效率、水力效率的乘积。

6. 汽蚀余量

汽蚀余量也称净正吸入水头,是指在泵的进、出口,单位质量液体所具有的超过该温度下汽化力的富余能量,用 NPSH(net positive suction head)表示,也可用 Δh 表示,单位为 m。NPSH 是泵吸入性能的重要指标。

1.1.3　泵特性曲线

泵特性曲线就是把通过试验得到的性能数据换算为额定转速后,绘制在坐标图上的曲线。特性曲线的用途很广,从特性曲线可以直观、明确、全面地了解泵的性能及各参数之间的关系。依据特性曲线可以判定产品是否合格,是否达到合同要求及验收标准;判断产品是否满足设计要求并以此提出产品的改进措施;指导用户选型及泵站的运行。所以说特性曲线对于泵的设计、制造、使用及选型都是非常有用的。

针对不同的用途和要求,泵的特性曲线也有不同的形式,一般分为基本性能曲线、相对特性曲线(无因次特性曲线)、通用特性曲线、综合性能曲线(型谱图)及全性能曲线(四象限特性曲线)。

1. 基本性能曲线

基本性能曲线是表示泵的基本参数随流量变化的曲线,是液体在泵内流动规律的外部表现形式,所以也称外特性曲线。基本性能曲线包括扬程曲线 H-Q、轴功率曲线 P-Q、汽蚀曲线 NPSHc-Q 和效率曲线 η-Q。通常将上述四条曲线画在同一个图中。图 1-1 所示为轴流泵的基本性能曲线,图 1-2 所示为螺杆泵的基本性能曲线。

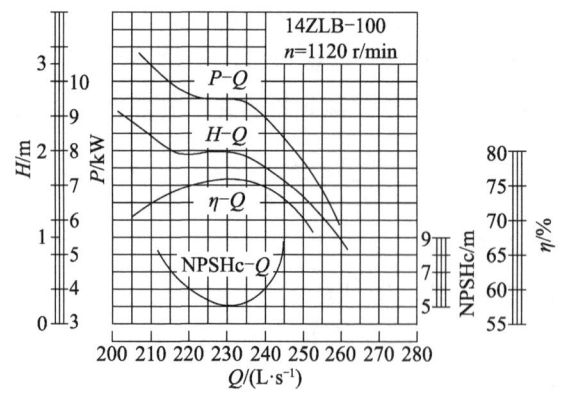

图 1-1　轴流泵的基本性能曲线

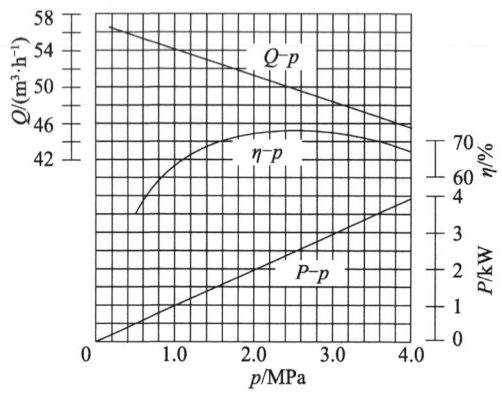

图 1-2　螺杆泵的基本性能曲线

泵的基本性能曲线是通过试验得到的,试验人员应当了解这些曲线是如何形成的。下面以离心泵为例对基本性能曲线进行定性分析。

(1)扬程曲线 H - Q 的分析

分析思路分为四步:首先绘出无限多叶片理论扬程的 $H_{t\infty}$ - Q_t 曲线;其次考虑有限叶片数的修正,得出 H_t - Q_t 曲线;然后考虑水力损失,得出 H - Q_t 曲线;最后考虑容积损失,形成 H - Q 曲线。

1)绘出无限多叶片理论扬程的 $H_{t\infty}$ - Q_t 曲线

离心泵无限多叶片的理论扬程方程可表示为

$$H_{t\infty} = \frac{u_2^2}{g} - \frac{u_2 \cot \beta_2}{g \pi D_2 b \psi_2} Q_t \tag{1-6}$$

一般泵的叶片出口角 $\beta_2 < 90°$,因此 $\cot \beta_2$ 为正值,$H_{t\infty}$ - Q_t 为一条随流量下降的直线,如图 1-3 所示。

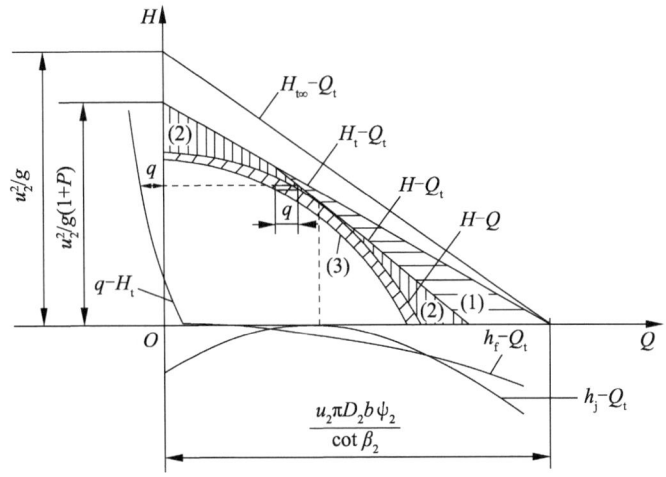

（1）—沿程损失；（2）—冲击损失；（3）—容积损失。

图 1-3　H - Q 曲线分析图

2）考虑有限叶片数的修正

采用普夫莱德尔（Pfleiderer）计算公式绘制 H_t - Q_t 曲线，可根据下式进行修正：

$$H_t = \frac{H_{t\infty}}{1+P} = K H_{t\infty} \tag{1-7}$$

式中，H_t 为有限叶片数的理论扬程；K、P 均为常数，$K = 1/(1+P)$。

通常认为 K 与流量无关，因此 H_t - Q_t 也是一条直线，如图 1-3 所示。

3）考虑水力损失

泵内的损失包括沿程损失 h_f 和冲击损失 h_j，这两种损失与流量的平方成正比。其中，沿程损失的表达式为

$$h_f = K_f Q_t^2 \tag{1-8}$$

式（1-8）为一条通过原点的抛物线，如图 1-3 所示。

泵内冲击损失的表达式为

$$h_j = K_j (Q_t - Q_0)^2 \tag{1-9}$$

式中，Q_0 是泵设计工况时的流量。由于在设计工况下无冲击损失，因此式（1-9）是一条与横坐标相切、切点在 $Q_t = Q_0$ 处的抛物线，如图 1-3 所示。从 H_t - Q_t 曲线中扣除沿程损失 h_f 和冲击损失 h_j，就得到实际扬程与理论流量的关系曲线 H - Q_t。

4）考虑容积损失

泵的实际流量 Q 是理论流量 Q_t 和泄漏流量 q 之差，泄漏流量 q 与理论扬程的 1/2 次方成正比，如图 1-3 所示。从 H - Q_t 曲线中减去相应的 q 值，就得到实际扬程与流量的关系曲线 H - Q。

（2）轴功率曲线 P - Q 的分析

$$P = P_w + \Delta P_m \tag{1-10}$$

式中，P 为泵轴功率，kW；P_w 为水功率，kW；ΔP_m 为机械损失功率，kW。

$$P_w = \rho g Q_t H_t = K \rho g Q_t H_{t\infty} = K \rho u_2^2 Q_t - \frac{K \rho u_2 \cot \beta_2}{\pi D_2 b_2 \psi_2} Q_t^2 = A' Q_t - B' Q_t^2 \quad (1\text{-}11)$$

将式(1-11)代入式(1-10)得

$$P = A' Q_t - B' Q_t^2 + \Delta P_m \quad (1\text{-}12)$$

机械损失功率 ΔP_m 与泵流量无关。因此，可以采用分布叠加法绘出如图 1-4 所示的 P-Q 曲线：

① 通过坐标原点画斜直线，如图 1-4 中的直线 OA 所示，代表 $A' Q_t$。

② 通过坐标原点绘出 $B' Q_t^2$ 的抛物线。

③ 从直线 OA 上的纵坐标中扣除相应的 $B' Q_t^2$，得到 P_w-Q_t 曲线，如图 1-4 中的曲线 OB 所示。

④ 在曲线 OB 上加一等值的机械损失 ΔP_m，得到 P-Q_t 曲线，如图 1-4 中的曲线 CD 所示。

⑤ 从曲线 CD 上所对应的流量 Q 中扣除泄漏流量 q，得到 P-Q 曲线，如图 1-4 中的曲线 EF 所示。

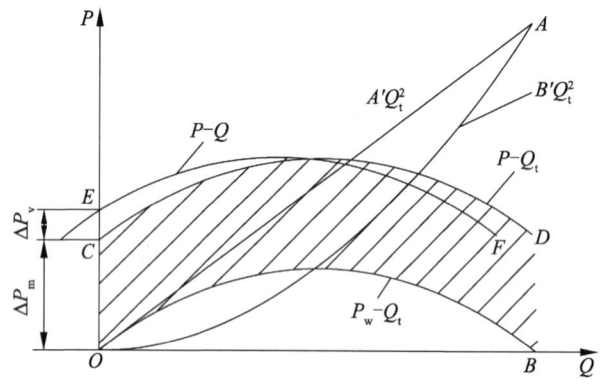

图 1-4 P-Q 曲线分析图

总的来说，离心泵的 P-Q 曲线是一条随着流量增大轴功率缓慢上升的曲线。当 $Q=0$ 时，轴功率最小，仅为机械损失功率(ΔP_m)与容积损失功率(ΔP_v)之和，这就是离心泵最好闭阀起动的原因。

(3) 效率曲线 η-Q 的分析

有了 H-Q 曲线与 P-Q 曲线后，就可以查出同一流量下相应的扬程 H 和轴功率 P，然后可按式(1-13)计算泵在不同流量下的效率，从而得到 η-Q 曲线，即

$$\eta = \frac{\rho g Q H}{P} \times 100\% \quad (1\text{-}13)$$

η-Q 曲线是一条有极大值的曲线，如图 1-1 所示。

2. 相对特性曲线

为了方便对不同比转速水泵的性能进行比较，常常用到相对特性曲线，也称无因次特

性曲线。在介绍相对特性曲线前,先介绍相对性能参数的概念。

相对性能参数是指泵在非设计工况下的性能参数(Q、H、P 和 η)与保证工况点的各对应参数(Q_G、H_G、P_G 和 η_G)的百分比,即

相对流量 $$q = \frac{Q}{Q_G} \times 100\%$$

相对扬程 $$h = \frac{H}{H_G} \times 100\%$$

相对功率 $$P' = \frac{P}{P_G} \times 100\%$$

相对效率 $$\eta' = \frac{\eta}{\eta_G} \times 100\%$$

相对特性曲线就是在直线坐标图中,以相对流量 q 为横坐标,以相对扬程 h、相对功率 P' 和相对效率 η' 为纵坐标的关系曲线。比转速 n_s 相等的泵具有相同的相对特性曲线,也就是说用同一组相对特性曲线可代表一系列水泵的性能。因此,以上四式可以改写成如下形式:

$$\begin{cases} Q = qQ_G \\ H = hH_G \\ P = P'P_G \\ \eta = \eta'\eta_G \end{cases} \tag{1-14}$$

这样,就可以根据已知的相对特性曲线计算和绘制一台设计点已知的相似泵的特性曲线。图 1-5 所示为一组不同比转速泵的相对特性曲线,从图中可以清楚地看出泵性能曲线随比转速 n_s 变化的规律:对于 H-Q 曲线,比转速 n_s 越小,曲线越平坦;n_s 越大,曲线越陡。对于 P-Q 曲线,离心泵功率随流量的减小而减小,当 $Q=0$ 时,功率最小,而轴流泵则相反,混流泵轴功率曲线比较平坦。对于 η-Q 曲线,比转速 n_s 越小,曲线下降越缓慢,高效区越宽;n_s 越大,曲线下降越快,高效区越窄。

3. 通用特性曲线

如前所述,泵的基本性能曲线是通过试验得到的,它是将试验转速下测得的参数根据比例定律换算为额定转速下的参数绘制而成的。当泵的额定转速发生变化时,其性能曲线也随之改变。这样就会得到很多条独立的、不同转速下的泵性能曲线,如图 1-6 所示。当希望查找泵在不同转速下某个相同参数值时(如等效率点)的性能时,无论这些曲线是绘制在同一张纸上还是绘制在不同纸上,查找都很不方便,也不易比较。如果将这些曲线综合在一起,查找起来就比较方便了。通常将图 1-6 中的曲线变换为仅在图中反映不同转速下的 H-Q 曲线,且用等效率曲线代替不同转速时的效率曲线,如图 1-7 所示,这样的曲线称为变速通用特性曲线。具体做法如下:

① 在图 1-7 中绘制出不同转速 n_1、n_2、n_3 下的 H-Q 曲线和 η-Q 曲线。

② 在图 1-7 中取某一效率值 η_1 绘制水平线,分别与 n_1、n_2、n_3 下的 η-Q 曲线相交,

共有 6 个交点。

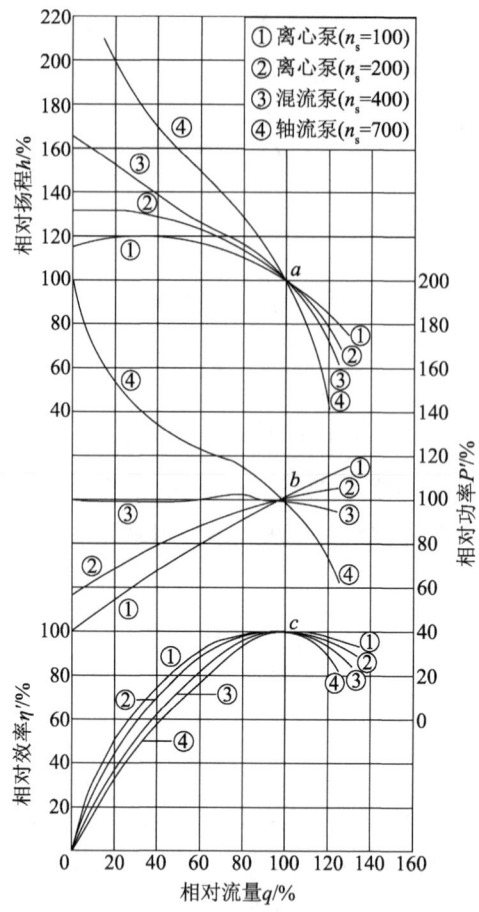

图 1-5　不同比转速泵的相对特性曲线

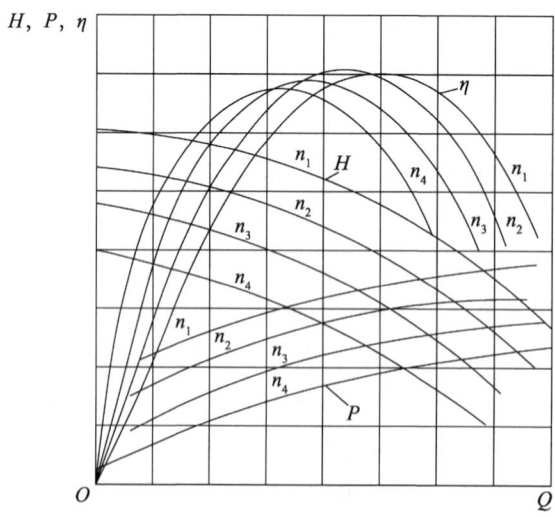

图 1-6　不同转速下的泵性能曲线

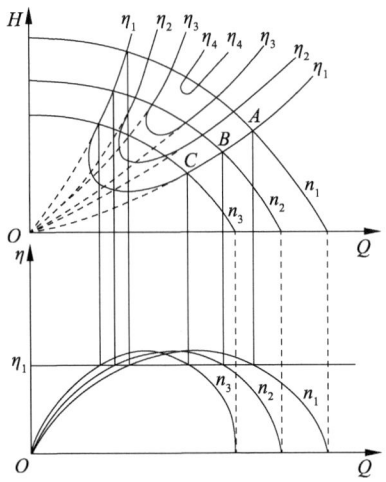

图 1-7　离心泵变速通用特性曲线

③ 将各个交点分别投射到与转速相应的 H-Q 曲线上,再将这些投影点连成曲线,就得到 η_1 的等效率曲线。

④ 重复步骤②和③的做法,分别得到 n_2、n_3、n_4 下的等效率曲线。

这就是离心泵变速通用特性曲线中等效率曲线的绘制方法,用同样的方法也可以绘制出等功率曲线和等汽蚀余量曲线。

对于大型轴流泵或斜流泵,一般采用改变叶片安放角的方法来满足工况变化的需求,每个叶片安放角 φ 同样有一组 H-Q、P-Q、η-Q 曲线。用同样的方法也可以得到轴流泵变角的通用特性曲线,如图 1-8 所示。图中不仅有等效率曲线,还有等功率曲线。当然也可以绘制出等汽蚀余量曲线。

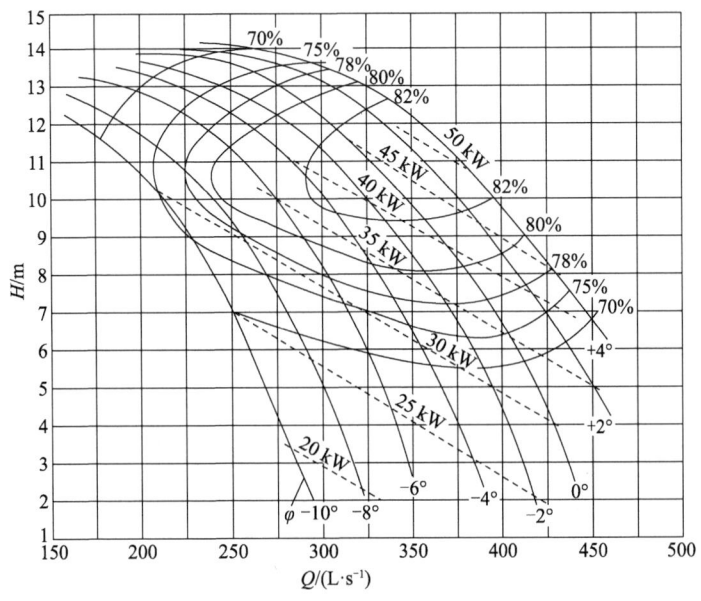

图 1-8　轴流泵变角的通用特性曲线

4. 综合性能曲线(型谱图)

泵的综合性能曲线就是将同一型号、不同规格的一系列泵的工作范围(高效区)绘制在一个直角对数坐标上得到的性能曲线图,即通常所称的系列型谱图。为此,首先要确定泵的工作范围(高效区)。那么,如何确定泵的工作范围呢? 可以通过改变转速、切割叶轮和降低效率来扩大泵的工作范围,如图 1-9 所示。图中曲线 1、2 是改变转速或切割叶轮前后的特性曲线,曲线 3、4 是改变转速的相似工况抛物线或切割外径后的切割线(抛物线)。

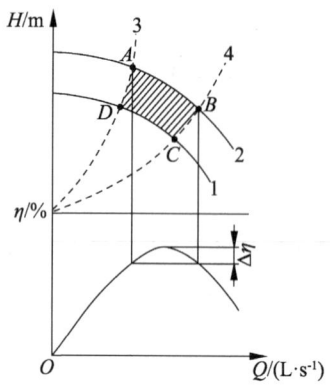

图 1-9　泵工作范围的确定

以最高效率下降 $\Delta\eta$ 确定图中的阴影部分 $ABCD$,即为泵的工作范围。用同样的方法可以确定一系列泵的工作范围,把同类型不同规格泵的工作范围排列在同一张以流量为横坐标、扬程为纵坐标的对数坐标图上就形成型谱图。图 1-10 所示为 IS 型单级单吸离心泵型谱图。

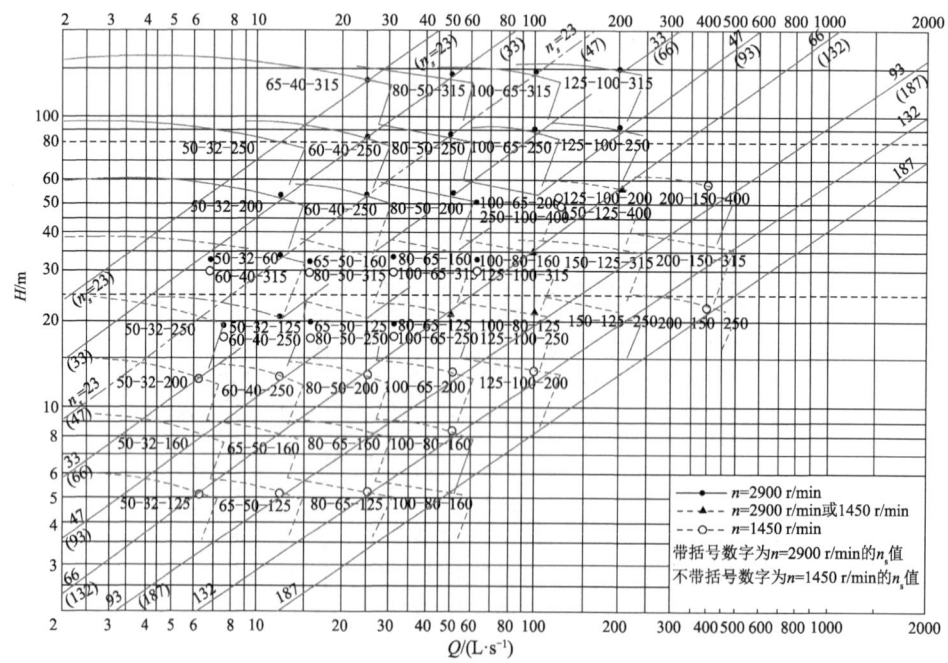

图 1-10　IS 型单级单吸离心泵型谱图

工作范围的排列应遵循一定的规律,不同口径的泵按一定的流量间隔比排列,相同口径的泵按一定的扬程间隔比排列。泵的工作范围一般以效率下降 5%～8% 来确定为宜。工作范围取得大、泵的品种规格少有利于制造,但这种情况下泵的运行效率低,不经济;工作范围取得小、泵的品种规格多不利于制造,但这种情况下泵的运行效率高、经济。因此,工作范围的选取应当全面考虑。

型谱图的坐标一般采用双对数坐标,这主要是因为对数坐标可压缩坐标,能显示更宽的范围,扩大了小幅值的范围而压缩了大幅值的范围,使工作范围的方块匀称,图形均匀美观。

型谱图是泵产品标准化、系列化的需要,通过它可以知道产品的开发,同时它也为用户选型提供了方便。目前,国内的 IS 型离心泵、SH 型双吸泵等都有完整的系列型谱图。

5. 全性能曲线

以上介绍的性能曲线都是泵在正常运转情况下各参数之间的关系曲线,参数都是正值,曲线处于第一象限。但有时也会出现非正常运转情况,如泵在运行中突然失电,逆止阀失效,泵串、并联的故障运行,蓄能泵站中水泵-水轮机可逆机组的过渡过程,以及泵的飞逸特性试验和水锤的研究等。这时可能会出现参数为负值的情况,因此性能曲线就由第一象限扩展到其他三个象限。水泵在正常和非正常情况下运转时参数间的关系曲线称为水泵的全性能曲线,也称为四象限特性曲线。

全性能曲线也是通过试验得出的,全性能试验装置比一般泵常规的性能试验装置要复杂,因为它要通过辅助泵的启停及各阀门的开闭来改变管路循环系统中液流的流动方向,为被测泵创造各种不同的工况条件。在测量方面则要求流量、压力、转矩及转速均能双向测量。目前,在国内一些高精度的可逆式泵-水轮机试验台上都可完成部分非正常工况试验。为了满足核主泵的生产要求,国内核电站核 I 级泵(核主泵)的生产厂已建成首个四象限试验台。这种试验测量精度要求不一定很高,试验方法也与一般泵的性能试验大体相似。某些资料中介绍的全性能试验装置简图是为了说明全性能试验而画的示意图。在实际工程中,要建造一个具有相当规模、能完成水泵四象限八工况的试验台,需要耗费很大的人力、物力及财力。

全性能曲线从理论上分析总结了泵在各种不同条件下可能出现的全部工况,但在实际中并非每个工况都会遇到,且有的工况没有研究价值。通常在实践中人们研究的非正常工况是指个别非正常工况,并非全部。因此,可以在现有试验装置的基础上根据需要对其进行改造。

在讨论全性能曲线时,为了研究方便把泵在正常情况下运行时的参数都定义为正值:① 扬程为正,是指出口总水头大于进口总水头,液体获得能量;② 流量为正,是指液流从进口流向出口;③ 功率为正,是指原动机将能量传递给泵;④ 转速为正,是指叶轮按泵的规定方向旋转;⑤ 转矩为正,是指转矩方向与工况规定转向相同。凡是与上述情况相反的皆为负值。

　　为了消除泵尺寸的影响,四象限特性曲线的参数都用相对参数表示。因此,四象限特性曲线属于相对特性曲线的范畴,是以相对流量($q = Q/Q_\mathrm{G}$)为横坐标,以相对转速($\alpha = n/n_\mathrm{G}$)为纵坐标,绘制不同相对转速下的等扬程($h = H/H_\mathrm{G}$)和等转矩($m = M/M_\mathrm{G}$)的两组曲线,如图 1-11 所示。

　　泵的全性能曲线的绘制方法与通用特性曲线的绘制方法相似。首先,要绘制出泵在不同转速下相对流量与相对扬程的关系曲线 $q = f(h)$ 和相对流量与相对转矩的关系曲线 $q = f(m)$,从不同的 h 处绘制水平线,使其与不同转速下的相对性能曲线 $q = f(h)$ 相交。其次,从不同的 m 处绘制水平线使其与不同转速下的相对性能曲线 $q = f(m)$ 相交。最后,将这些交点的数据(α、q 值)再分别绘制在 α-q 坐标图中,并连成光滑曲线,即得到如图 1-11 所示的全性能曲线。

　　由于相对参数有正负之分,不同参数的正负组合就会形成不同的工况。因此,凡是参数为零的曲线就成了工况的分界线,即纵坐标线 α、横坐标线 q、零扬程线 $h=0$、零转矩线 $m=0$ 四条线将四个象限分成八个扇形区域,即八个工况区,如图 1-11 中的 A、B、C、D、E、F、G、H 所示,即两个水泵工况区(A、E)、两个水轮机工况区(C、G)及相互间隔的四个制动工况区(B、D、F、H)。泵的全性能曲线中各工况说明见表 1-5。

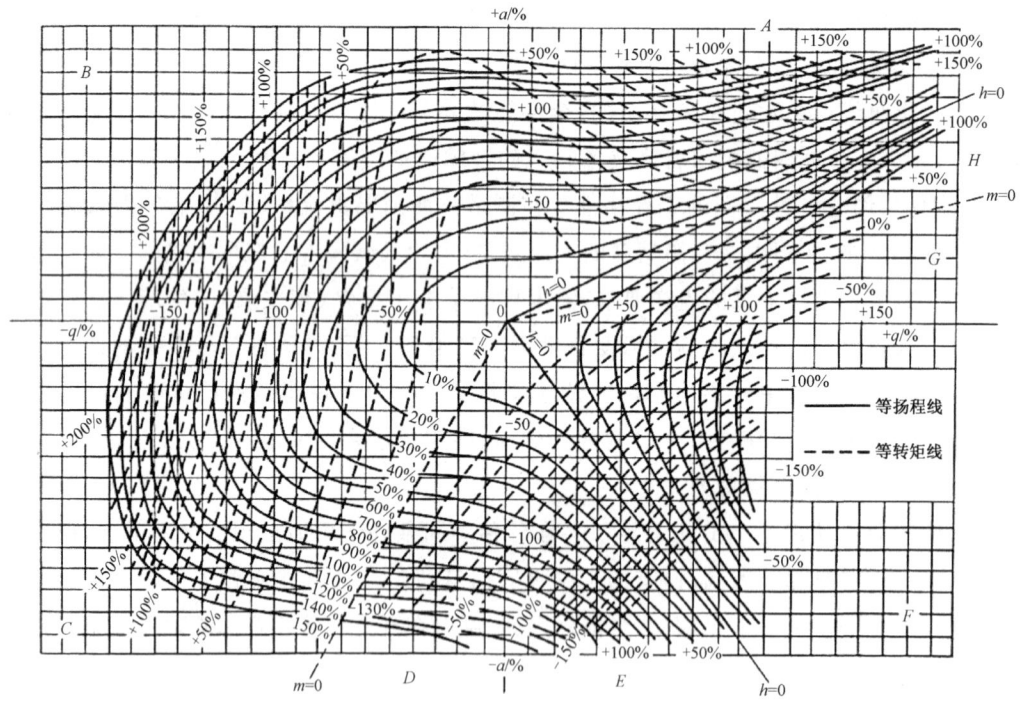

图 1-11　泵的全性能曲线($n_\mathrm{s}=77$)

表 1-5 泵的全性能曲线中各工况说明

工况区	工况名称	相对参数				轴功率 P	输出功率 P_u	运转工况示意图	说明
		α	m	h	q				
A	正常水泵工况	+	+	+	+	+	+		原动机将能量传给水泵,液体流经泵后能量增加
B	正转倒流制动情况	+	+	+	−	+	−		原动机将能量传给水泵,液体流经泵后能量减少,其流量小于出口水头作用下的淹没出流流量,倒流、正转、制动
C	正常水轮机工况	−	+	+	−	−	−		水泵将能量传给原动机,水泵作为水轮机运行,倒流、反转
D	反转倒流制动工况	−	−	+	−	+	−		原动机将能量传给水泵,实际扬程高于泵的扬程,反转、倒流、耗能、制动
E	反转水泵工况	−	−	+	+	+	+		原动机将能量传给水泵,液体流经泵后能量增加,反转,转矩为负
F	反转正流制动工况	−	−	−	+	+	−		原动机将能量传给水泵,流量小于进口水头作用下的自由出流流量,反转、制动
G	反转水轮机工况	+	−	−	+	−	−		在进口高水头作用下,水泵正转,将能量传给原动机,其转向与水泵作为正转水轮机工况(工况区 C)运行的转向相反
H	正转正流制动工况	+	+	−	+	+	−		在进口高水头作用下,原动机带动水泵正转,但水泵扬程低,进口压力高于出口压力,起制动作用

注:1. α 为相对速度,m 为相对转矩,h 为相对扬程,q 为相对流量;

2. 轴功率 $P=\dfrac{\pi}{30}Mn$,输出功率 $P_u=\rho gQH$。

1.2 泵试验中的单位制

1.2.1 国际单位制

国际单位制(SI)是由国际计量大会(CGPM)采纳和推荐的一种一贯单位制。它是在米制基础上发展起来的比较完善、科学、实用的单位制,由 1960 年第十一届国际计量大会确定。SI 的构成体系见表1-6。

表 1-6　SI 的构成体系

$$
国际单位制(SI)
\begin{cases}
SI 单位
\begin{cases}
SI 基本单位(7 个)\\
SI 辅助单位(2 个)\\
SI 导出单位(其中 19 个具有专门名称)
\end{cases}\\
SI 词头(自 10^{-24} \sim 10^{24} 共 20 个)\\
SI 单位的倍数单位
\end{cases}
$$

1. SI 基本单位

SI 基本单位是构成整个 SI 的基础,其名称、符号见表1-7。

表 1-7　SI 基本单位

量的名称	单位名称	单位符号	量的名称	单位名称	单位符号
长度	米	m	热力学温度	开[尔文]	K
质量	千克(公斤)	kg	物质的量	摩[尔]	mol
时间	秒	s	发光强度	坎[德拉]	cd
电流	安[培]	A			

注:1. 方括号中的字,在不致引起混淆、误解的情况下,可以省略,下同。
　　2. 圆括号中的字是它前面的名称的同义词,下同。

2. SI 辅助单位

SI 辅助单位是无量纲的。在使用上,它既可以作为基本单位,也可以作为导出单位,有时甚至写成 1 而不出现在单位符号之中。SI 辅助单位的名称、符号见表1-8。

表 1-8　SI 辅助单位

量的名称	单位名称	单位符号
[平面]角	弧度	rad
立体角	球面度	sr

3. SI 导出单位

SI 导出单位包括用 SI 基本单位和 SI 辅助单位表示的 SI 导出单位、具有专门名称的 SI 导出单位和用专门名称表示的 SI 导出单位,见表1-9 至表1-11。

表 1-9　用 SI 基本单位和 SI 辅助单位表示的 SI 导出单位

量的名称	SI 导出单位	
	单位名称	单位符号
面积	平方米	m^2
体积	立方米	m^3
速度	米每秒	m/s
加速度	米每二次方秒	m/s^2
波数	每米	m^{-1}
密度	千克每立方米	kg/m^3
电流密度	安培每平方米	A/m^2
磁场强度	安培每米	A/m
浓度	摩尔每立方米	mol/m^3
比体积	立方米每千克	m^3/kg
亮度	坎德拉每平方米	cd/m^2
角速度	弧度每秒	rad/s
角加速度	弧度每二次方秒	rad/s^2
辐射强度	瓦特每球面度	W/sr
辐射亮度	瓦特每平方米球面度	$W/(m^2 \cdot sr)$

表 1-10　具有专门名称的 SI 导出单位

量的名称	SI 导出单位			
	单位名称	单位符号	用其他 SI 单位表示	用 SI 基本单位表示
频率	赫[兹]	Hz	—	s^{-1}
力	牛[顿]	N	—	$kg \cdot m \cdot s^{-2}$
压力,压强,应力	帕[斯卡]	Pa	N/m^2	$kg \cdot m^{-1} \cdot s^{-2}$
能[量],功,热量	焦[耳]	J	$N \cdot m$	$kg \cdot m^2 \cdot s^{-2}$
功率,辐[射能]通量	瓦[特]	W	J/s	$kg \cdot m^2 \cdot s^{-3}$
电荷[量]	库[仑]	C	—	$A \cdot s$
电位(电势),电压,电动势	伏[特]	V	W/A	$kg \cdot m^2 \cdot s^{-3} \cdot A^{-1}$
电容	法[拉]	F	C/V	$s^4 \cdot A^2 \cdot m^{-2} \cdot kg^{-1}$
电阻	欧[姆]	Ω	V/A	$kg \cdot m^2 \cdot s^{-3} \cdot A^{-2}$
电导	西[门子]	S	A/V	$s^3 \cdot A^2 \cdot m^{-2} \cdot kg^{-1}$
磁通[量]	韦[伯]	Wb	$V \cdot s$	$kg \cdot m^2 \cdot s^{-2} \cdot A^{-1}$
磁通[量]密度,磁感应强度	特[斯拉]	T	Wb/m^2	$kg \cdot s^{-2} \cdot A^{-1}$

量的名称	SI 导出单位			
	单位名称	单位符号	用其他 SI 单位表示	用 SI 基本单位表示
电感	亨[利]	H	Wb/A	$kg \cdot m^2 \cdot s^{-2} \cdot A^{-2}$
摄氏温度	摄氏度	℃	—	K
光通量	流[明]	lm	—	$cd \cdot sr$
[光]照度	勒[克斯]	lx	lm/m^2	$cd \cdot sr \cdot m^{-2}$
[放射性]活度	贝可[勒尔]	Bq	—	s^{-1}
吸收剂量,比授[予]能,比释动能	戈[瑞]	Gy	J/kg	$m^2 \cdot s^{-2}$
剂量当量	希[沃特]	Sv	J/kg	$m^2 \cdot s^{-2}$

表 1-11　用专门名称表示的 SI 导出单位

量的名称	SI 导出单位		
	单位名称	单位符号	用 SI 基本单位表示
[动力]黏度	帕斯卡秒	$Pa \cdot s$	$kg \cdot m^{-1} \cdot s^{-1}$
力矩	牛顿米	$N \cdot m$	$kg \cdot m^2 \cdot s^{-2}$
表面张力	牛顿每米	N/m	$kg \cdot s^{-2}$
表面热流,辐射[照]度	瓦特每平方米	W/m^2	$kg \cdot s^{-3}$
热容,熵	焦耳每开尔文	J/K	$kg \cdot m^2 \cdot s^{-2} \cdot K^{-1}$
比热容,比熵	焦耳每千克开尔文	$J/(kg \cdot K)$	$m^2 \cdot s^{-2} \cdot K^{-1}$
比能	焦耳每千克	J/kg	$m^2 \cdot s^{-2}$
热导率(导热系数)	瓦特每米开尔文	$W/(m \cdot K)$	$kg \cdot m \cdot s^{-3} \cdot K^{-1}$
能[量]密度	焦耳每立方米	J/m^3	$kg \cdot m^{-1} \cdot s^{-2}$
电场强度	伏特每米	V/m	$kg \cdot m \cdot s^{-3} \cdot A^{-1}$
电荷体密度	库仑每立方米	C/m^3	$s \cdot A \cdot m^{-3}$
电位移	库仑每平方米	C/m^2	$s \cdot A \cdot m^{-2}$
电容率(介电常数)	法拉每米	F/m	$s^4 \cdot A^2 \cdot m^{-3} \cdot kg^{-1}$
磁导率	亨利每米	H/m	$kg \cdot m \cdot s^{-2} \cdot A^{-2}$

4. SI 词头

只有 SI 单位有时并不适用于不同大小的量,还必须有其倍数和分数单位。SI 中所有这类单位只能由 SI 词头加 SI 单位构成而不得另行给予其他名称。例如,立方米的分数单位立方分米是国际单位制的单位,和它相等的单位"升"则不是;1000 千克是国际单位制的单位,"吨"则不是。

在 $10^{-24} \sim 10^{24}$ 的范围内,共给出 20 个词头,称为 SI 词头,见表 1-12。

表 1-12　用于构成十进倍数和分数单位的 SI 词头

因数	词头名称	词头符号	因数	词头名称	词头符号
10^{24}	尧［它］	Y	10^{-1}	分	d
10^{21}	泽［它］	Z	10^{-2}	厘	c
10^{18}	艾［可萨］	E	10^{-3}	毫	m
10^{15}	拍［它］	P	10^{-6}	微	μ
10^{12}	太［拉］	T	10^{-9}	纳［诺］	n
10^{9}	吉［咖］	G	10^{-12}	皮［可］	p
10^{6}	兆	M	10^{-15}	飞［母托］	f
10^{3}	千	k	10^{-18}	阿［托］	a
10^{2}	百	h	10^{-21}	仄［普托］	z
10^{1}	十	da	10^{-24}	幺［科托］	y

1.2.2　中国法定计量单位

法定计量单位是由国家法律承认、具有法定地位的计量单位。中国政府于 1984 年 2 月依法令形式规定在全国采用法定计量单位。我国的法定计量单位是以国际单位制（SI）的单位为基础，同时选用了一些非国际单位制的单位构成的。它包括：

① 国际单位制的基本单位，见表 1-7。

② 国际单位制的辅助单位，见表 1-8。

③ 国际单位制中具有专门名称的导出单位，见表 1-10。

④ 国际单位制以外的我国法定计量单位，见表 1-13。

⑤ 由以上单位组合形成的单位。

⑥ 由词头和以上单位所构成的十进倍数和分数单位。

表 1-13　国际单位制以外的我国法定计量单位

量的名称	单位名称	单位符号	与 SI 单位的关系和说明
时间	分	min	1 min ＝ 60 s
	［小］时	h	1 h＝60 min＝3600 s
	日（天）	d	1 d＝24 h＝86400 s
［平面］角	［角］秒	(″)	$1'' = (\pi/648000)$ rad（π 为圆周率）
	［角］分	(′)	$1' = 60'' = (\pi/10800)$ rad
	度	(°)	$1° = 60' = (\pi/180)$ rad
旋转速度	转每分	r/min	1 r/min＝(1/60) s^{-1}
长度	海里	n mile	1 n mile＝1852 m（只用于航行）

量的名称	单位名称	单位符号	与 SI 单位的关系和说明
速度	节	kn	1 kn＝1 n mile/h＝(1852/3600) m/s(只用于航行)
质量	吨	t	1 t＝10^3 kg
	原子质量单位	u	1 u≈1.660540×10^{-27} kg
体积	升	L,l	1 L＝1 dm^3＝10^{-3} m^3
能[量]	电子伏	eV	1 eV≈1.602177×10^{-19} J
级差	分贝	dB	—
线密度	特[克斯]	tex	1 tex＝1 g/km＝10^{-6} kg/m
面积	公顷	hm^2	1 hm^2＝10^4 m^2

1.2.3 泵试验常用量和单位

泵试验中常用的物理量、符号、量纲和单位见表 1-14。

表 1-14 泵试验中常用的物理量、符号、量纲和单位

物理量	符号	量纲	单位
质量	m	M	kg
长度	l	L	m
时间	t	T	s
温度	θ	Θ	℃
面积	A	L^2	m^2
体积	V	L^3	m^3
角速度	ω	T^{-1}	rad/s
速度	v	LT^{-1}	m/s
频率	f	T^{-1}	s^{-1},Hz
重力加速度	g	LT^{-2}	m/s^2
转速	n	T^{-1}	s^{-1},min^{-1}
密度	ρ	ML^{-3}	kg/m^3
压力	p	$ML^{-1}T^{-2}$	Pa
运动黏度	ν	L^2T^{-1}	m^2/s
能量	E	L^2MT^{-2}	J
比能	y	L^2T^{-2}	J/kg
功率	P	ML^2T^{-3}	W
转矩	T	L^2MT^{-2}	N·m

物理量	符号	量纲	单位
雷诺数	Re	量纲一	1
直径	D	L	m
质量流量	Q_m	MT^{-1}	kg/s
体积流量	Q	L^3T^{-1}	m^3/s
平均速度	U	LT^{-1}	m/s
局部速度	v	LT^{-1}	m/s
表压力	p_e	$ML^{-1}T^{-2}$	Pa
大气压力（绝对）	p_b	$ML^{-1}T^{-2}$	Pa
汽化压力（绝对）	p_v	$ML^{-1}T^{-2}$	Pa
高度	z	L	m
总水头（截面 i 处）	H_i	L	m
入口总水头	H_1	L	m
出口总水头	H_2	L	m
泵扬程	H	L	m
入口水头损失	H_{j1}	L	m
出口水头损失	H_{j2}	L	m
汽蚀余量	NPSH	L	m
临界汽蚀余量	NPSH3	L	m
型式数	K	量纲一	1
比转速	n_s	量纲一	1
泵输入功率	P	ML^2T^{-3}	W
驱动机输入功率	P_{gr}	ML^2T^{-3}	W
泵输出功率	P_u	ML^2T^{-3}	W
泵效率	η	量纲一	1
总效率	η_{gr}	量纲一	1

第2章

泵的试验类型

泵的试验按试验内容可分为运行试验、性能试验、汽蚀试验、四象限试验、模型试验等。

2.1 泵的运行试验

泵的运行试验一般分为磨合性运行试验和可靠性模拟运行试验。

1. 磨合性运行试验

磨合性运行试验实质上是综合检查机械加工和装配的质量是否达到标准要求。试验内容包括：① 开机后是否有异常的振动和噪声；② 检查泵的轴承及轴封处的温升是否符合要求；③ 检查轴封泄漏程度；④ 停机后检查口环、轴承、平衡机构的磨损情况。

磨合性运行试验的持续时间见表2-1。

表 2-1　磨合性运行试验的持续时间

规定工况下泵的输入功率/kW	运行试验时间/min
<50	30
50~100	60
100~400	90
>400	120

磨合性运行试验工况点的选择一般为规定点（设计点）。

2. 可靠性模拟运行试验

可靠性模拟运行试验实质上是根据用户现场的使用条件在制造商的试验台上进行较长时间的运行试验。

需要做这种试验的产品一定是使用工况非常特殊，产品质量必须达到某些可靠性指标的要求，以确保在使用场合能安全可靠地运行。

可靠性模拟运行试验除常规的试验内容外,有的试验项目是根据在现场运行过程中可能遇到的危险因素设定的。可靠性模拟运行试验的目的是确保产品遇到这些危险因素时仍能正常运行。该试验对试验介质的性质、试验温度及压力都有特殊要求,应严格按试验大纲的要求进行。

可靠性模拟运行试验通常情况下与验收试验合并进行,只是其试验内容、试验精度及判别依据还须严格按供货合同要求而定。

2.2 泵的性能试验

所谓泵的性能试验,就是要测得泵的主要性能参数值(如流量 Q、扬程 H、泵输入功率 P、转速 n)、通过计算得到泵输出功率 P_u 和泵效率 η 等值,以及绘制它们之间的关系曲线,即 H-Q 曲线、P-Q 曲线、η-Q 曲线等。

1. 可以用清洁冷水代替做试验的液体的特性

输送非清洁冷水液体的泵可以用清洁冷水来进行流量、扬程和泵效率的测试试验。其被替代的液体的特性见表 2-2。

表 2-2 被替代的液体的特性

液体的特性	单位	最小值	最大值
运动黏度	m^2/s	不限	10×10^{-6}
密度	kg/m^3	450	2000
不吸水的游离固体含量	kg/m^3	—	5.0

液体中溶解气体和游离气体的总含量:① 对于开式试验回路,不得超过对应泵的开式水池中(相同压力和温度下)饱和气体的容积;② 对于闭式试验回路,不得超过对应罐内(实际压力和温度下)饱和气体的容积。

对于输送不符合上述规定特性的液体的泵的测试试验,应按专门协议进行,否则可能对结果的精确度有影响。

2. 清洁冷水的特性

符合清洁冷水标准的水的特性见表 2-3。

表 2-3 符合清洁冷水标准的水的特性

特性	单位	最大值	
		1 级和 2 级	精密级
温度	℃	40	40
运动黏度	m^2/s	1.75×10^{-6}	1.5×10^{-6}
密度	kg/m^3	1050	1050
不吸水的游离固体含量	kg/m^3	2.5	2.5
溶解于水的固体含量	kg/m^3	50	50

3．试验精度

在开式试验回路和闭式试验回路中,性能试验对精度的影响是一样的,因此当在闭式试验回路做性能试验时,汽蚀罐的顶部必须与大气相通。总的测量不确定度允许值见表 2-4,泵效率总的不确定度导出值的允许值见表 2-5。

表 2-4　总的测量不确定度允许值

物理量	符号	2级/％	1级/％	精密级/％
流量	e_Q	±3.5	±2.0	±1.5
转速	e_n	±2.0	±0.5	±0.2
扬程	e_H	±3.5	±1.5	±1.0
转矩	e_T	±3.0	±1.4	±1.0
驱动机输入功率	e_{Pgr}	±3.5	±1.5	±1.0
泵输入功率(由转矩和转速计算得出)	e_P	±3.5	±1.5	±1.0
泵输入功率(由驱动机输入功率和驱动机效率计算得出)	e_P	±4.0	±2.0	±1.3

表 2-5　泵效率总的不确定度导出值的允许值

物理量	符号	2级/％	1级/％	精密级/％
总效率(由 Q、H 和 P_{gr} 计算得出)	$e_{\eta gr}$	±6.1	±2.9	±2.0
泵效率(由 Q、H、T 和 n 计算得出)	e_η	±6.1	±2.9	±2.25
泵效率(由 Q、H、P_{gr} 和 η_{mat} 计算得出)	e_η	±6.4	±3.2	±2.25

4．性能试验的先决条件及转速变化的影响

（1）性能试验的先决条件

性能试验的先决条件是在无汽蚀状况下进行,否则将直接影响参数测试的正确性。特别是当被试验泵的汽蚀余量预估不清,测试结果性能参数值与预计值相差较大时,最好先在试验泵的上游串接一台流量大于或等于试验泵流量、扬程不宜过高的辅助泵,再进行性能测试。

（2）转速变化对性能参数测试的影响

除非另有商定,否则当试验精度为 1 级和 2 级时,可以在 50％～120％试验规定转速下进行流量和扬程的测量;当试验精度为精密级时,可以在 80％～120％试验规定转速下进行流量和扬程的测量。而泵输入功率的测量不论试验精度是 1 级、2 级还是精密级,转速变化都应在 80％～120％的范围内,否则泵效率的测量结果可能会受到影响。

5．将试验结果换算为以规定转速(或频率)和密度为基准的值

试验转速会因电动机型号、规格和生产厂家不同而不同,以及因电网工频的波动而变化。要使试验转速与规定转速一致,只有采取变频方式。而要达到这种要求,除特殊情况外,一般是没有必要的。如果试验转速 n 与规定转速 n_{sp} 的差异不超过上述规定的允许

变化范围,并且试验液体与规定液体的差异也在表 2-2 规定的范围内,那么不论试验精度是 1 级、2 级还是精密级,有关流量 Q、扬程 H、泵输入功率 P 和泵效率 η 的测量数据都可以按下列各式进行换算:

$$Q_T = Q \frac{n_{sp}}{n} \tag{2-1}$$

$$H_T = H \left(\frac{n_{sp}}{n}\right)^2 \tag{2-2}$$

$$P_T = P \left(\frac{n_{sp}}{n}\right)^3 \cdot \frac{\rho_{sp}}{\rho} \tag{2-3}$$

$$\eta_T = \eta \tag{2-4}$$

式中,下标 T 表示转换成规定转速下的测量数据。

如果是变速驱动的泵,当其不能满足保证转速或超过保证转速时,只要未超过连续运转的最大允许转速,就可以按另一转速重新计算试验点。若无专门协议规定,则可以取最大允许转速(等于 $1.02\,n_{sp}$)。在这种情况下,不需要做新的试验。

6. 扬程的调节(工况点的调节或运转条件的调节)

除常规方法外,还可以采用在出口管路中或在入口管路中或同时在两处进行节流来获得预计的运转条件。不过,采用入口节流来调节运转条件不是一种常规的方法,因为进行入口节流时,有可能产生汽蚀或使水中溶解空气析出,可能会影响泵的运转和对参数值的测量。

7. 容差系数的取值

因为泵产品在制造过程中,出现偏差是不可避免的,所以每台泵产品均有可能出现几何形状和尺寸不符合图样的情况。故在比较试验结果与保证值(工作点)时,应允许存在一定的容差。应该指出的是,泵的这些容差只与实际的泵有关,并不涉及试验条件和测量的不确定度。

为简化保证值的证实过程,建议引入容差系数。$\pm t_Q$、$\pm t_H$、$\pm t_\eta$ 分别为流量、扬程和泵效率的容差系数,用于保证点 Q_G、H_G。在没有专门协议的情况下,其容差系数的取值建议使用表 2-6 给出的数值。其他的容差范围(如果只给出正的容差系数)可以在供货合同中商定。

表 2-6　容差系数的取值

物理量	符号	1 级/%	2 级/%
流量	t_Q	± 4.5	± 8.0
扬程	t_H	± 3.0	± 5.0
泵效率	t_η	-3.0	-5.0

选用产品样本公布的典型性能批量生产的泵,且泵的输入功率小于 10 kW 时,其性能可以有所偏差。对典型性能曲线选择的批量生产的泵的容差系数如下:

流量的容差系数 $t_Q = \pm 9\%$

扬程的容差系数 $t_H = \pm 7\%$

泵输入功率的容差系数 $t_P = \pm 9\%$

驱动机输入功率的容差系数 $t_{P_{gr}} = \pm 9\%$

泵效率的容差系数 $t_\eta = -7\%$

对于驱动机输入功率小于 10 kW，但大于 1 kW 的泵，其内部各个机械构件的摩擦损失相对变得重要，而且又不易预计。这时表 2-6 中给出的容差系数不再适用，在这种情况下应使用下列容差系数：

流量的容差系数 $t_Q = \pm 10\%$

扬程的容差系数 $t_H = \pm 8\%$

如无另外商定，泵效率的容差系数 t_η（%）可按下式计算：

$$t_\eta = -\left[10 \times \left(1 - \frac{P_{gr}}{10}\right) + 7\right] \qquad (2\text{-}5)$$

式中，P_{gr} 为工作范围内驱动机的最大输入功率，kW。P_{gr} 的容差系数 $t_{P_{gr}}$（%）可用下式计算：

$$t_{P_{gr}} = \sqrt{7^2 + t_\eta^2} \qquad (2\text{-}6)$$

对于输入功率很小（<1 kW）的泵，容差系数的取值可以另外达成一个专门协议。

8. 保证的证实

应通过比较试验所得到的结果与供货合同（设计要求）规定的保证值（包括相关容差）来证实每一保证。

（1）流量、扬程保证的证实

应将测量结果换算成以规定转速（或频率）为基准的值，然后绘制它们与流量 Q 的关系曲线（与各测量点拟合最佳的曲线代表泵的性能曲线），如图 2-1 所示。

通过保证点 (Q_G, H_G) 以水平线段 $\pm t_Q Q_G$ 和垂直线段 $\pm t_H H_G$ 作出容差的"十字线"。

若 H-Q 曲线与垂直线段或水平线段（图 2-1）相交或至少相切，则认为对扬程和流量的保证得到满足。

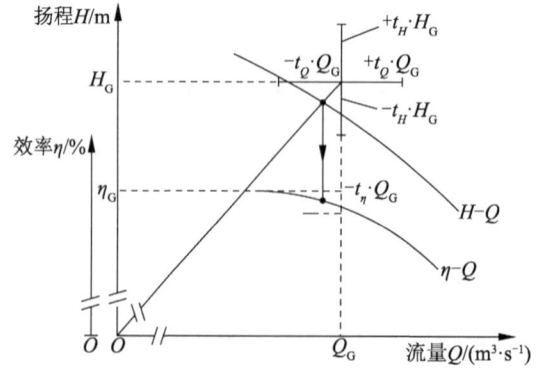

图 2-1 流量、扬程和泵效率保证的证实

（2）泵效率保证的证实

泵的效率值应由通过规定的保证点（工作点）Q_G、H_G 和 Q、H 坐标轴的原点 O 的直线与测得的 H-Q 曲线的交点作一条垂直线与 η-Q 曲线相交得到。

如果该交点的效率值大于或等于 $\eta_G(1-t_\eta)$（图 2-1），就认为对效率的保证条件是在容差范围内。

如果测得的 Q 和 H 值大于保证值 Q_G 和 H_G，但仍在容差 $Q_G+(t_G+Q_G)$ 和 $H_G+(t_H \cdot H_G)$ 范围内，且效率也在容差范围内，那么实际输入功率可能要大一些，要注意电动机的配备情况。

9. 规定特性的获得

当根据试验证明泵的性能特性比规定的性能特性高，且超出了上容差（＋容差）范围时，通常需要通过车削叶轮直径进行修正。

如果规定值与测得值相差很小，那么可以应用比例定律估算新的特性而避免进行一系列新的试验。

这种方法的应用和车削叶轮直径的可行条件由供需双方协商确定。

对于型式数 $K \leqslant 1.5$ 的泵，如果叶轮出口平均直径车削比不超过 5%，切削后叶片的形状（出口角、出口边、倾斜度等）又保持不变，就可以应用下列规则规定新的特性。

估算新的特性的定律为

$$R = \sqrt{\dfrac{D_r^2 - D_1^2}{D_t^2 - D_1^2}} \tag{2-7}$$

式中，D 为图 2-2 给出的直径，下标 t 代表试验的，r 代表切削的，$Q_r = RQ_t$，$H_r = R^2 H_t$。

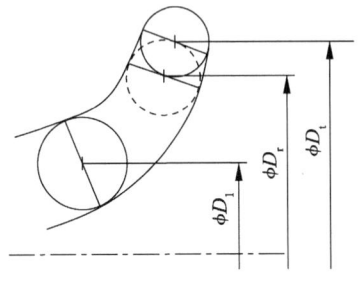

图 2-2　D_1、D_r、D_t 示意图

对于型式数 $K \leqslant 1.0$ 的泵，当叶轮直径切削量不大于 3% 时，可假定切削前后其工作点的效率不变。

2.3　泵的汽蚀试验

所谓泵的汽蚀试验，就是通过试验的方法得出试验泵将要发生汽蚀现象时的汽蚀余量（NPSH）值，此汽蚀余量为 NPSH3，又称临界汽蚀余量或试验汽蚀余量。

1. 专门定义

① 可用汽蚀余量（NPSHA）：在规定流量下，由装置条件确定的汽蚀余量，又称可利

用的有效汽蚀余量。

② 必需汽蚀余量(NPSHR):在规定的流量、转速和输送液体的条件下,泵达到预期性能的最小汽蚀余量(出现可见汽蚀,汽蚀引起的噪声和振动增大,扬程或效率开始下降)。其值由制造商提供。

③ 临界汽蚀余量(NPSH3):在恒定的流量下,泵的第一级扬程下降3%时的必需汽蚀余量。

2. 汽蚀试验类型

(1) 确定 NPSHA 的汽蚀试验

这种汽蚀试验就是把泵的汽蚀余量调到 NPSHA 值,然后测量该泵的性能(流量 Q、扬程 H、转速 n、泵输入功率 P)是否满足预期规定的要求。

(2) 确定 NPSH3 的汽蚀试验

进行这种试验时,应逐渐降低 NPSH 的值,直到恒定流量下泵的第一级扬程下降 3%,此时的 NPSH 值即为 NPSH3。对于扬程非常低的泵(如轴流泵),可以商定一个大一些的扬程下降量。为此,建议下降量为 $\left(3+\dfrac{K}{2}\right)\%$,$K$ 可用下式计算:

$$K=\frac{2\pi nQ^{1/2}}{(gH)^{3/4}} \tag{2-8}$$

(3) 其他汽蚀试验

除上述两种汽蚀试验外,还可以使用其他汽蚀判定准则(如噪声的增大或气泡覆盖面积等)进行汽蚀试验。在这种情况下,相应的汽蚀试验类型应在供货合同中由专门的协议规定。

3. 汽蚀试验的方法

汽蚀试验可采用表 2-7 中所示的任何一种方法,并可在其中的任何一种装置上进行。

表 2-7 按 $\Delta H/H=3\%$ 测定(NPSH3)的方法

装置形式	独立改变的	保持不变的	随调节面改变的	H - Q 和 H - NPSH 曲线	NPSH3 - Q 曲线
开式池	入口节流阀	出口节流阀	扬程,流量,NPSH,水位		
开式池	水位	入口和出口节流阀	扬程,流量,NPSH		
闭式回路	吸水面压力	入口和出口节流阀	扬程,流量,NPSH,在汽蚀发生后		
闭式罐或闭式回路	温度(汽化压力)				

装置形式	独立改变的	保持不变的	随调节面改变的	$H-Q$ 和 $H-NPSH$ 曲线	$NPSH3-Q$ 曲线
开式池	出口节流阀	入口节流阀	扬程,流量,NPSH,水位	(曲线图：H — Q 坐标，标注 $0.03H$，横坐标 Q_i Q_j Q_k)	(曲线图：$NPSH3$ — Q 坐标，NPSH3 测量值，横坐标 Q_i Q_j Q_k)
开式池	入口节流阀	流量	出口节流阀(为保持流量不变),扬程,NPSH		
闭式回路	罐中压力	流量	扬程,NPSH,出口节流阀(当扬程开始下降时,为保持流量不变)	(曲线图：H — NPSH3 测量值 Q 坐标，标注 $0.03H$ Q_i=常数，$0.03H$ Q_j=常数$>Q_i$，$0.03H$ Q_k=常数$>Q_i$；纵坐标 H_i H_j H_k，横坐标 i j k)	(曲线图：$NPSH3$ — Q 坐标，NPSH3 测量值，纵坐标 i j k，横坐标 Q_i Q_j Q_k)
开式池	水位	流量	NPSH,扬程,出口节流阀		
闭式回路	温度(汽化压力)	流量	NPSH,扬程,出口节流阀(当扬程开始下降时,为保持流量不变)		

有时为了保持流量恒定,需要改变两个调节参数,但这种情况极少,一般不推荐采用。

(1) 汽蚀余量 NPSH 与汽蚀试验

NPSH 是相对于 NPSH 基准面的入口绝对总水头与汽化压力水头的差,即

$$NPSH = H_1 - Z_D + \frac{p_b - p_v}{\rho g} \qquad (2-9)$$

式中,Z_D 为 NPSH 基准面到基准面(计算用)的垂直高度;p_b 为当地当时的大气压力值;p_v 为液体试验温度下相应的汽化压力值。若所研究的点在基准面之上,则 Z_D 值为正,反之其值为负。基准面是作为高度测量基准的任一水平面(为了实用,最好不要规定虚设的基准面),NPSH 基准面是通过由叶轮叶片进口边最外点所描绘的圆的中心的水平面。各类结构的泵的 NPSH 基准面的确定如图 2-3 所示。

当基准面和 NPSH 基准面一致,或只用 NPSH 基准面时,$Z_D=0$,则 NPSH 的计算公式可改写成

$$NPSH = H_1 + \frac{p_b - p_v}{\rho g} \qquad (2-10)$$

其定义是:NPSH 为入口总水头加上相应于大气压力的水头,减去相应于汽化压力的水头。因此同入口总水头一样,NPSH 也与 NPSH 基准面有关。

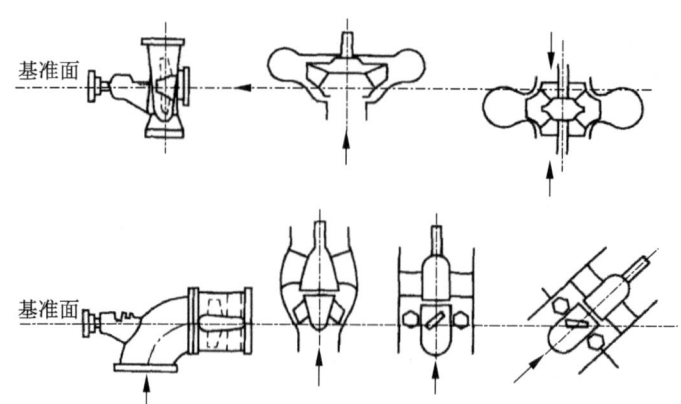

图 2-3　NPSH 基准面

将式(2-10)中的入口总水头分解成

$$H_1 = Z_1 + \frac{p_1}{\rho g} + \frac{v_1^2}{2g} \tag{2-11}$$

式中，Z_1 为研究的点相对于 NPSH 基准面的高度；p_1 为入口测量截面处的表压力值；v_1 为入口测量截面处的平均流速。

再将式(2-11)代入式(2-10)，可以得到

$$\text{NPSH} = Z_1 + \frac{p_1}{\rho g} + \frac{v_1^2}{2g} + \frac{p_b}{\rho g} - \frac{p_v}{\rho g} \tag{2-12}$$

从式(2-12)可以看出，假定采用流量恒定的方法，则 $\frac{v_1^2}{2g}$ 不变；$\frac{p_b}{\rho g}$ 为大气压力水头，与测试时间、地点有关，一般每两小时读一次数，可认为在做汽蚀试验的短暂时间内其值不变；Z_1 在整个汽蚀试验过程中也是不会改变的；$\frac{p_v}{\rho g}$ 为该试验液体在试验温度时的汽化压力水头，只有在试验时试验液体的温度发生变化，$\frac{p_v}{\rho g}$ 的值才会改变。一般来说，不推荐用改变试验液体的试验温度的方法来做汽蚀试验。因为这种方法的操作难度非常大，不易控制，所以通常通过改变 p_1 的值来改变 NPSH 值。也就是说，只要改变 p_1 值，达到扬程下降 3％时的判别点，对应的 NPSH 值就是要找的 NPSH3 值（需要注意的是，计算扬程下降 3％时判别点的扬程，称为汽蚀试验起始点的扬程。所谓起始点的扬程，就是将工况点调至需做汽蚀试验工况点时，未做汽蚀试验前测得的扬程）。

改变入口压力 p_1 的方法：

① 改变吸入水面与泵 NPSH 基准面的距离（即吸水高度）。因泵与试验管道安装完以后不易再移动，只能通过降低吸入水面的办法来达到上述目的，故又称为降水位法（开式台）。

这种方法的优点是试验中基本没有干扰，测试精度高；缺点是操作比较麻烦，如果没有储水池就容易造成试验液体的浪费。但较大型的立式泵可能只能使用这种方法进行汽

蚀试验。

② 改变吸入水面上的压力。因此时吸入水罐（又称汽蚀罐）和吸入管道是连通的，罐内吸入水面上的压力变化必然使得泵吸入口处压力随之变化，从而达到改变 p_1 值的目的。而改变吸入水面压力最简单的办法就是在上端抽真空（反之则加压），故又称为抽真空法（但必须是闭式试验系统）。

采用这种方法时要特别注意试验液体中溶解气体和游离气体的总含量是否达到有关标准要求（即含量指标）。实践证明，这种方法是依靠抽真空改变 p_1 值，所以液体中气体的含量会改变，从而导致测试精度下降。为了保证闭式试验台中汽蚀试验的精度，应在闭式试验台中另装除气、补气装置及液体中空气含量测定设备（其测量不确定度应小于 ±10%）。实际经验表明，NPSH 值越小，偏差越大。一般情况下 NPSH3 值都偏小。需要指出的是，闭式台造价较高，操作复杂，只有进行 NPSH 值较小的泵的汽蚀试验时才采用。

③ 改变吸入管路系统的阻力。众所周知，吸入管路系统的阻力改变时，自然会影响吸入口压力值。而改变吸入管路系统阻力最简便的方法就是调节吸入侧阀门的开度，故又称为调节入口阀门的方法（在开式台中）。

采用这种方法做汽蚀试验最大的优点是操作方便，最大的缺点是 NPSH 值测试精度低，NPSH 值较小的泵更为严重。其原因有二：其一，这种方法是依靠调节吸入阀门阻力（即开度）来实现的，所以在 NPSH 值越小的工况点，吸入阀门的开度也越小，该阀门处的流速就越快，从而使该阀门处的压力越低，这会造成局部汽蚀而产生气泡。其二，由于阀门开度变小，液流的状况变差，流动过程中就容易产生气泡。这些气泡随着液流到达叶轮进口处，使泵提前发生汽蚀，实践证明也是这样。只有当 NPSH 值大于 5 m 后，这种影响才逐渐消失。也就是说，当 NPSH≥5 m 时，采用闭式台抽真空法和开式台调节阀门的方法的汽蚀试验结果基本一致，偏差极小。因此，对于 NPSH 值较小的泵的汽蚀试验，最好采用闭式试验回路；而对于 NPSH 值较大的泵，可采用开式台调节吸入阀门的方法。

(2) NPSH>10 m 时泵的汽蚀试验

如果在闭式试验台中试验，可先给整个闭式回路系统加压（即供压），然后运行被试泵，再调节到需要做汽蚀试验的工况点，慢慢泄压（与抽真空的方法相同），直到找到 NPSH3 值。

如果在开式试验台中试验，一种方案是将试验泵安装在水池的水面以下，然后慢慢改变倒灌水位高度，或采用调节吸入阀门的方法，如图 2-4 所示。另一种方案是将试验泵安装在水池的水面以上，即安装在常用的试验平台上，再在试验泵的上游串接一台流量大于或等于试验泵而扬程适当（根据预计的 NPSH3 值而定）的辅助泵，并在试验泵与辅助泵之间串接一个阀门用来调节试验泵吸入口的压力，如图 2-5 所示。

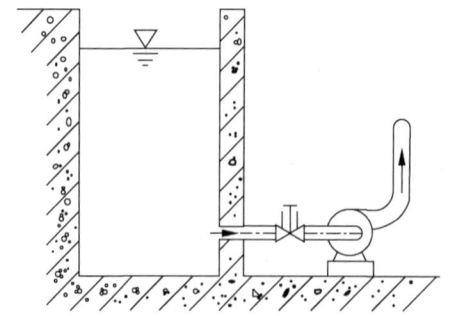

图 2-4　泵在水池水面以下

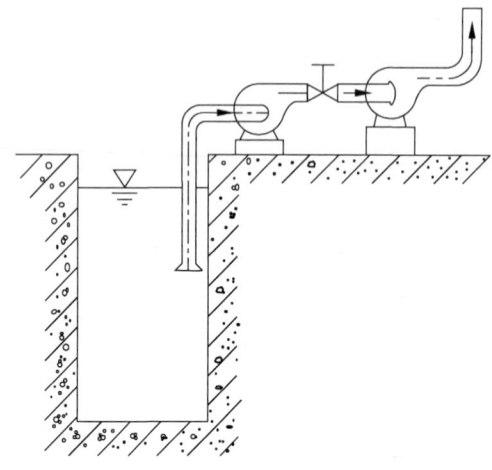

图 2-5　泵在水池水面以上

4．试验液体的特性

做汽蚀试验的液体应洁净、清澈,并且不含固体物质,液体中的自由气体应尽可能在试验前就被除去,所以回路中的水不应该是过饱和的。

5．汽蚀试验的精度

汽蚀试验的精度同性能试验的精度,因为它们的试验回路、试验设备和测试仪表都是一致的。

6．按规定转速(或频率)换算试验结果

$$(NPSHR)_T = NPSHR \cdot \left(\frac{n_{sp}}{n}\right)^2 \qquad (2-13)$$

式中,n_{sp} 为规定转速;$(NPSHR)_T$ 为规定转速下的 NPSHR 值。

对于 NPSH 试验,如果流量是在对应试验转速下最高效率点流量的 $50\%\sim120\%$ 范围内,那么试验转速宜在规定转速的 $80\%\sim120\%$ 范围内,但对于型式数 K 大于 2 的泵,需由有关各方达成协议。

7．NPSHR 的容差系数与保证的证实

测得的 NPSHR 与保证的 NPSHR 之间的最大容差值(取其两者的较大值):

1 级:$t_{NPSHR} = +3\%$ 或 $t_{NPSHR} = +0.15$ m。

2 级：$t_{\text{NPSHR}} = +6\%$ 或 $t_{\text{NPSHR}} = +0.30$ m。

精密级：$t_{\text{NPSHR}} = +3\%$ 或 $t_{\text{NPSHR}} = +0.15$ m。

利用下列判别式可证实保证得到满足：

$$(\text{NPSHR})_{\text{G}} + t_{\text{NPSHR}} \cdot (\text{NPSHR})_{\text{G}} \geqslant (\text{NPSHR})_{\text{测得的}} \tag{2-14}$$

或
$$(\text{NPSHR})_{\text{G}} + (0.15 \text{ 或 } 0.3) \geqslant (\text{NPSHR})_{\text{测得的}} \tag{2-15}$$

2.4　泵的四象限试验

泵在正常运行工况下,流量值是正的,扬程值是正的,转速值是正的,功率值也是正的,其特性曲线均在第 I 象限内。如果出现流量值为负、扬程值为负、转速值为负、功率值也为负的情况,泵的特性曲线就超出了第 I 象限的范围,而落到其他象限中,这种运行工况称为泵的非正常运行工况。能获得的包括正常工况和非正常工况的泵全特性曲线,称为泵的四象限特性曲线。为获得上述特性曲线而做的试验,称为泵的四象限特性曲线试验,简称泵的四象限试验。

1. 进行泵的四象限试验的现实意义

泵的使用场合千变万化,经常出现几台泵联合使用的情况,即几台泵在串联或并联状况下运行。在这些场合下,泵和泵出现匹配问题或者某台泵发生故障时,往往会导致某台泵在非正常状态下运行,也就是说在偏离正常工况下运行。另外,由于节能的需要,在整个系统中,有部分能量需要回收,希望泵充当水轮机运行,或者通过泵将这部分能量消耗掉。因此,用户在选用泵产品时,不仅需要知道泵的正常运行工况特性曲线,还需要知道泵在非正常运行工况下的特性曲线,此时就需要做泵的四象限试验。

2. 泵的四象限特性曲线分析

(1) 泵的四象限试验设定

① 流量:液流从泵的进口处向着出口方向流动,流量为正($+Q$);液流从泵的出口处向着进口方向倒流(反冲),流量为负($-Q$)。

② 扬程:若泵出口处的能量(压力)大于进口处的,则扬程为正($+H$);若泵出口处的能量(压力)小于进口处的,则扬程为负($-H$)。

③ 转速:若泵的叶轮向着叶轮叶片工作面方向转动,则转速为正($+n$);若泵的叶轮向着叶轮叶片背面方向转动,则转速为负($-n$)。

④ 泵输入功率:若能量是由原动机传递给泵的,则泵输入功率为正($+P$);若能量是由泵输给原动机的,或是由液体能量传递给泵的,则泵输入功率为负($-P$)。

⑤ 泵输出功率:液体流经泵以后,若液体能量增加,则泵输出功率为正($+P_{\text{u}}$);若液体能量减少,则泵输出功率为负($-P_{\text{u}}$)(耗能、制动或水轮机工况下)。

(2) 常见三个象限(I、II、IV)的运行工况特性曲线分析

1) 泵在正常运行工况下的特性曲线分析

① 流量:液流从泵进口流向出口,流量为正($+Q$)。

② 扬程:泵出口处的能量(压力)大于进口处的能量,扬程为正(+H)。

③ 转速:泵叶轮向着叶轮叶片工作面方向转动,转速为正(+n)。

④ 泵输入功率:因为能量是由原动机传递给泵的,所以泵输入功率为正(+P),+P=(+M)×(+n)。

⑤ 泵输出功率:因为液体流经泵以后是获得能量的,所以泵输出功率为正(+P_u),+P_u=(+H)×(+Q)。

由上述情况分析可知,泵在正常运行工况下的 $H-Q$ 特性曲线均落在第 Ⅰ 象限内,如图 2-6 所示的 $E-K$ 曲线。

2) 泵在水轮机运行工况下的特性曲线分析

① 流量:液流从泵出口向着进口处倒流(反冲),流量为负(-Q)。

② 扬程:泵出口处的能量(压力)大于进口处的能量,扬程为正(+H)。

③ 转速:泵叶轮向着叶轮叶片背面的方向转动,转速为负(-n)。

④ 泵输入功率:因为是将液体能量传递给泵,并转换成机械能,再传输给原动机(电动机)的,所以这时的电动机当发电动机用,故泵输入功率为负(-P),-P=(+H)×(-Q)×ρ×g。

⑤ 泵输出功率:因为液体流经泵以后,液体能量转换成机械能传输给原动机,以机械能(后又转成电能)输出,所以这时的工况为水轮机运行工况。

由上述情况分析可知,水轮机运行工况特性曲线落在第 Ⅱ 象限内,即如图 2-6 所示的 $B-D$ 曲线。

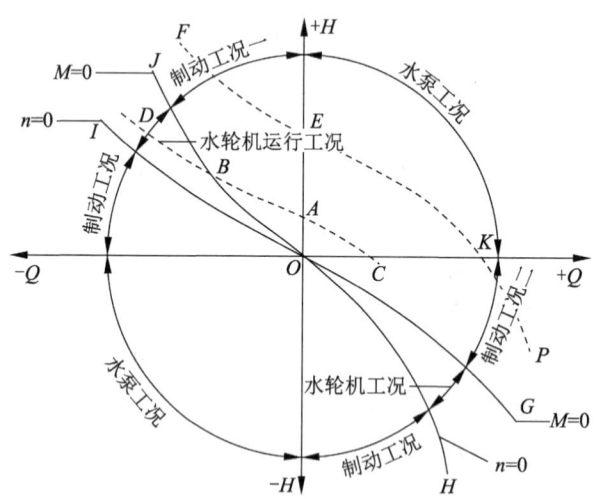

图 2-6　常见三个象限的运行工况特性曲线

3) 泵在制动(耗能)运行工况下的特性曲线分析

① 第一种制动(耗能)运行工况。

a. 流量:液流从泵出口向进口处倒流(反冲),流量为负(-Q)。

b. 扬程:泵出口处的能量(压力)大于进口处的能量,扬程为正(+H)。

c. 转速:泵叶轮向着叶轮叶片工作面方向转动,转速为正($+n$)。

d. 泵输入功率:因为是将液体能量传递给泵的,所以泵输入功率为负($-P$),$-P=(+H)×(-Q)×\rho×g$。

e. 泵输出功率:因为泵的转向为正转,液体流经泵以后液体能量是损耗的,但没有输出能量,所以这时的工况为耗能运行工况。

由上述情况分析可知,泵的第一种制动(耗能)运行工况特性曲线落在第 Ⅱ 象限内,如图 2-6 中的 E - F 曲线所示。

② 第二种制动(耗能)运行工况。

a. 流量:液流从泵进口流向出口(顺冲),流量为正($+Q$)。

b. 扬程:泵出口处的能量(压力)小于进口处的能量,扬程为负($-H$)。

c. 转速:泵叶轮向着叶轮叶片工作面的方向转动,转速为正($+n$)。

d. 泵输入功率:因为是将液体能量传递给泵的,所以泵输入功率为负($-P$),$-P=(-H)×(+Q)×\rho×g$。

e. 泵输出功率:因为液体流经泵以后,液体能量是损耗的,但没有输出能量,所以这时的工况为耗能运行工况。

由上述情况分析可知,泵的第二种制动(耗能)运行工况的特性曲线落在第 Ⅳ 象限内,如图 2-6 中的 K - P 曲线所示。

4) 泵在特殊运行工况下的特性曲线分析

① 第一种特殊运行工况($M=0$)。

a. 流量:液流从泵出口向进口处倒流(反冲),流量为负($-Q$)。

b. 扬程:泵出口处的能量(压力)大于进口处的能量,扬程为正($+H$)。

c. 转速:由于倒流(反冲),叶轮是向着叶轮叶片背面方向转动的,因此转速为负($-n$)。由于反冲空转($M=0$),因此转速会超过额定转速,在一定反冲能量下可以达到某一转速,称该转速为飞逸转速(由试验得到)。

d. 泵输入功率:由于液体能量转换成机械能,所以泵输入功率为负($-P$),$-P=(+H)×(-Q)×\rho×g$。

e. 泵输出功率:因为液体流经泵以后,泵空转($M=0$),没有做功,所以 $P_u=0$。

由上述情况分析可知,第一种特殊运行工况特性曲线落在第 Ⅱ 象限内,如图 2-6 中的 O - J 曲线所示。

② 第二种特殊运行工况($M=0$)。

a. 流量:液流从泵进口流向出口(顺冲),流量为正($+Q$)。

b. 扬程:泵进口处的能量(压力)大于出口处的能量,扬程为负($-H$)。

c. 转速:由于顺冲,叶轮向着叶轮叶片工作面的方向转动,转速为正($+n$)。由于顺冲,叶轮空转,所以 $M=0$。

d. 泵输入功率:由于液体能量转换成机械能,使泵空转,所以泵输入功率为负($-P$),

$-P=(-H)\times(+Q)\times\rho\times g$。

e. 泵输出功率:因泵空转,$M=0$,没有做功,故 $P_u=0$。

由上述情况分析可知,第二种特殊运行工况的特性曲线落在第Ⅳ象限内,如图 2-6 中的 O-G 曲线所示。

③ 第三种特殊运行工况($n=0$)。

a. 流量:液流从泵出口处向进口处倒流(反冲),流量为负($-Q$)。

b. 扬程:泵出口处的能量(压力)大于进口处的能量,扬程为正($+H$)。

c. 转速:由于泵轴卡住不转,所以转速为零($n=0$)。

d. 泵输入功率:虽然转速为零($n=0$),但仍消耗液体能量,故泵的输入功率为负 ($-P$),$-P=(+H)\times(-Q)\times\rho\times g$。

e. 泵输出功率:因为液体流经泵以后,泵轴没有转动,所以输出功率为零。

由上述情况分析可知,第三种特殊运行工况特性曲线落在第Ⅱ象限内,如图 2-6 中的 O-I 曲线所示。

④ 第四种特殊运行工况($n=0$)。

a. 流量:液流从泵进口流向出口(顺冲),流量为正($+Q$)。

b. 扬程:泵出口处的能量(压力)小于进口处的能量,扬程为负($-H$)。

c. 转速:由于泵轴卡住不转,所以转速为零($n=0$)。

d. 泵输入功率:虽然转速为零($n=0$),但仍消耗液体能量,故泵输入功率为负 ($-P$),$-P=(-H)\times(+Q)\times\rho\times g$。

e. 泵输出功率:因为液体流经泵以后,泵轴没有转动,所以泵输出功率为零。

由上述情况分析可知,第四种特殊运行工况的特性曲线落在第Ⅳ象限内,如图 2-6 中的 O-H 曲线所示。

5)需特别说明的两种运行工况下的特性曲线

当泵的叶轮转向与正常运行工况相反(即叶轮反转),且在没有任何外加能量(反冲与顺冲)的情况下运行时,其流量和扬程(特别是流量)比叶轮正转时要小得多。该工况也是一种特殊的泵运行工况,其特性曲线也落在第Ⅰ象限内,如图 2-6 中的 A-C 曲线所示。

在泵的水轮机运行工况时,若转速未达到额定转速的同步转速,则泵不输出功率,达不到回收能量的目的,故该工况不应视为水轮机运行工况,而应视为一种特殊的耗能运行工况。

3. 泵的四象限试验回路

为了使试验泵的运行工况满足泵的正常工况和其他非正常工况的运行条件,从而完成试验,可选用合适的辅助泵、阀门、管道和测试回路。

通过起动不同辅助泵和启闭相应阀门可以改变液流在管道中的流向,达到泵运行工况、水轮机运行工况、制动运行工况和特殊运行工况的运行条件,该试验回路称为泵的四象限试验回路,如图 2-7 所示。

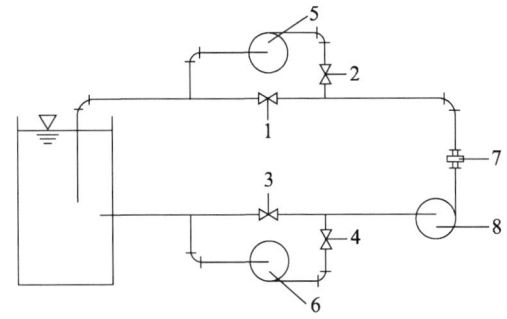

1,2,3,4—阀门;5—辅助泵Ⅰ;6—辅助泵Ⅱ;7—流量计;8—试验泵。

图 2-7　泵的四象限试验回路

4. 常见非正常运行工况的试验

关于泵正常运行工况的试验前面已有详细介绍,这里只阐述常见的几种非正常运行工况的试验。

(1) 液流从泵出口向进口倒流(反冲供压)

此工况的试验回路如图 2-7 所示,即关闭 1 号和 4 号阀门,开启 2 号和 3 号阀门,并起动辅助泵Ⅰ(这时辅助泵Ⅱ处于静止状态),此时流量因倒流而为负($-Q$),被试泵出口处的能量(压力)大于进口处的能量,因此扬程为正($+H$)。反冲供压有四种运行工况:

① 叶轮反转,转速为负($-n$)。若转速值达到同步转速值,泵输入功率由泵传给原动机(电动机),则泵输入功率为负,$-P=(+H)(-Q)\rho g$,泵输出功率也为负,$-P_{\mathrm{u}}=(+M)(-n)$。因为液体流经泵以后,液体能量转换成机械能传给原动机,液体能量是损耗的,所以这时的工况为水轮机运行工况,其特性曲线在第Ⅱ象限内。

② 叶轮正转,转速为正($+n$)。这种工况下液体能量传递给泵,则泵输入功率为负,$-P=(+H)(-Q)\rho g$。因为液体流经泵以后能量是损耗的,但泵没有输出能量,所以这种情况下的运行工况为第一种制动(耗能)运行工况,其特性曲线在第Ⅱ象限内。

③ 力矩为零($M=0$)。这种工况下,泵与原动机脱开,转向相反,转速为负($-n$),直至达到某一转速值(即飞逸转速)。这时由于力矩为零($M=0$),所以泵输入功率为负,因为液体能量传递给泵。因为液体流经泵以后能量是损耗的,泵的输出功率为零,所以这时的工况为泵的第一特殊运行工况,其特性曲线也在第Ⅱ象限内。

④ 泵轴卡住不转,即转速为零($n=0$)。这种工况下,液体能量传递给泵,则泵输入功率也为负,$-P=(+H)(-Q)\rho g$。但力矩仍旧存在,且不等于零($M\neq0$)。因为液体流经泵以后能量是损耗的,泵输出功率为零,所以这时的工况也可认为是耗能运行工况。该工况为泵的第三种特殊运行工况,其特性曲线也在第Ⅱ象限内。

(2) 液体从泵的进口顺灌供压

液体从泵进口处灌入,流向出口处,如图 2-7 所示,关闭 2 号和 3 号阀门,开启 1 号和 4 号阀门,并起动辅助泵Ⅱ(这时辅助泵Ⅰ停止转动)。在这种情况下,流量为正($+Q$)。

如果供压的辅助泵Ⅱ的流量等于或稍大于试验泵的流量,那么此时运行工况为泵的正常运行工况。如果供压的辅助泵Ⅱ的流量远远大于试验泵的流量,并且供压的辅助泵Ⅱ还有足够高的扬程,此时试验泵进口处的能量(压力)大于出口处的能量,扬程就为负值$(-H)$,会出现如下几种运行工况:

① 叶轮正转,转速为正$(+n)$。仍由液体能量传递给泵,即泵输入功率为负,$-P=(-H)(+Q)\rho g$。这种工况下,液体流经泵以后能量是损耗的,但没有能量输出,故该工况为耗能运行工况,即泵的第二种制动(耗能)运行工况,其特性曲线落在第Ⅳ象限内。

② 力矩为零$(M=0)$。这种工况下,泵与原动机脱开,转向为正向$(+n)$,即泵输入功率为负,$-P=(-H)(+Q)\rho g$;同时,液体流经泵以后能量也是损耗的,则泵输出功率为零,$P_u=0$,泵空转没有做功,$M=0$。该工况为泵的第二种特殊运行工况,其特性曲线落在第Ⅳ象限内。

③ 泵轴卡住不转,即转速为零$(n=0)$。虽然转速为零,但泵输入功率仍为负,仍由液体能量传递给泵,$-P=(-H)(+Q)\rho g$。而液体流经泵以后能量是损耗的,即泵输出功率为零。因为$n=0$,所以该工况为特殊能耗运行工况,即泵的第四种特殊运行工况,其特性曲线落在第Ⅳ象限内。

5. 辅助供压泵的选择

辅助供压泵的选择是否合理,是否符合要求,是能否进行上述几种泵非正常运行工况试验的关键。根据理论分析和实践经验,对辅助供压泵选择的建议如下。

(1) 从泵出口处向进口倒冲供压的辅助泵Ⅰ的选用原则

辅助泵Ⅰ的性能参数:流量和扬程均应大于试验泵的流量和扬程。一般情况下,辅助供压泵Ⅰ的流量只要稍大于试验泵的即可,而扬程最少应是试验泵的2～3倍以上,才能得到较满意的试验效果。

(2) 从泵进口处顺灌供压的辅助泵Ⅱ的选用原则

辅助泵Ⅱ的性能参数:流量和扬程均应大于试验泵的流量和扬程,最好是试验泵的2倍以上(尤其是流量)。

2.5 泵的模型试验

大型(即大流量或大功率)泵或装置往往无法进行原型泵或原型装置的试验,只有将原型泵或装置按一定比例缩小成模型泵或模型装置才能进行试验,然后再将模型泵或模型装置的试验结果通过一定公式换算成原型泵或原型装置的有关数据。用模型泵或模型装置的试验替代原型或原型装置的试验称为模型试验。

1. 模型试验的现实意义

随着我国国民经济建设步伐的不断加快,大型工程和超大型工程不断出现,如抽黄灌溉用泵、南水北调用泵及其他大型输水和排水用泵等,其流量和功率都非常大,对规格的要求也越来越多,但这类泵的产量比较少。泵制造厂或泵的各级质检中心斥巨资建造能满足这类泵试验的试验台显然是不合适的,也不是必须的。国际上通用的做法是用模型试验来替代这类泵的试验,实践证明其效果是令人满意的。过去这类试验只局限于水力模型试验,目前已扩大到结构模型、装置模型的试验,这种试验将为大型泵及超大型泵的产品质量及可靠运行提供保障。

2. 模型试验的分类

(1) 水力模型试验

在特定的试验装置上,专门为满足某一个性能参数的要求而进行的过流部件的有关尺寸及形状(既可以与原型泵完全一致,也可以按比例放大或缩小)的试验,称为泵的水力模型试验。试验又可分为单独的某一个过流部件试验与全部过流部件的综合试验,试验还需将有关性能参数按相似定律进行换算。

(2) 模型泵试验

模型泵的所有尺寸和形状均应与原型泵完全一致或相似(几何相似),即按一定比例放大或缩小;所有的性能参数试验结果应按有关相似定律换算到原型泵上;有关结构、各类配合尺寸及运行情况也作为原型泵的结构、配合尺寸的重要参考依据。

(3) 装置模型试验

对于流量大、扬程低(一般是轴流泵或混流泵)的大型输水泵、排水泵,其进水段、出水段是泵站水工建筑的一部分。但由于进水段和出水段与泵匹配是否合理将直接影响整个机组效率(或装置效率),所以非常有必要进行装置模型试验:将进水段、出水段按几何相似定律要求先做成模型与模型泵一起进行试验,确保将来泵站机组满足预计指标要求;然后将装置模型试验结果按几何相似原则换算到实际泵站的进水段与出水段。

3. 模型试验的要求

(1) 对模型泵及模型装置的要求

模型试验时,对于模型泵及模型装置应按国家标准或行业标准的有关规定进行处理,包括尺寸公差及过流部件表面最大允许表面粗糙度等。

(2) 对模型泵及模型装置试验台的要求

① 试验台的设计应符合 GB/T 18149—2017《离心泵、混流泵和轴流泵水力性能试验规范　精密级》的有关要求。

② 所有测试仪表应采用 GB/T 18149—2017 中推荐的测试仪表,并且其系统不确定度的允许值建议应满足表 2-8 的要求,随机不确定度的允许值建议应满足表 2-9 的要求。总的测量不确定度的允许值及泵效率总的不确定度导出值的允许值建议应满足表 2-10 和表 2-11 的要求。

表 2-8　系统不确定度的允许值

物理量	允许值/%	物理量	允许值/%
流量	±(0.2~0.3)	扬程	±0.2

物理量	允许值/%	物理量	允许值/%
转速	±0.1	驱动机输入功率	±0.3
转矩	±0.2		

注:所有采用的流量计必须经过标定。

表 2-9 随机不确定度的允许值

物理量	允许值/%	物理量	允许值/%
流量	±0.15	扬程	±0.15
转速	±0.10	驱动机输入功率	±0.15
转矩	±0.15		

表 2-10 总的测量不确定度的允许值

物理量	允许值/%	物理量	允许值/%
流量	±(0.25~0.34)	扬程	±0.25
转速	±0.14	驱动机输入功率	±0.34
转矩	±0.25		

表 2-11 泵效率总的不确定度导出值的允许值

物理量	允许值/%
泵效率(由 Q、H、T 和 n 计算得出)	±(0.46~0.51)
泵效率(由 Q、H、P_{gr} 和 η_{mot} 计算得出)	±(0.7~0.74)
泵效率(由 Q、H 和 P_{gr} 计算得出)	±(0.49~0.54)

注:原动机(电动机)效率值 η_{mot} 总的不确定度应≤±0.5%。

第3章

试验装置与试验数据处理

3.1 试验回路

试验回路又称试验装置、试验台、试验系统,是获得满意的性能特性测量所必需的条件,也是完成泵试验的主要手段之一。

试验回路的设计与建造应满足如下原则:

① 要符合有关试验标准的具体规定,并使回路系统尽量紧凑;

② 回路的流动要顺畅,水力阻力要尽可能小;

③ 运行要安全可靠,使用和维护应比较方便;

④ 布置和造型要适用、美观、大方。

3.1.1 试验回路的类型

1. 按试验回路连接状况及试验泵的结构形式分类

(1) 开式试验回路

开式试验回路又称开式池试验回路,是指在整个系统中有一部分(即试验水池部分)与大气相通(因为水池的水面与大气相通)。

开式试验回路又可分为:

① 卧式泵开式池试验回路(Ⅰ),如图 3-1 所示;

② 卧式泵开式池试验回路(Ⅱ),如图 3-2 所示;

③ 立式泵开式池试验回路,如图 3-3 所示;

④ 各种沉没式泵(深井泵、潜水电泵等)的开式池试验回路,如图 3-4 所示。

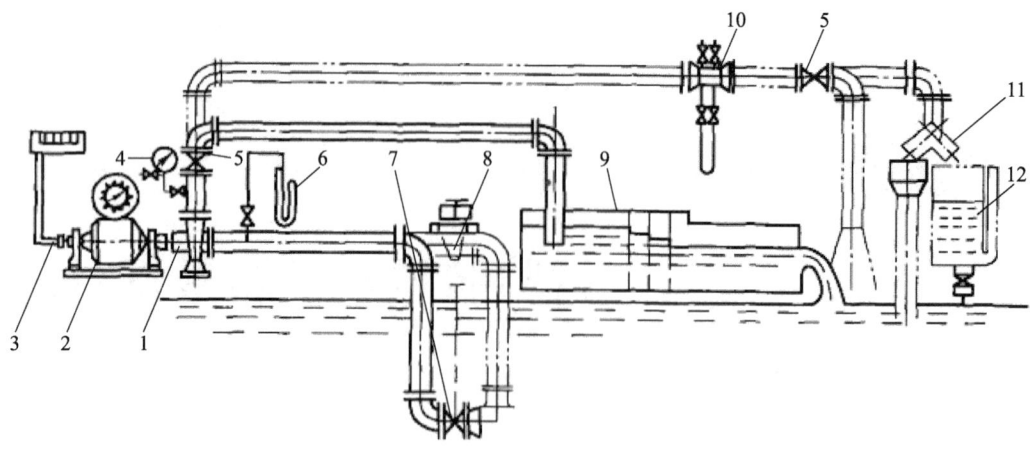

1—试验泵;2—测功计;3—测速仪;4—压力表;5—流量调节阀;6—真空计;
7—入口节流阀;8—水封节流阀;9—水堰;10—流量计;11—换向器;12—量桶。

图 3-1　卧式泵开式池试验回路(Ⅰ)

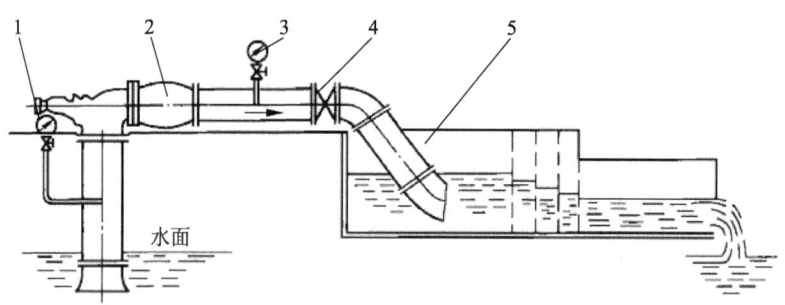

1—真空表;2—试验泵;3—压力表;4—流量调节阀;5—水堰。

图 3-2　卧式泵开式池试验回路(Ⅱ)

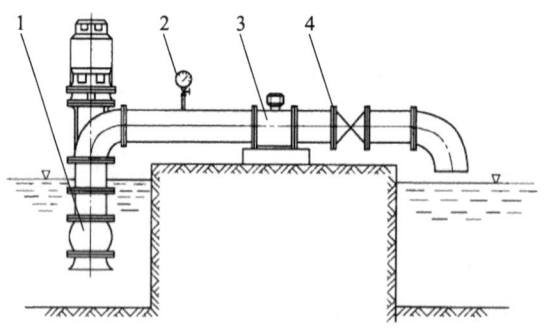

1—试验泵;2—压力表;3—流量计;4—流量调节阀门。

图 3-3　立式泵开式池试验回路

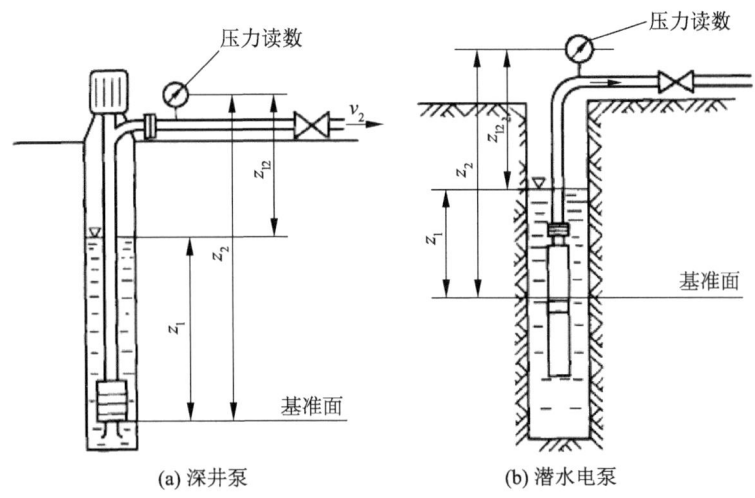

(a) 深井泵   (b) 潜水电泵

图 3-4　各种沉没式泵(深井泵、潜水电泵等)的开式池试验回路

（2）闭式试验回路

  整个试验系统是一个与外界大气隔绝的封闭的回路系统,故称闭式试验回路。闭式试验回路可分为两种:① 常温闭式试验回路,如图 3-5 所示;② 高温、高压闭式试验回路,如图 3-6 所示。

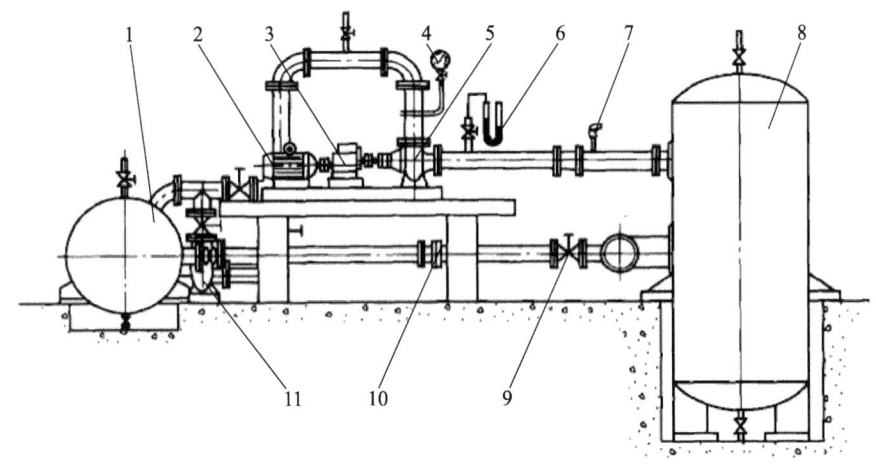

1—稳流罐;2—电动机;3—扭转传感器;4—压力表;5—试验泵;6—真空计;

7—温度传感器;8—汽蚀罐;9—流量调节阀;10—流量计;11—辅助泵。

图 3-5　常温闭式试验回路

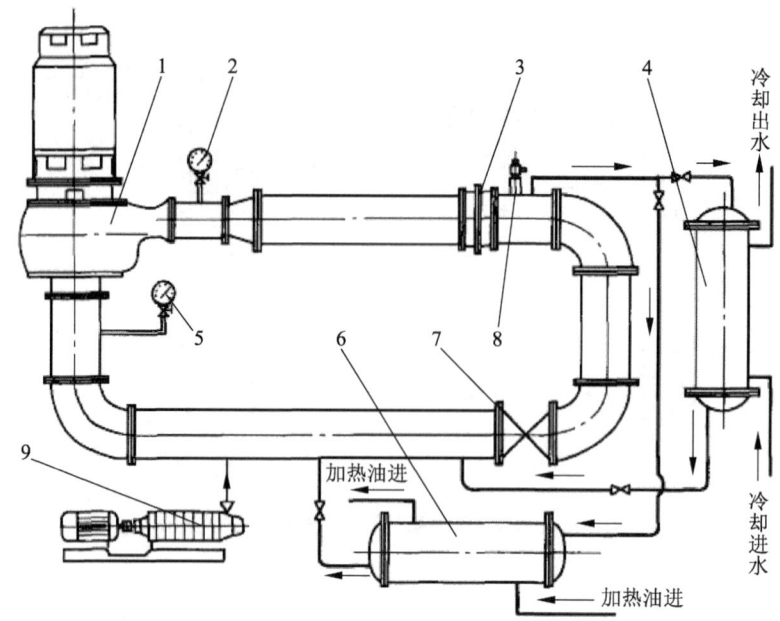

1—试验泵;2—出口压力表;3—流量计;4—换热器;5—进口压力表;

6—加热器;7—流量节流阀;8—系统(回路)安全阀;9—供压泵。

图 3-6 高温、高压闭式试验回路

2. 按型式数 K 的大小分类

按型式数 K 的大小,试验回路分为标准试验回路和模拟现场条件的试验回路。

由于入口液流条件的影响随泵的型式数 K 的增加而增大,因此通常把型式数 $K=1.2$ 当作标准试验回路(装置)和非标准试验回路(模拟现场条件的试验回路)的分界点。型式数 $K\leqslant1.2$ 的泵,应采用标准试验回路;型式数 $K>1.2$ 的泵,建议采用模拟现场条件的试验回路。

(1)标准试验回路(装置)

在入口、出口的测量截面处的液流应具有如下特性,才可获得最佳的测量条件,即轴对称的速度分布;等静压分布;无装置引起的旋涡。

为了使测量截面处的液流尽量具有满足上述要求的特性,就需要避免泵和试验管道对入口和出口测量截面处液流的影响,并在试验回路设计、建造时充分注意以下几方面。

① 对于从具有自由液面的水池中或从设在闭式试验回路上液面静止的大容器(汽蚀罐)中引水的标准试验回路,建议入口直管段长度 L 按下式确定:

精密级 $$L\geqslant(1.5K+5.5)D \tag{3-1}$$

1 级和 2 级 $$L\geqslant(K+5)D \tag{3-2}$$

式中,D 为管道直径。

② 若泵的汽蚀试验采用改变入口管道阻力(调节入口阀门)的方法,此时入口节流阀处于任意开度的状态,则入口直管段长度 L 应不少于 $12D$,即

$$L \geqslant 12D \qquad (3\text{-}3)$$

③ 如果在闭式试验回路中,在紧接泵的上游处设有静液面的大容器,就必须设法保证进入泵的液流没有由装置引起的旋涡,且具有轴对称的速度分布。可以采取以下措施来避免出现明显的旋涡:精心设计测量截面上游的试验回路;因地制宜,审慎使用整流器;恰当地布置取压孔,使其对测量的影响降至最低;建议不在吸入管路中安装节流阀。

④ 入口直管段应与泵进口同直径,并在离泵进口法兰上游 2D 的直管段处开设取静压孔。入口直管段既可以包含入口测压管,也可以是由入口测压管与直管段组合成的入口直管段,只要总长 L 满足式(2-1)至式(2-3)的要求即可。取静压孔的数量要求如下:对于精密级和 1 级精度的试验,在测量截面处应开设 4 个取静压孔,并沿圆周方向对称布置,如图 3-7a 所示;对于 2 级精度的试验,通常在测量截面处开设一个取静压孔就可以了,其在圆周方向的位置应垂直于上游弯头所在的平面,但当液流可能会受旋涡或非对称影响时,也许要开设两个或更多个取静压孔,如图 3-7b 所示。

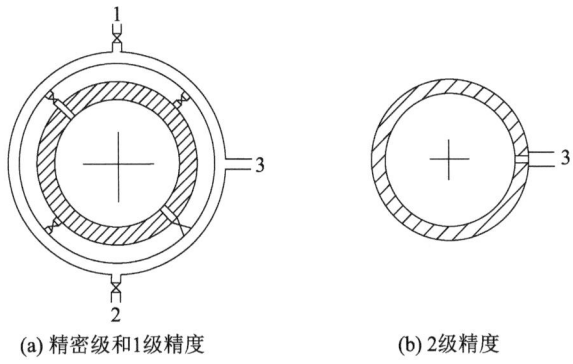

(a) 精密级和1级精度　　　　　　(b) 2级精度

1—放气;2—排液;3—通至压力测量仪表的连接管。

图 3-7　取静压孔的布置

取静压孔应按照如图 3-8 所示的要求制作,并且应无毛刺、无凹凸不平,垂直于管的内壁并与其齐平。

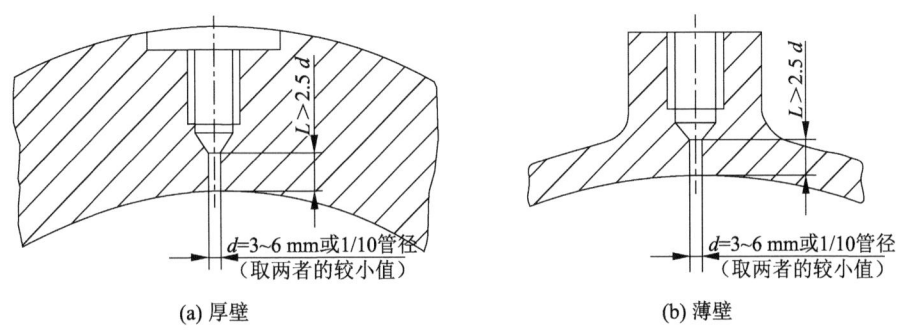

(a) 厚壁　　　　　　　　　　　　(b) 薄壁

图 3-8　取静压孔要求

取压孔的直径应为 3～6 mm,或等于管路直径的 $\dfrac{0.8}{10}$(精密级)和 $\dfrac{1}{10}$(1 级和 2 级),取

两者中的较小值。取压孔的深度应不小于取压孔直径的 2.5 倍。

设有取压孔的管子内孔应清洁光滑,并且耐试验介质(水)的化学作用,涂在管子内壁上的任何油漆类涂层应完好无损。如果是纵向焊接管子,取压孔应尽可能避开焊缝。当使用几个取压孔时,各个取压孔均应通过单独的截流旋塞阀与环形汇集管连通,并应确保旋塞阀关闭时无泄漏现象。只有这样,才能在需要时立即测量取自任一取压孔的压力。环形管横截面的面积应不小于所有取压孔截面积的总和。测量之前,应在泵的正常试验条件下逐个测取各取压孔单独开启时的压力。如果某一读数与 4 个测量值的算术平均值之差超过总水头的 0.5% 或超过测量截面处的速度水头,就应在实际试验开始之前查明读数分散的原因,并调整测量条件。同样的取压孔用于 NPSH 测量时,其偏差不得超过 NPSH 值的 1% 或入口处的速度水头。取压孔与缓冲装置及仪表的连接管的孔径至少要与取压孔的孔径一样大,整个系统应不存在泄漏现象。

在连接管线上的任何高点处(制高点,即两边低、中间高的地方)均应设置一个放气阀,以免测量过程中气泡聚留形成气阱。

有条件的情况下,最好使用半透明的导压管,以确定管内是否有空气,并要注意布置尽量避免出现两头高、中间低的情况,采用水平和倾斜布置均可。

对于 2 级精度的试验,如果入口速度水头与扬程之比很小(小于 0.5%),并且已知入口总水头本身不是很重要(亦即非 NPSH 试验情况),那么可以将吸入口侧的取静压孔设在泵入口法兰处,而不是设在离入口法兰上游 2D 距离的直管上。

不论是精密级、1 级还是 2 级精度试验,泵的出口侧测压管长度均不小于 4D,并与泵出口同直径,离泵出口法兰下游 2D 处为取压截面。对于开设取静压孔的数量和要求,都与入口侧的测压管上的取静压孔要求一致。

2 级精度试验时,对于出口速度水头小于扬程的 5% 的泵,其出口测压截面可以设在出口法兰处。

流量测量段的长度、管径等,应根据所采用的流量计的具体要求而定。

(2)模拟现场条件的试验回路

模拟现场条件的试验回路又称非标准试验回路,即双方商定在模拟现场的条件下试验泵,需要满足的条件是:液流在模拟回路的入口处尽可能不出现由装置引起的大旋涡,并具有对称的速度分布。

对于 1 级精度的试验,如有必要,应该用精制皮托管排测定流入模拟回路的液流的速度分布,以证实存在所要求的流动特性。若不存在,则可以设置适当的装置(如整流装置),使紊乱的液流(旋涡或不对称流)变整齐,以获得所要求的特性。使用最广泛的整流栅如图 3-9 所示,使用时一定要保证试验条件不会受与整流装置有关的压力损失的影响。

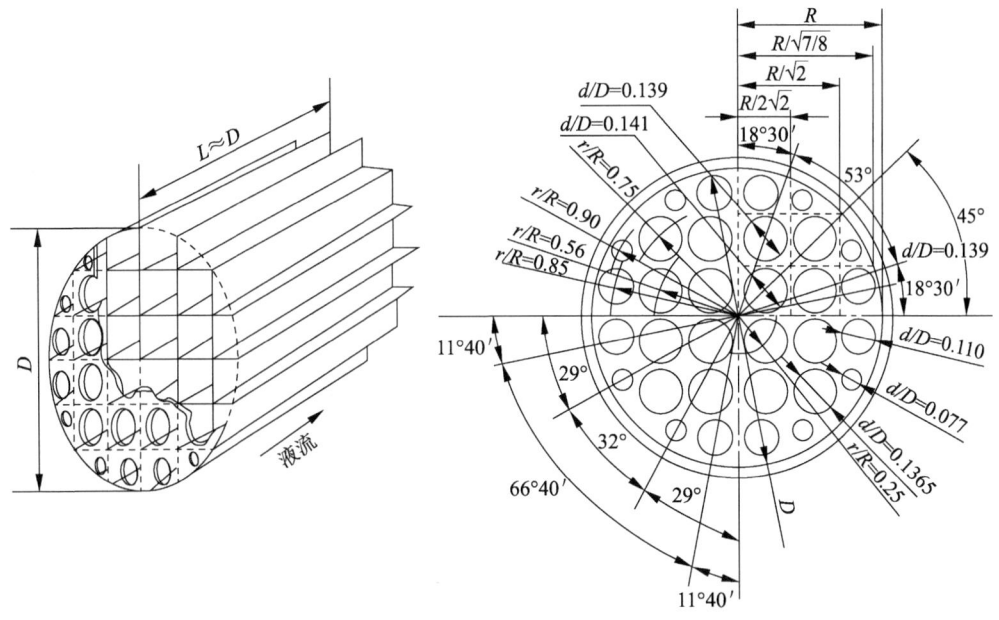

图 3-9　整流栅

3.1.2　开式试验回路

开式试验回路主要由吸入管路系统、吐出管路系统、流量测量段、水池、管道支架及试验平台等组成。

1. 吸入管路系统

吸入管路系统由入口水平直管段、吸入侧节流阀、弯头和插入水池中的直管段组成。一般来说,整个吸入管路系统所有管件的直径都与泵入口法兰直径相同是最好的,若有难度,则起码要求水平直管段(包括吸入侧测压管)和吸入侧节流阀与泵吸入口法兰同直径,其上游部分的其他管件可以用大于泵吸入口法兰直径的管件来代替。需要注意的是,若在吸入阀门的上游水平安装变径管,则该变径管必须采用异心变径管,安装时上侧持平,确保吸入管路系统中无窝气的地方存在,如图 3-10 所示。

开式试验回路对吸入管路系统的要求:

① 对入口水平直管段及吸入侧测压管的要求已在 3.1.1 节介绍过。

② 对于插入水池中的直管段,管径应在 300 mm 以下,插入水中部分的直管段长度应不小于 1.5 m,若管径在 300 mm 以上,则插入水中部分至少应有 2~5 m,以防水中旋涡吸入;与水池底部应有 1.0~1.5 m 的距离,与

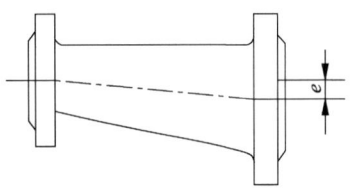

图 3-10　异心变径管

水池的四壁应有 0.5~1.0 m 的距离。上述数值随管径的增大而适当增大,目的是使吸入口的液流尽量均匀,减少预旋程度。

③ 若试验泵吸入口法兰是向上的,一般情况下只要求吸入侧测压管段(4D 长度)尽

可能垂直安装,其余可水平安装。

④ 吸入侧节流阀必须密封,绝不允许漏气。若吸入侧节流阀不淹没在水池中,则可在阀上安装水封罩,将调节阀杆和轴封填料淹没在水封罩的水中。

⑤ 吸入侧管路系统中的弯头最好选用冲压钢制弯头,弯曲半径 $r=(1.5\sim2.0)D$,不要采用焊接的虾米腰弯头,以防漏气。

⑥ 整个吸入管路系统安装完毕且经过打压试验检查无泄漏后,日常使用中最好不要轻易解体,以防法兰连接处漏气。

2. 吐出管路系统

除 3.1.1 节已介绍过的吐出侧测压管外,吐出管路系统还有流量测量段、流量调节阀、吐水管段等组成部分。

开式试验回路对吐出管路系统的要求:

① 对吐出侧测压管的有关要求已在 3.1.1 节介绍过。

② 吐出管路中除吐出侧测压管段应与泵出口法兰等径外,其余管件的直径(通径)应与流量测量段的管径相匹配。

③ 吐出管路系统应根据试验泵的出口最高压力来选择相适应的耐压等级,如果试验泵出口压力较高,可在流量测量段前装减压阀或消能管。

④ 吐出水管段不允许插入水池中,以免影响液体中气体的排出。

3. 流量测量段

开式试验回路对流量测量段的要求(即长度、管径、连接配合等)在 3.1.1 节已提及,应根据采用的流量计的具体要求而定。

4. 水池

开式试验回路对水池的要求:

① 水池的容量应根据试验时对水温的要求、吐出系统对吸入系统的流动情况的干扰及水中气体的溢出程度来定。根据从事泵测试工作和试验回路设计、建造的经验:以将来水池承担最大试验功率估算一个水池容量时,1 kW 功率需匹配 $0.5\sim1.0$ m³ 的水池容量,小功率取近于 1.0 m³,功率取近于 0.5 m³;以将来最大试验流量估算水池的容量时,1 m³/h 最大试验流量需匹配 $0.2\sim0.25$ m³ 的水池容量,水池极限容量为 0.1 m³。两者中取大值为水池的最后确定容量。

② 水池的深度及平面布置尺寸应考虑试验泵的结构、流动状况、吸入与吐出的便利性、地质条件等。

③ 水池的四壁与底部需做防漏处理,并应有足够的强度与刚度,还应考虑清洗是否方便,所以应有爬梯、水坑、斜坡度、圆弧角、放水管道、溢流口等。

5. 管道支架

管道支架应刚度好、稳定,底盘应有足够的面积与质量,可进行高度微调,有起吊钩。推荐的管道支架结构如图 3-11 所示。

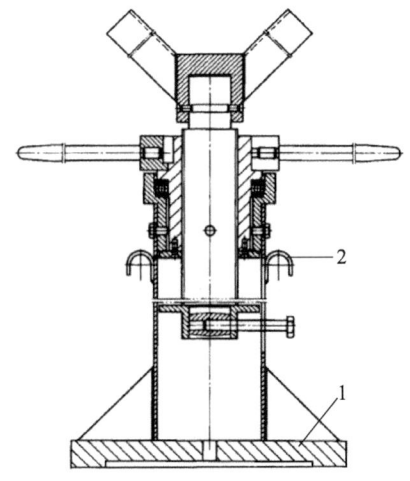

1—底盘；2—起吊钩。

图 3-11　管道支架

6．试验平台

试验平台是用来安装被试泵的场地，可由带 T 形槽的导轨或带 T 形槽的整体平台铺设而成。导轨和平台可由一般铸铁材料铸成，表面需加工。其厚度与 T 形槽的尺寸应根据试验泵的大小而定，但刚性要好，不易变形，并用地脚螺钉固定在地面的基础上。试验平台安装时对角的斜度应不超过 1.0 mm。

3.1.3　闭式试验回路

闭式试验回路主要由吸入管路系统、吐出管路系统、流量测量段、稳流罐、汽蚀罐、辅助泵、除气与充气装置、试验平台等组成，按布置形式可分为卧式闭式试验回路和立式闭式试验回路。

1．吸入管路系统

吸入管路系统由水平直管段、异心变径管和水平母直管组成，不装入口侧节流阀，以尽量改善入口流动状况。

闭式试验回路对吸入管路系统的要求：

① 对于水平直管段（包括吸入侧测压管、泵进口法兰等），其直径、长度按式（3-1）或式（3-2）确定。

② 采用异心变径管的管子上面是水平的，管路内径的上部无窝气的场合，两端法兰中心偏心距为 e。

③ 水平母直管直径与闭式试验回路最大进口直径相同，其长度按试验回路的布置情况而定。在离泵进口法兰不超过 25 倍管径处，开放一个测量水温的孔，将温度传感器插入该管中，插入管中的深度应不小于吸入管径的 1/8，要注意密封。

2．吐出管路系统

吐出管路系统除了有上面已介绍过的吐出侧测压管以外，还包括出口水平连接母管和辅助泵旁通回路。

① 出口水平连接母管。其直径应与该试验回路最大流量计的管径相同,其长度由回路总体设计时确定,在最上方应装一个放气阀门。

② 辅助泵旁通回路。当试验泵的扬程较低,克服不了整个试验回路的水力阻力时,需开辅助泵增压,即在泵出口与稳流罐之间接一套辅助泵旁通管路(包括三个截止阀)。

3. 流量测量段

流量测量段直径和稳流长度均按采用流量计的要求而定。对于一般闭式台,有时将一组流量计并接在稳流罐与汽蚀罐之间,便于适应不同流量泵的试验。这里特别提醒要严防各规格流量计测量段之间串水,为此有时用双道阀门,并在两个阀门之间安装检漏旋塞阀,以检查该流量测量段是否完全密封。若检漏旋塞阀不断淌水,则说明这两个阀门中至少有一个没有关严,那么该流量测量段就有串水的可能。

4. 稳流罐

稳流罐的作用是使通过流量计的液流的流速更加均匀,对节流式流量计来说还可缩短前稳流段的长度,对并接的一组流量计来说稳流罐则相当于一根直径很大的母管。稳流罐中装有带孔栅板,其典型结构如图 3-12 所示。

5. 汽蚀罐

汽蚀罐是常温闭式试验回路的主要部件之一。做汽蚀试验时,常用抽真空的方法在汽蚀罐的顶部抽真空,所以汽蚀罐的结构必须合理。汽蚀罐应具备以下功能:通过整个系统的液流所夹带的气体能有充分溢出的机会;有回水隔套;流过行程时间应在 1 min 以上(罐中流速应小于 0.25 m/s)。进入吸入管的液体沿圆周方向都均匀,所以采用中心插入的结构,并在内外隔套中焊有导流板。实践证明,具有这种结构的汽蚀罐特别是在低 NPSH 值的汽蚀试验中效果非常好。汽蚀罐的典型结构如图 3-13 所示。

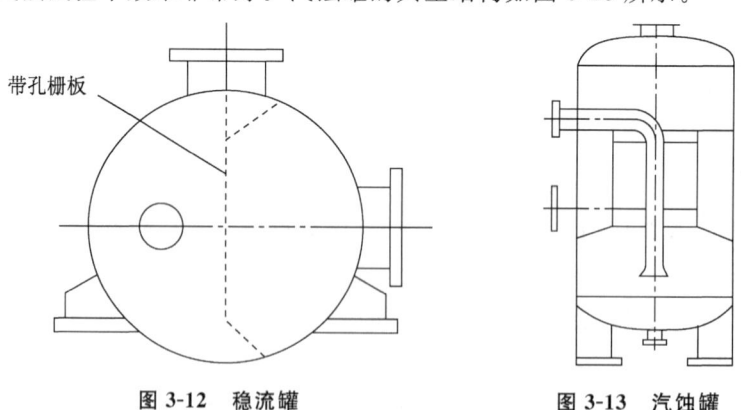

图 3-12 稳流罐　　　　　　图 3-13 汽蚀罐

6. 辅助泵

当试验泵的扬程较低,克服不了回路水力阻力时,就需要提高液流的压力,使试验顺利进行。辅助泵的性能参数应满足:流量大于或等于试验泵的流量,扬程大于"回路水力阻力与试验泵扬程之差",辅助泵和试验泵的扬程相加不能超过该回路设计时极限系统的最高压力值。

7．除气与充气装置

当采用抽真空的方法做汽蚀试验并要求液流中的空气含量保持在一个规定值时，若液流中的空气含量检测结果超出规定值，则将液流中的多余气体除掉，这时需投入除气装置。除气塔（罐）的典型结构如图 3-14 所示。

如果液流中的空气含量低于规定值，则应通过充气装置向液流中充气。充气装置由空气压缩机和一个小型储气罐组成。

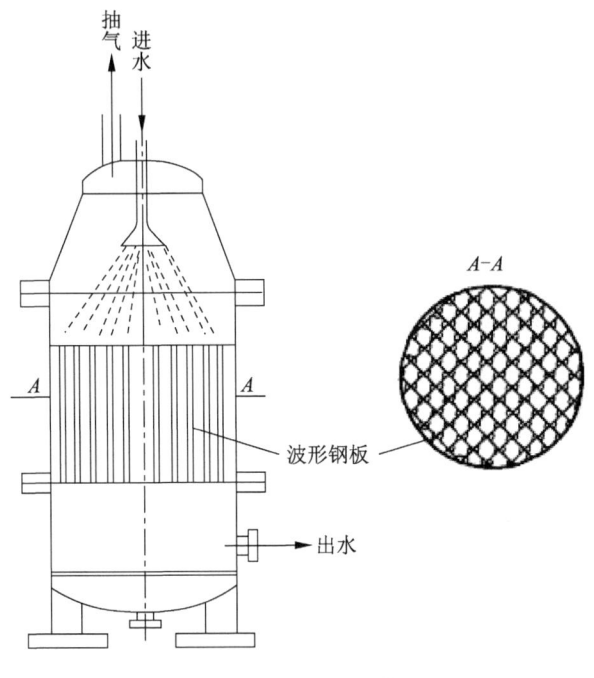

图 3-14　除气塔（罐）

8．试验平台

目前建造的闭式试验回路以立式的为多，特别是适用于低汽蚀余量（NPSH 小）的泵的试验。这种布置形式一般都把流量计放在底层，而把试验泵安装在离地面有一定高度的试验平台上。这有利于增加流量计处的系统压力，试验低扬程的泵时更是如此。导轨和平台的安装要求与开式试验回路的一样。这里应特别强调的是高架试验平台的刚性问题：在最大试验功率时，试验平台表面三个方向的振动烈度均不能超过 0.02 mm/s。

9．闭式试验回路总容量的确定

计算闭式试验回路的总容量时，考虑的主要因素是水温的上升。一般希望在做汽蚀试验的全过程中试验水温保持不变，如果改变，其变化速度应较缓慢。由于回路自然散热效果与回路结构、布置、环境等因素有关，因此总容量的估算偏差会很大，所以一般情况下仍是根据经验估算的。具体估算方法为：1 kW 功率约匹配 0.5 m³ 容积。

关于最大流量时对整个回路容积的要求，经验证明，回路的容量对应 $\frac{1}{12} \sim \frac{1}{10}$ 试验最大流量。如果发现回路水温上升速度比较快,可在回路中串接冷却器,或在汽蚀罐中加装圈状冷却管。以功率与流量因素确定回路总容量时,应在数值范围中取较大值。

3.1.4　高温高压试验回路

对于高温高压试验回路,由于试验温度高、系统压力大,所以在设计时主回路要尽量紧凑,即只要符合标准要求,其尺寸越小越好。因此,一般情况下高温高压试验回路没有汽蚀罐和稳流罐,该回路除了包括由吸入管路、吐出管路、流量测量段和流量调节阀等组成的主回路外,还包括供压系统、换热系统、加热系统、油站等。

1. 吸入管路和吐出管路的水力设计

高温高压试验回路中吸入管路和吐出管路的长度、内径、测压截面位置及取静压孔均与其他试验回路的吸入管路系统和吐出管路系统一致,但管道的壁厚、连接法兰的耐压等级、密封垫的形式与材料都必须符合标准和有关规范的要求,并需通过压力等于或大于最高系统压力 1.2～1.5 倍的打压试验。

2. 流量测量段的要求

由于是高温高压试验回路,所以流量计一般采用节流式(喷嘴或文丘里管)。试验液体的密度随温度和压力的变化而变化,节流式流量计喉部的直径也随温度的改变而改变,因此要注意试验介质密度变化与尺寸膨胀的影响。对于稳流管段管道的壁厚、连接法兰、密封垫的要求均与吸入管路、吐出管路系统相同。

3. 回路热平衡的计算

(1) 热损失的计算

① 管道外面有保温层时管路热损失的计算。

保温层的外径为

$$D_1 = D_0 + 2\delta \tag{3-4}$$

式中,D_0 为管道外径,mm;δ 为保温层厚度,mm。

每米热损失[kcal/(m·h)]为

$$q_m = \frac{2\pi(t-t_r)}{\frac{1}{\lambda}\ln\frac{D_0}{D}+\frac{2}{dD_1}} \tag{3-5}$$

式中,t 为管内试验介质的运行温度,℃;t_r 为管外环境温度,℃;λ 为保温材料的热导率,kcal/(m·h·℃)[超细玻璃棉毡作为保温材料时,$\lambda=0.026\sim0.030$ kcal/(m·h·℃)];d 为大气散热系数,$d=10$ kcal/(m·h·℃);D 为管道内径,mm。

管路总的热损失(kcal/h)为

$$q_1 = q_m l \tag{3-6}$$

式中,l 为管路总长,m。

② 管道外面没有保温层时管路热损失的计算。

每米热损失[kcal/(m·h)]为

$$q_m = \frac{2\pi(t-t_r)}{\frac{1}{\lambda}\ln\frac{D_0}{D}+\frac{2}{dD_0}} \tag{3-7}$$

式中，D 为管道内径，mm。

管路总的热损失（kcal/h）为

$$q_1 = q_m l \tag{3-8}$$

③ 泵体热损失 q 的计算。

q 可通过先将泵体分解成许多块管道，然后再叠加的方法进行计算，也可分为外面有保温层和没有保温层两种情况进行计算，计算公式同式(3-5)或式(3-7)。

④ 总的热损失（回路管路热损失加泵体的热损失）的计算。

$$q_0 = q_1 + q_p \tag{3-9}$$

(2) 温升速率的计算

泵在运行中，因回路内的介质温度不断升高，系统压力随之不断上升，故介质的密度减小，功率下降。由此可见，升温速率将随着泵输入功率的改变而改变。温升速率的计算公式为（1 kW·h＝－860 kcal）

$$v_1 = \frac{860P_t}{C \times \overline{V}} \tag{3-10}$$

$$P_t = P - P_0 \tag{3-11}$$

$$P_0 = P_1 + P_p \tag{3-12}$$

式中，v_1 为温升速率，℃/h；P_t 为温升功率，kW；C 为水的体积热容，kcal/(L·℃)，$C_{水}=$ 1 kcal/(L·℃)；$\overline{V}$ 为回路总容水量，L；P 为泵在不同水温时的输入功率，kW；P_0 为在不同温度下管路热损失 P_1 与泵体热损失 P_p 的和，kW。

4. 换热器（系统）换热参数的计算

① 管侧需要换热的流量 Q_P(L/h) 的计算公式为

$$Q_P = \frac{P}{C(t_i + t_0)} \tag{3-13}$$

式中，P 为换热功率，kW；t_i 为进水温度，℃；t_0 为出水温度，℃；C 为水的体积热容，kcal/(L·℃)。

② 壳侧（换热器体）冷却水量 Q_s(L/h) 的计算公式为

$$Q_s = \frac{P}{C(t_i - t_0)} \tag{3-14}$$

式中，P 为换热功率，kW；t_i 为冷却水出水温度，℃；t_0 为冷却水进水温度，℃；C 为水的体积热容，kcal/(L·℃)。

注：换热器可从专业生产厂订货，但要注明管侧的阻力损失和耐压压力值，壳体侧也应注明阻力损失及工作压力。

5．加热系统

当回路在运行过程中，靠泵输入功率无法达到运行所要求的温度或升温速率太慢时就需要靠加热器（系统）对回路加温。在购置加热器时应注明最大加热功率（等于达到回路温度要求所需功率减去泵输入功率），并最好购置可调温电导热油加热器。

6．油站

油站的作用是向需要润滑或冷却的设备供油。一般油站由油箱、过滤装置、供油泵、回油泵、冷却器（换热器）、冷却水泵、阀门、管道组成。各种设备的规格均按最大供油量而定。

3.2 测量与标定

3.2.1 流量的测量

1．流量测量的方法及仪表

流量测量的方法及仪表按测量的场合可分为实验室测量和现场测量两类。

（1）实验室测量

① 原始方法：称重法、容积法。

② 差压装置（节流装置、节流式流量计）：标准孔板流量计、标准喷嘴流量计、经典文丘里管流量计。

③ 水堰（薄壁堰）。

④ 电磁流量计。

⑤ 涡轮流量计。

（2）现场测量

① 超声波流量计。

② 弯管流量计。

③ 速度面积法：使用流速计、皮托管测量。

④ 示踪物法：稀释法、通过时间法。

2．原始（初级）方法

原始方法可用来校准（标定）其他流量计的装置（又称水流量标准装置），即在某一时间间隔内，测量流入称重容器的流体质量或流入容器的流体容积，分别称为称重法或容积法。这种方法测量的精确度（简称精度）较高，一般在 $0.1\%\sim0.3\%$。称重法如图 3-15 所示，容积法如图 3-16 所示。

（1）称重法

1）称重法测量系统的组成

① 换向器。换向器是交替向称重容器注水的可移动装置，一般由导流管或可移动的导流槽组成，或者由围绕水平轴或垂直轴旋转的导流板组成。换向器的动作应足够快（如

换向时间小于 0.1 s),以降低在测量注水时间中引起较大误差的可能性。导流管通常制作成狭缝形的喷嘴,但其压力不应超过 20 kPa,以免液体飞溅到另一边。为了避免液体越过换向器及在称重容器内产生扰动,换向器可用电动或气动执行机构驱动。在整个测量过程中,换向器都不应影响回路中的流动。

测量大流量时,可使用换向性能均衡且速度慢的换向器(如换向时间 1～2 s),但其动作规律要恒定,换向来回动作的时间差要极小,以换向器行程为函数的流量分布变化最好是线性的,并在任何情况下都是已知的和能够验证的。

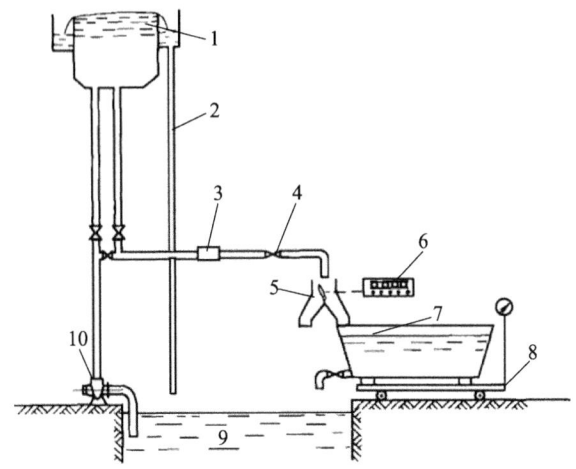

1—恒液位高位水塔;2—溢流管;3—被校仪表;4—流量控制阀;5—换向器;

6—计时与控制系统;7—称重容器;8—衡器;9—水池;10—泵。

图 3-15 用称重法测量流量或校正流量仪表

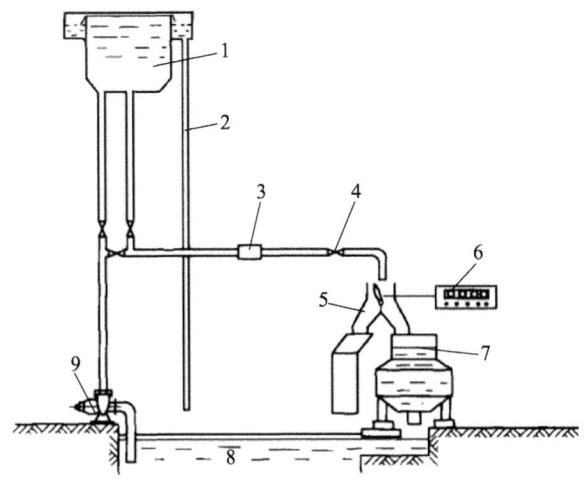

1—恒液位高位水塔;2—溢流管;3—被校仪表;4—流量控制阀;5—换向器;

6—计时与控制系统;7—量筒;8—水池;9—泵。

图 3-16 用容积法测量流量或校正流量仪表

② 时间测量系统（装置）。

液体注入称重容器的时间通常用内部带有高精度石英晶体的电子计数器来测量。希望计时器的分辨力应小于 0.01 s 或更小。只要时间显示的分辨力足够高，并且经常与国家标准时间发射的频率信号进行校对，由计时装置引起的误差就可以忽略不计。

计时器应由换向器本身的运动通过固定在换向器上的开关（光电或磁电开关）来驱动。测量的时间指换向时来回运动的时间，如图 3-17 所示，在阴影区相等的瞬时开始或终止。图 3-17 是流量随时间变化的曲线。然而实际上通常可以认为该点相当于液体喷流束换向器行程的中点位置。只要换向器穿过水流经历的时间与换向到称重容器注水周期所需时间相比可忽略不计，该误差就可忽略不计。

如果换向器的动作规律在（来、回）两个方向上是相同的，如图 3-18 所示，就可以在换向器每个方向动作的瞬间起动或停止计时器。这是指流量和时间的规律是线性的特殊情况。

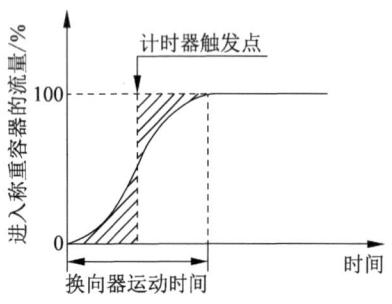

图 3-17 换向器的动作规律

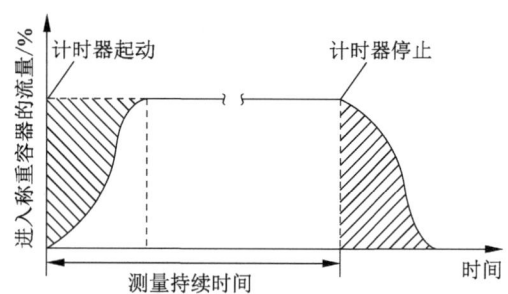

图 3-18 动作规律在两个方向上相同的换向器的时间测量

③ 称重容器。在每次测量期间，液体所注入的容器应具有足够大的容量。最大预期测量流量的注水时间应不小于 30 s。容器底部应装有放水阀门，并保证不渗漏。

④ 衡器（秤）。用来衡量质量大小的器具，要求灵敏度和精确度高，可靠性好。作为法制计量，用称重法测量流量时，精度应在 0.01% 以上。

⑤ 辅助测量。关于水的密度测量，考虑到在环境温度下其密度随温度的变化较小，故温度测量的精度为 0.5 ℃ 就足够了，从物理性表中查到的密度估计误差低于 10^{-4}。

2）静态称重法的操作程序

为了消除剩余液体留在容器底部或依附在容器壁上产生的影响，应首先将足够量的液体注入容器（一般注入与正常测量一样的液体），以达到衡器动作的临界值。在换向器把液体引入水池和流量趋向稳定时，记录该初始质量 m_0，当流量达到稳定后，操作换向器，使液体注入称重容器，而换向器的动作会自动地起动计时器。当收集到适量的液体后，操作换向器反向动作，使液体回到水池内，并自动停止计时器，从而确定注入时间 t_0。当容器内液体的振荡平息后，记录称重容器的最终质量 m_1，然后使容器排水，即完成一次测量。如果要对测量结果进行随机不确定度的分析，那么每一个流量值至少应测 3 遍。

3）流量的计算

注水期间的平均质量流量 q_m 是用注入称重容器内的液体的实际质量除以注水时间而求得的,计算公式如下:

$$q_m = \frac{m}{t} = \frac{m_1 - m_0}{t}(1 + \varepsilon) \tag{3-15}$$

式中,ε 为修正值(受大气压作用的浮力影响,一般 $\varepsilon = 1.06 \times 10^{-3}$)。

因此,式(3-15)可改写成

$$q_m = 1.00106 \times \frac{m_1 - m_0}{t} \tag{3-16}$$

平均体积流量 q_V 的计算公式如下:

$$q_V = \frac{q_m}{\rho} = \frac{m_1 - m_0}{\rho \cdot t}(1 + \varepsilon) \tag{3-17}$$

4）校准(或标定)其他形式流量计

将图 3-15 所示的恒液位高位水塔串联,其他操作和称重法测量流量一样。

（2）容积法

1）容积法测量系统的组成

只要将称重法中的称重容器和衡器换成量筒即可,其余的都与称重法相同。

量筒的结构最好是上部直径小,有个颈脖;中间直径大,像个大肚子;底部装一个拉杆式的气动放水阀。这样的量筒的水位测量精度比较高。

2）操作方法

类同称重法,这里是向量筒中注水。

3）流量的计算

注水期间的平均体积流量 q_V 是用注入量筒内液体的实际体积(容量)除以注水时间而求得的,计算公式如下:

$$q_V = \frac{V}{t} \tag{3-18}$$

量筒在校验(标定)时已模拟测量过程,故放水后量筒内残留液体的体积已得到修正,计算流量时不必再考虑。

4）校准(标定)其他形式流量计

将图 3-16 所示的恒液位高位水塔串联,其他操作和称重法测量流量一样。

3. 差压装置

差压装置又称节流装置,或称节流式流量计。其流量的测量以伯努利方程和流动流体连续方程为依据,当流体流经节流件时,在其两侧产生差压,这一差压与流量的平方成正比。

（1）差压装置的组成

差压装置由节流件、取压装置及前、后稳流管段组成。

1）节流件

节流件是差压装置中造成流体收缩且在其上、下游两侧产生差压的元件。节流件包括标准孔板、标准喷嘴、长径喷嘴、经典文丘里管、文丘里喷嘴、锥形入口孔板、1/4 圆孔板、偏心孔板、圆缺孔板等,常用的是标准孔板、标准喷嘴和经典文丘里管。

① 标准孔板。标准孔板是一块薄板,其上有一个机加工的圆孔(图 3-19)。由于孔板的厚度与测量管段的直径相比很小,同时孔板上游边缘是尖锐的和呈直角的,因此通常称标准孔板是"一块薄板"并带有"尖锐的直角边"。

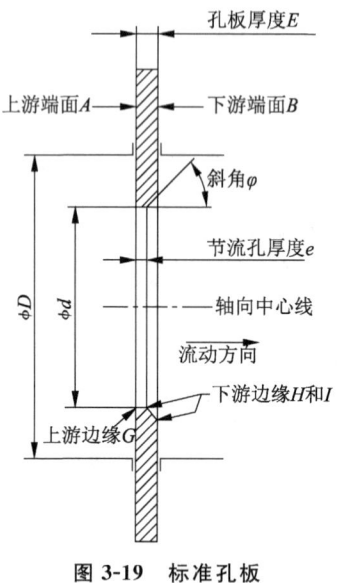

图 3-19 标准孔板

② 标准喷嘴。它由圆弧形的入口收缩部分和与其相连的通称为"喉部"的圆筒形部分组成(图 3-20)。

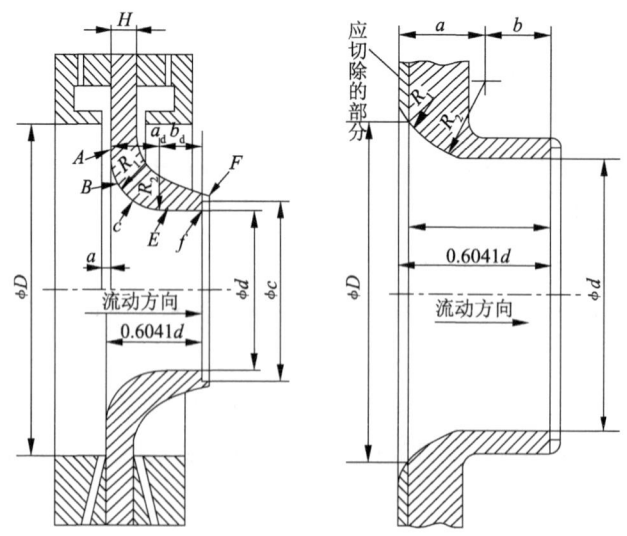

图 3-20 标准喷嘴

③ 经典文丘里管。它由圆锥形的入口收缩部分和与其相连的通称为"喉部"的圆筒形部分以及被称作扩散段的圆锥形的扩散部分组成(图 3-21)。

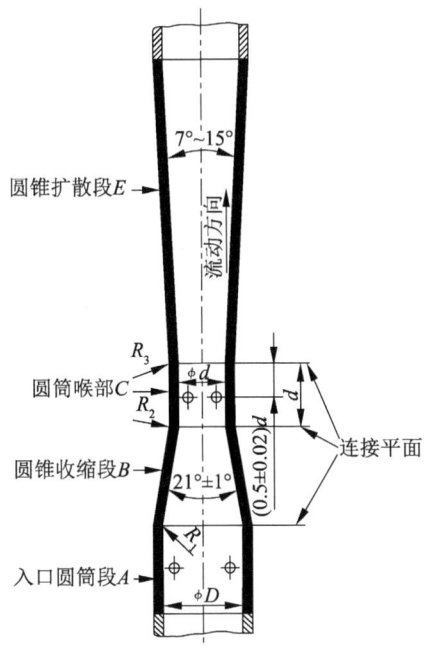

图 3-21 经典文丘里管

2) 取压装置

取压是指提取节流件上、下游两侧产生的差压值,主要有以下两种方式。

① $D-\dfrac{D}{2}$ 取压和法兰取压。$D-\dfrac{D}{2}$ 取压口间距和法兰取压口间距如图 3-22 所示。取压口间距是取压口轴线与孔板的某一规定端面的距离。设计取压口位置时,先应考虑垫圈和密封材料的厚度。

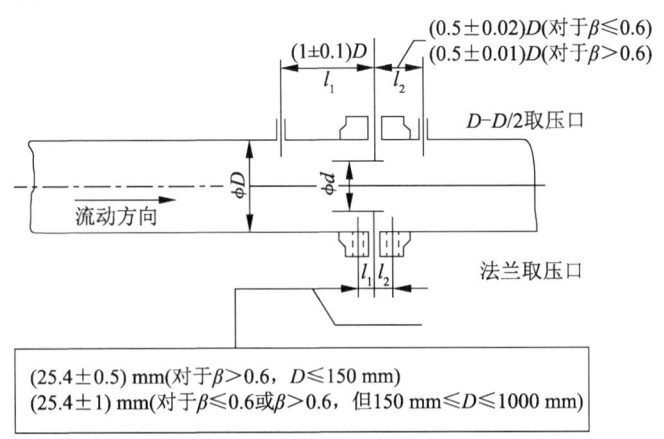

图 3-22 $D-D/2$ 取压口间距和法兰取压口口距

② 角接取压。角接取压装置有两种形式,即具有环隙的夹持环和单独钻孔取压口(图 3-23)。

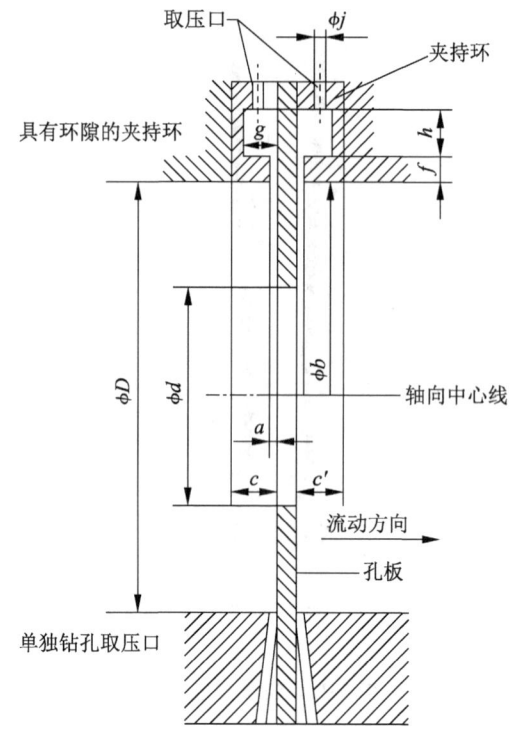

f—环隙厚度;c—上游环长度;d—下游环长度;b—环的直径;

s—从上游台阶到夹持环的距离;a—环隙宽度或单个取压孔直径。

图 3-23 角接取压

3) 前、后稳流管段

前、后稳流管段分别连接节流件的上游与下游的两根直管段,其作用是保证流经节流件时流速均匀。其上游侧直管段长度 l_1 和下游侧直管段长度 l_2 与直径比 β 有关[$\beta = \dfrac{d}{D}$,即节流件的节流孔(或喉部)的直径 d 与其上游测量管段(稳流管段)的内径 D 的比],与其上游阻流件型式、数量及安装方式也有关,具体尺寸可查表 3-1、表 3-2 和表 3-3。稳流管段的管道内径 D 应符合对每种节流件所规定的值。管的内表面应清洁,没有坑凹和沉积物,至少在节流件的上游 $10D$ 和下游 $4D$ 的长度范围内不能结垢,其管道截面圆度用目测法鉴定。但与节流件相连的上游管段的长度至少应有 $2D$,如果圆横截面上任何一个直径测量值与测得的平均值的差不超过 0.3%,就认为管道是圆的。

表 3-1　孔板与阻流件之间所需要的直管段的长度（无流动调整器，数值以管径 D 的倍数表示）

直径比 β	单个90°弯头，或任一平面上两个90°弯头（S>30D）①		同一平面上两个90°弯头：S形结构（30D≥S>10D）①		垂直平面上两个90°弯头：S形结构（10D≥S>5D）①		在垂直平面上两个90°弯头（5D≥S）①②		单个90°三通		单个45°弯头，或同一平面上两个45°弯头：S形结构（S≥2D）①		渐缩管在1.5D的长度内由2D变为D		渐缩管在D的长度内由0.5D变为D		全孔球阀或闸阀全开		对称突缩管		温度计套管或插口直径小于0.03D②		前面阻部件类型和密度计套管 全流型	
	A	B	A	B	A	B	A	B	A	B	A	B	A	B	A	B	A	B	A	B	A	B	A	B
0.20	6	3	10	10	19	18	34	17	9	3	③	③	5	5	16	8	12	6	30	15	5	3	4	2
0.40	16	3	10	10	44	18	50	25	9	3	30	9	5	5	16	8	12	6	30	15	5	3	6	3
0.50	22	9	18	10	44	18	55	25	19	9	30	9	6	6	18	9	12	6	30	15	5	3	6	3
0.60	42	13	30	18	44	18	60	30	29	18	30	18	9	6	22	11	14	7	30	15	5	3	7	3.5
0.67	44	20	44	18	44	20	65	34	36	18	44	18	12	6	27	14	18	9	30	15	5	3	7	3.5
0.75	44	20	44	18	44	20	75	38	44	18	44	18	22	11	38	19	24	12	30	15	5	3	8	4

孔板上游（入口）侧　　　　　孔板下游（出口）侧

下游末端渐缩管和渐扩管的锥管部分下游末端渐缩管和通三通的曲面部分下游末端。

注：1. 对于 β<0.20 的长度可以取 β=0.2 同样的长度。

2. 最小直管段长度是指孔板的上、下游阻流件之间的长度，该长度从任意曲率半径的弯头算起。

3. 本表中大多数弯头的曲率半径等于 1.5D，但亦可用于任意曲率半径的弯头。

4. 各种阻流件中 A 栏的长度是指零附加不确定度的。

5. 各种阻流件中 B 栏的长度是指 0.5% 附加不确定度的。

6. 如果可能的话，恶劣的安装条件下可以采用流动调整器。当 A 栏和 B 栏分别增加到 20D 和 10D 时，可安装直径为 0.003D～0.13D 的温度计套管。

① S 为两个弯头之间的间距，即上游阻流件下游端部分曲面部分到下游端部分曲面部分的上游端部分的最短直管段长度。

② 对于其他阻流件，温度计套管的安装不会变更其上游最短直管段长度。

③ 此处无数据，采用 β=0.40 的数据就足够了。

表 3-2　喷嘴和文丘里喷嘴所要求的直管段长度（无流动调整器，数值以管径 D 的倍数表示）

直径比 β	孔板上游（入口）侧																						孔板下游（出口）侧	
	单个 90°弯头或三通（流体仅从一个支管流出）		同一平面上两个或多个 90°弯头		不同平面上两个或多个 90°弯头		渐缩管 在 1.5D～3D 的长度内由 2D 变为 D		渐扩管 在 D～2D 的长度内由 0.5D 变为 D		球阀全开		全孔球阀或闸阀全开		对称骤缩管		温度计套管或插孔直径 小于 0.03D		温度计套管或插孔直径 在 0.03D ～ 0.13D 之间		前面阻流件（后 3 除外）	
	A	B	A	B	A	B	A	B	A	B	A	B	A	B	A	B	A	B	A	B	A	B
0.20	10	6	14	7	34	17	5	—	16	8	18	9	12	6	30	15	5	3	20	10	4	2
0.25	10	6	14	7	34	17	5	—	16	8	18	9	12	6	30	15	5	3	20	10	4	2
0.30	10	6	16	8	34	17	5	—	16	8	18	9	12	6	30	15	5	3	20	10	5	2.5
0.35	12	6	16	8	36	17	5	—	16	8	18	9	12	6	30	15	5	3	20	10	5	2.5
0.40	14	7	18	9	36	18	5	—	16	8	20	10	12	6	30	15	5	3	20	10	6	3
0.45	14	7	18	9	38	19	5	5	17	9	20	10	12	6	30	15	5	3	20	10	6	3
0.50	14	7	20	10	40	20	6	5	18	9	22	11	12	6	30	15	5	3	20	10	6	3
0.55	16	8	22	11	44	22	8	5	20	10	24	12	14	7	30	15	5	3	20	10	6	3
0.60	18	9	26	13	48	24	9	5	22	11	26	13	14	7	30	15	5	3	20	10	7	3.5
0.65	22	11	32	16	54	27	11	6	25	13	28	14	16	8	30	15	5	3	20	10	7	3.5
0.70	28	14	36	18	62	31	14	7	30	15	32	16	20	10	30	15	5	3	20	10	7	3.5
0.75	36	18	42	21	70	35	22	11	38	19	36	18	24	12	30	15	5	3	20	10	8	4
0.80	46	23	50	25	80	40	30	15	54	27	44	22	30	15	30	15	5	3	20	10	8	4

注：1. 最短直管段长度是节流件上游或下游的各种阻流件与节流件之间的数值，全部直管段长度从节流件的上游端面测量起。

2. A 栏为零附加不确定度的长度值。

3. B 栏为 0.5%附加不确定度的长度值。

4. 有些节流件不是全部 β 值都允许采用的。

5. 温度计套管或插孔的配置不改变其他阻流件需要的上游最短直管段长度。

表 3-3　经典文丘里管所要求的直管段长度(无流动调整器,上游侧管径为 D,下游侧孔径为 d)

| 直径比 β | 文丘里管上游(入口)侧,数值以管径 D 的倍数表示 | | | | | | | | | | 文丘里管下游(出口)侧,数值以孔径 d 的倍数表示 | |
| | 单个 90°弯头 | | 同一平面上或不同平面上两个或多个 90°弯头 | | 渐缩管在 2.3D 长度内,由 1.33D 变为 D | | 渐扩管在 2.5D 长度内,由 0.67D 变为 D | | 全孔球阀或闸阀全开 | | 前面全部阻流部件 | |
	A	B	A	B	A	B	A	B	A	B	A	B
0.30	8	3	8	3	4	4	4	4	2.5	2.5	4	4
0.40	8	3	8	3	4	4	4	4	2.5	2.5	4	4
0.50	9	4	10	4	4	4	5	4	3.5	2.5	4	4
0.60	10	5	10	5	4	4	6	4	4.5	2.5	4	4
0.70	14	7	19	7	4	4	7	5	5.5	3.5	4	4
0.75	16	8	22	8	4	4	7	6	5.5	3.5	4	4

注:1. B栏应加±0.5%附加不确定度。

　2. 密度计应在节流件(扩大散)的下游4D处。

(2) 流量的计算

流量的计算公式为

$$Q = \alpha \varepsilon \frac{\pi}{4} d^2 \sqrt[2]{\frac{2\Delta p}{\rho}} \tag{3-19}$$

或

$$Q = \frac{c}{\sqrt{1-\beta^4}} \varepsilon \frac{\pi}{4} d^2 \sqrt[2]{\frac{2\Delta p}{\rho}} \tag{3-20}$$

式中,α 为流量系数(查表得到);ε 为膨胀系数,对于水这种不可压缩的流体,$\varepsilon = 1$;d 为节流件的节流孔(或喉部)的直径,m;Δp 为差压值,Pa;ρ 为流体密度,kg/m³;C 为流出系数(查表得到)。

(3) 测量的一般要求

① 差压装置(节流装置)的设计、制造、安装与使用应符合标准的规定和要求,如果超出标准规定的极限,就必须对该装置进行单独标定。

② 只有怀疑差压装置的关键尺寸有变动时,才可以进行尺寸的检定或整个装置的标定。

③ 差压装置应采用已知膨胀系数的材料制造。

④ 当需要提高差压装置的测量精度时,可以用具有较高精度的流量测定方法(如称重法或容积法)进行标定。

⑤ 被测量流体应是不可压缩的,在物理学和热力学上应是均匀的、单相的,或是具有高分散程度的胶质溶液(如牛奶),并可认为其相当于单相流体,在通过该装置时不发生相变化。

⑥ 为进行流量测量,必须知道工作状态下的流体密度和黏度。

⑦ 管道内的流量应该不随时间而变化,或实际上只随时间微小、缓慢地变化,不能是脉动流量。

(4) 差压装置(节流装置)的安装和使用要求

① 流体应充满测量管道,故在装置下游必须装有阀门或有背压。

② 在紧邻节流装置上游的管道内,流体流动状态接近典型的充分发展的紊流状态,并在无旋涡的位置上安装差压装置。

③ 差压装置应安装在两段有恒定横截面积的圆筒形直管段之间,且二者之间不应有障碍物和分支管。

④ 用来计算节流件直径比的管道直径 D 值应为上游取压口的上游 $0.5D$ 长度内的内径的平均值。此内径平均值至少应是四个直径测量值的算术平均值,这些测量直径至少应分布在 $0.5D$ 长度内的三个截面上。这些截面中的两个在距上游取压口 0 和 $0.5D$ 处。若是环室取压,则 $0.5D$ 的值应从环室上游边缘算起。

⑤ 在上游最短直管段入口和下游最短直管段出口之间,当流体温度不超过测量所规定的限值范围时,管道和管道法兰可不加保温套。

⑥ 各种阻流件和差压装置(节流装置)之间所需的最短上、下游直管段长度应作如下安排。

孔板与阻流件之间所需的最短直管段长度按表 3-1 中 A 栏数据配制,若用 B 栏中的数据,则应在流量系数的不确定度算术相加的基础上再加减 0.5% 的附加偏差。

喷嘴或文丘里喷嘴与阻流件之间所需的最短直管段长度按表 3-2 中 A 栏数据设置,若用 B 栏中的数据,则应在流量系数的不确定度算术相加的基础上再加减 0.5% 的附加偏差。

经典文丘里管与阻流件之间所需的最短直管段长度按表 3-3 中 A 栏数据配制,若用 B 栏中的数据,则应在流量系数的不确定度算术相加的基础上再加减 0.5% 的附加偏差。

如果差压装置装在一条通向上游开敞空间或大容器的管道中(不论是直接相连还是通过阻流件相连),那么开敞空间(或大容器)与节流件之间的总管道长度绝对不得小于 $30D$(在缺少试验数据的情况下,对经典文丘里管也采用 $30D$ 的值是合理的)。如果中间有阻流件,阻流件与节流件之间的长度仍应符合表 3-1、表 3-2 和表 3-3 中所给出的数值要求。

若在差压装置的上游串联安装有除 90°弯头以外的几个阻流件(阻流件 1、阻流件 2……),则应使用下面的规则:离差压装置最近的阻流件 1 和差压装置之间的最短直管段长度应根据表 3-1、表 3-2 和表 3-3 中该阻流件 1 的实际情况与节流件的实际 β 值来确定。除此之外,阻流件 1 和另一个阻流件 2 之间的直管段长度应等于根据表 3-1、表 3-2 和表 3-3 中该阻流件 2 的实际情况和直径比 $\beta = 0.7$ 所确定的数值的一半(不论实际 β 值是多少)。如果阻流件 2 是一个骤缩对称变径管,本要求就不适用,应按上条要求考虑。

如果差压装置上游的阻流件都不属于表 3-1、表 3-2 和表 3-3 中列出的情况,或使用直径比 β 值比较大的差压装置时,可采用某种形式的整流器。任何整流器都应安装在差压装置和上游扰流件(或离差压装置最近的阻流件)之间的直管上。该阻流件和整流器之间的直管长度至少应等于 $20D$,而且整流器和差压装置之间的长度至少应等于 $22D$,并保证几乎所有液流都通过整流器,而无旁通液流。整流器分为 A 型、B 型、C 型三种,如图 3-24 所示。

A 型整流器(又称 Zanker 式整流器)具有规定尺寸圆孔的穿孔薄板,其后面有很多由平板交叉形成的多槽道(每一个孔有一个槽),如图 3-24a 所示。

B 型整流器(又称 Sprenkle 式整流器)由三块穿孔金属板串连而成,相邻的两块板之间的距离为一倍管径,在孔的上游有倒角,每块板上开孔的总面积应大于管横截面积的 40% 以上,板的厚度与孔径比至少是 1.0,孔的直径应小于管径,三块板可用螺栓连在一起,如图 3-24b 所示。

C 型整流器(又称管束式整流器)由很多固定在一起并且刚性地固定在管内的平行管子组成,并保证各管子既彼此平行又与管轴平行,小管子至少要有 19 根,其长度应大于或等于 $20d$,如图 3-24c 所示。

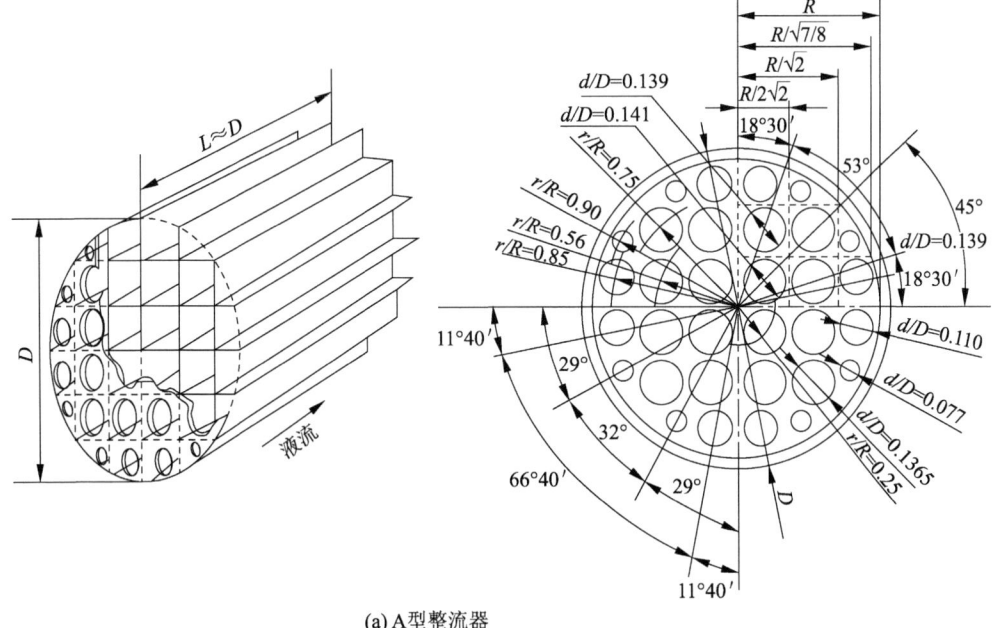

(a) A 型整流器

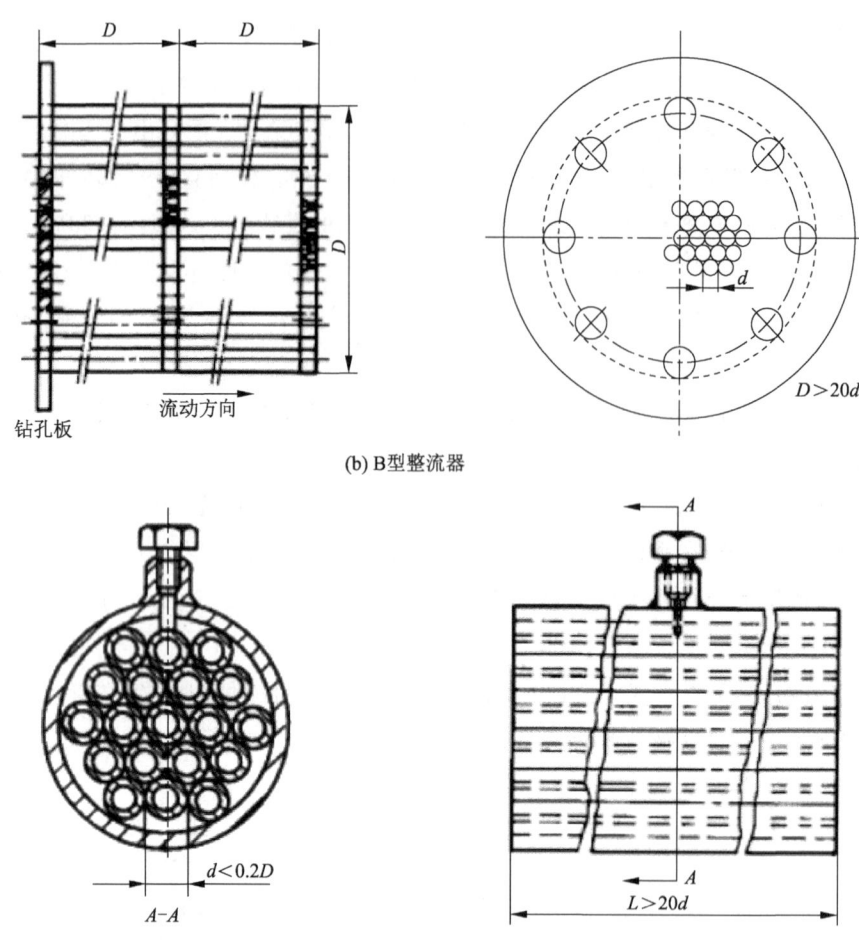

(b) B型整流器

(c) C型整流器

图 3-24　整流器

注:为减少压力损失,孔的入口可做成 45°的倾斜面。

(5)节流件的安装要求

1)孔板、喷嘴的安装要求

① 管道圆度。相连的上游管段至少应在 2D 长度范围内,任何平面内测得的直径与测得平均值的差应不超过 0.3%。此外,从节流件算起 2D 以外,直至与第一个上游阻流件之间的上游管道,可以由一个管段或几个管段组成,两个管段之间连接错位应不超过管径的 0.3%。

如果任何两个管段之间的错位 h 虽然超出了 0.3%的规定,但仍满足下列关系,那么流量系数的不确定度应是算术相加再加上正负 0.2%的附加不确定度,即

$$\frac{h}{D} \leqslant 0.002 \times \left(\frac{\frac{S}{D}+0.4}{0.1+2.3\beta^4}\right) \text{ 和 } \frac{h}{D} \leqslant 0.05 \tag{3-21}$$

式中,S 为错位位置与上游取压口或与环室的距离。若超出上述规定,则认为安装不符合

标准要求。

下游直管段的圆度与上游 $2D$ 长度内直管段的平均直径的差不得大于 $\pm 3\%$。

② 管道上可设置必要的排气孔和排污孔,但最好不要将其设置在节流件附近,若要求设置(如环室),则其孔径应小于 $0.08D$。

③ 节流件的安装位置。使流体从其上游面流向下游面,应有流动方向的箭头标志,节流面与管道中心线垂直,其偏差应在 $-1°\sim 1°$ 范围内,并与管道同心(若用取压环,则应与取压环同心)。开孔的中心线与上游和下游的管中心线之间的距离 e_x 应小于或等于 $0.0005D/(0.1+2.3\beta^4)$。若 e_x 的值在以下范围内:

$$\frac{0.0005D}{0.1+2.3\beta^4}<e_x\leqslant\frac{0.005D}{0.1+2.3\beta^4} \tag{3-22}$$

则应对流量系数 a 的不确定度算术 $\pm 0.3\%$。

当采用取压环时,应使取压环不突入管内。

④ 夹紧方法和对垫圈的要求。一旦将节流件安装在适当的位置,就应保持不动,如固定在法兰之间时,应考虑允许有自由的热膨胀以避免皱曲和变形。密封垫圈的厚度在任何情况下都不得大于 $0.03D$,取压环室的垫圈不得突入环室内。

2)经典文丘里管的安装要求

① 管道的圆度。整个上游管道应是圆筒形的,至少离文丘里管入口圆筒形部分上游端面 $2D$ 长度上应是圆筒形的。与经典文丘里管相连的管子的平均直径 D 应在经典文丘里管入口圆筒形直径的 $-1\%\sim 1\%$ 范围内。此外,在经典文丘里管前面 $2D$ 的距离内,管段的任一单测直径与平均直径值之差应不超过 $\pm 2\%$;其下游的管径应不小于文丘里管扩散部分端部直径的 90%。

② 上游管道的粗糙度。在 $2D$ 的长度上,$Ra/D\leqslant 10^{-3}$。

③ 经典文丘里管的直线度。上游管道的中心线与文丘里管的中心线之间的错位或距离应小于 $0.005D$,其较直角的偏差应小于 $1°$。

④ 可设置排污孔和排气孔,但测量时应保持不漏。

(6) 使用限制条件

1) 标准孔板的使用限制条件

标准孔板的使用限制条件见表 3-4。当管径 $D<150$ mm 时,必须计算孔板上游管道的相对粗糙度值 Ra/D 在上游 $10D$ 的长度范围内都应满足表 3-5 中的值。此粗糙度要求与孔板配件和上游管道有关,对孔板下游管道粗糙度无要求。

表 3-4　标准孔板的使用限制条件

参数	角接取压	$D-D/2$ 取压	法兰取压
d/mm	$\geqslant 12.5$		$\geqslant 12.5$
D/mm	$50\leqslant D\leqslant 1000$		$50\leqslant D\leqslant 1000$

参数	角接取压	$D-D/2$ 取压	法兰取压
β	$0.10\leqslant\beta\leqslant0.75$		$0.10\leqslant\beta\leqslant0.75$
Re_D	当 $0.10\leqslant\beta\leqslant0.65$ 时，$Re_D\geqslant5000$； 当 $\beta>0.65$ 时，$Re_D\geqslant1260\beta^2$		$Re_D\geqslant5000$ 和 $Re_D\geqslant170\beta^2D$

表 3-5　孔板上游管道相对粗糙度的上限值（$10^4Ra/D$ 值）

β	Re_D								
	1×10^4	3×10^4	1×10^5	3×10^5	1×10^6	3×10^6	1×10^7	3×10^7	1×10^8
$\leqslant0.20$	15	15	15	15	15	15	15	15	15
0.30	15	15	15	15	15	15	15	14	13
0.40	15	15	10	7.2	5.2	4.1	3.5	3.1	2.7
0.50	11	7.7	4.9	3.3	2.2	1.6	1.3	1.1	0.9
0.60	5.6	4	2.5	1.6	1	0.7	0.6	0.5	0.4
$\geqslant0.65$	4.2	3	1.9	1.2	0.8	0.6	0.4	0.3	0.3

2）标准喷嘴的使用限制条件

标准喷嘴的使用限制条件见表 3-6。

表 3-6　标准喷嘴的使用限制条件

参数	角接取压限制条件
D/mm	$50\leqslant D\leqslant500$
β	$0.30\leqslant\beta\leqslant0.80$
Re_D	当 $0.30\leqslant\beta<0.44$ 时，$70000\leqslant Re_D\leqslant10^7$
	当 $0.44\leqslant\beta\leqslant0.8$ 时，$20000\leqslant Re_D\leqslant10^7$

3）经典文丘里管的使用限制条件

经典文丘里管的使用限制条件为：$65\ \mathrm{mm}\leqslant D\leqslant500\ \mathrm{mm}$；$d\geqslant50\ \mathrm{mm}$；$0.316\leqslant\beta\leqslant$ 0.775；$1.5\times10^5\leqslant Re_D\leqslant2.0\times10^6$。

（7）差压的测定

标准孔板、标准喷嘴和经典文丘里管的差压 Δp 可用液柱式差压计或差压传感器来测量。液柱式差压计的玻璃管内径为 $6\sim12\ \mathrm{mm}$，与液柱式差压计连接的导压管内的空气必须完全排出。导压管一般可用内径为 $6\sim12\ \mathrm{mm}$ 的管子，根据不同系统压力可选用不锈钢管、纯铜管、胶管、透明塑料管等。

Δp 的测量不确定度与采用液柱式差压计还是采用差压传感器有关。液柱式差压计的精度达 $\pm0.5\%$，国内生产的差压传感器的精度达 $\pm0.25\%$，进口的差压传感器的精度为 $0.05\%\sim0.10\%$。

（8）压力损失 ΔH 的计算

1）标准孔板和标准喷嘴

$$\Delta H = \frac{1-\alpha\beta^2}{1+\alpha\beta^2}\Delta p \tag{3-23}$$

2）经典文丘里管

$$\Delta H \approx (5\% \sim 20\%)\Delta p$$

（9）流量系数的精度和 D 与 d 的测量精度

1）流量系数的精度

由于流量系数等于流出系数 C 乘渐近速度系数 $E=(1-\beta^4)^{-1/2}$，而直径比 β 可将测量不确定度忽略，所以流出系数的精度可代替流量系数的精度。

① 标准孔板。当 $\beta\leqslant0.6$ 时，不论是角接取压、$D-D/2$ 取压还是法兰取压，流量系数的精度都为 $\pm0.5\%$；当 $0.6<\beta\leqslant0.75$ 时，三种取压方式的流量系数的精度均为 $(1.667\beta-0.5)\%$。

② 标准喷嘴。当 $\beta\leqslant0.6$ 时，流量系数的精度为 $\pm0.8\%$；当 $\beta>0.6$ 时，流量系数的精度为 $\pm(2\beta-0.4)\%$。

③ 经典文丘里管。粗铸收缩段经典文丘里管的流量系数精度为 $\pm1.7\%$；经加工收缩段式经典文丘里管的流量系数的精度为 $\pm1.0\%$；未加工的焊接铁板收缩段式经典文丘里管的流量系数的精度为 $\pm1.5\%$。

2）D 和 d 的测量精度

D 和 d 的测量精度按实际值代入，一般情况下，D 的测量精度应小于 $\pm0.4\%$，而 d 的测量精度应小于 $\pm0.07\%$。

（10）差压装置的标定

① 在差压装置的设计、制造、安装和使用四个方面中，如果其中有一个不符合标准规定，就需要用测量精度高的方法进行校验（标定），以标定的流量系数或综合系数为准。

② 不经过标定的差压装置的精度：标准孔板或标准喷嘴的精度为 $\pm1\%\sim\pm1.5\%$，经典文丘里管的精度为 $\pm1\%\sim\pm2\%$。

③ 经称重法或容积法标定：上述几种差压装置的精度可为 $\pm0.3\%\sim\pm0.5\%$。

④ 经原位标定（即使用状态与标定状态一致）：差压装置的精度等于标定装置的精度，即可达到 $\pm0.1\%\sim\pm0.3\%$。

⑤ 对于差压装置，除了在怀疑关键尺寸（开孔或喉部的尺寸 d）有改变时需要进行检查或标定外，其他情况可不必进行标定。

4. 水堰（薄壁堰）

在一个明槽的端部安置一块堰板（即形成一个堰口），当液体流过堰口时其流量与流过堰口上的水头高度成一定的比例关系，水头越高，流过的流量越大。水堰一般用于低扬程、大流量的测量。

1）水堰

水堰由堰板和堰槽构成，分为三角堰、矩形堰和全宽堰，如图 3-25 所示。

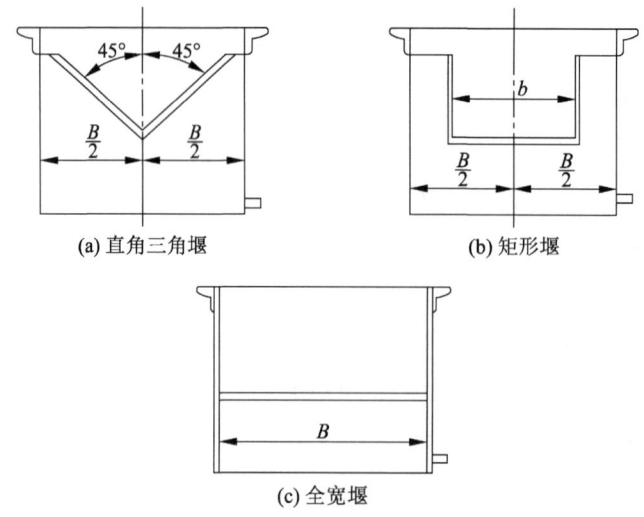

(a) 直角三角堰　　　　　　　　(b) 矩形堰

(c) 全宽堰

图 3-25　水堰的堰口

① 堰板。

堰板的截面如图 3-26 和图 3-27 所示。堰口与内侧面成直角，唇厚为 2 mm，向外侧倒 45°倾斜面，毛刺应清除干净。堰口棱缘要修整成锐棱，不得呈圆形。堰板内侧面特别是从上端开始 100 mm 的区域内要平滑。

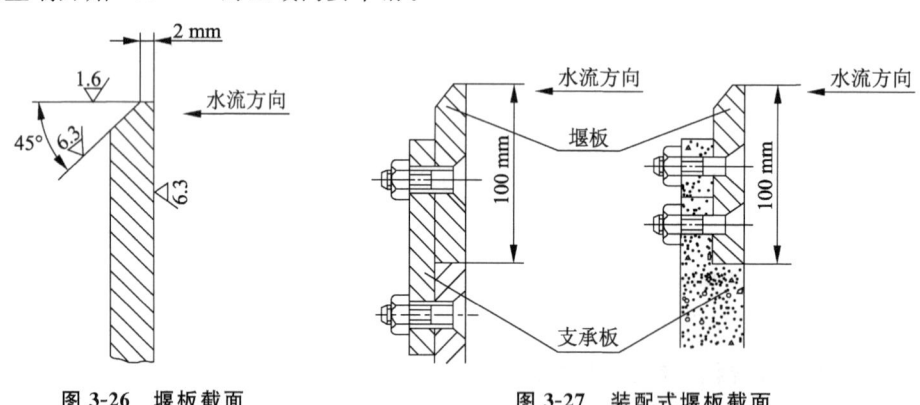

图 3-26　堰板截面　　　　　图 3-27　装配式堰板截面

堰板应采用耐腐蚀的材料，如不锈钢、青铜等。堰板安装时必须铅直。堰口应位于堰槽宽度的中央，与堰槽两侧壁成直角。直角三角堰的直角等分线应铅直，直角允许误差为 $\pm 5'$。矩形堰和全宽堰的堰口下缘应保证水平，堰口的直角允许误差为 $\pm 5'$，堰口宽度的允许误差为 $\pm 0.001b$。

② 堰槽。

堰槽由导入部分、整流装置部分和整流部分构成。

堰槽（包括支承板）要坚固不易变形，可由钢板或混凝土制成。堰槽的底面和两侧面应平坦,侧面和底面应垂直。全宽堰槽的两侧面应向外延长,如图 3-25 所示,延长壁应和两侧面一样平坦,与堰口边缘垂直,直角允许误差为±5°。延长壁上应设置通气孔,通气孔应靠近堰口并在水头的下面,以保证测量时水头内侧空气畅通。通气孔的面积(m²)为

$$A \geqslant \frac{Bh_{\max}}{140}$$ (3-24)

式中,B 为堰槽宽度,m;$h_{\max}$ 为最大水头,即水流的最高水面至堰口底点(直角三角堰)或堰口下边缘(矩形堰、全宽堰)的垂直距离,m。

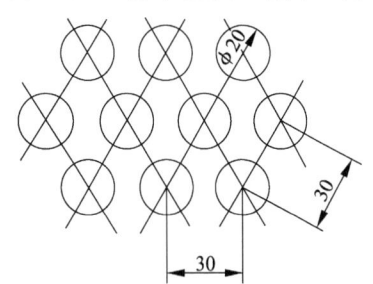

导入部分的容量应尽可能大些,这部分的宽度和深度不能小于下游整流装置的宽度和深度,并使导水管埋没在水中。整流装置由 4～5 道整流栅板组成。推荐的栅孔尺寸如图 3-28 所示。

整流部分的作用是使流经堰口的水流尽可能平稳。

堰槽的长度包括导入部分的长度 l_2、整流装置部分的长度 l_s 和整流部分的长度 l_1,如图 3-29 所示。其具体尺寸列于表 3-7 中。

图 3-28　整流栅板的栅孔尺寸（单位:mm）

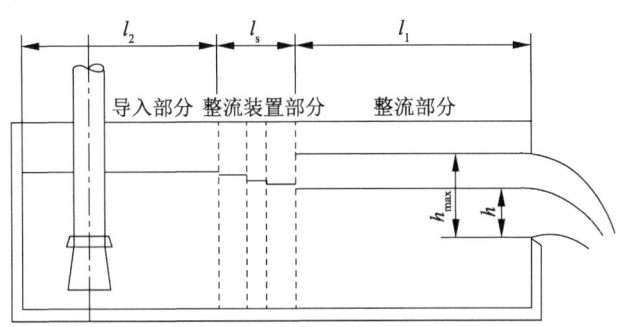

图 3-29　堰槽长度

表 3-7　堰槽长度的尺寸

类别	l_1	l_s	l_2
直角三角堰	$>h_{\max}$	$\approx 2h_{\max}$	$>B+h_{\max}$
矩形堰	$>10b$	$\approx 2h_{\max}$	$>B+2h_{\max}$
全宽堰	$>10B$	$\approx 2h_{\max}$	$>B+3h_{\max}$

2) 堰的水头测量装置

堰的水头测量装置如图 3-30 所示。在堰槽侧壁上设有小孔与另一小水桶相通,在桶内测量水位。桶和堰的连接管长度应适当,以保证测量方便、准确。管径为 $10\sim30$ mm。小孔的位置距堰口$(4 \sim 5)h_{\max}$,距堰口的下边缘及堰槽底面的尺寸不得小于 50 mm。小孔不应有毛刺,小孔的轴心线应与堰槽壁垂直。

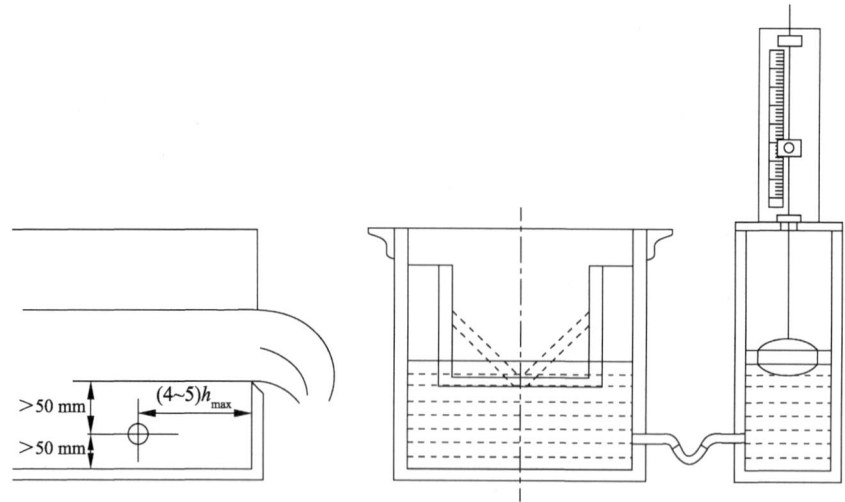

图 3-30　堰的水头测量装置

3）堰的水头测量方法

① 应当在越过堰口流下来的水流与堰板不附着的情况下进行测量。

② 水堰的堰口至堰口外水池的水面的高度不得小于 100 mm。

③ 可以采用钩针水位计或浮筒水位计（图 3-31）测量水位，但水位不稳定时不能使用钩针水位计。使用钩针水位计时，应将针先沉入水中再提起对准水平面，以消除表面张力的影响。除上述水位计外，还可以采用水位测量精度不低于这两种水位计的其他水位计，如水位测量传感器等。

④ 对于水头测量的水位计零点的确定，误差应不大于 0.2 mm。

A. 矩形堰、全宽堰水位计零点的确定方法。

a. 先将临时测量用的特制的带钩针的水位计卡固在堰口上，并用水平仪找平，读出图中的 G 数值。

b. 将水放入堰槽中，并使水面低于堰口。

c. 将特制的带钩针的水位计的钩针下降并浸入水中，然后将钩针慢慢提起使针尖和水面持平（图 3-32），并读出图中的 F 数值，计算 G、F 数值之差，$G-F$ 即堰口至堰槽中水位的距离。

d. 将预先安装在距堰口 $(4{\sim}5)h_{max}$ 测量截面处或安装在小水桶内的永久性测量水头水位计的钩针下降，使针尖和水面持平，并读出刻度数值。该读数值减去 $G-F$ 的值得到的数值就是永久性测量水头水位计的零点数值。

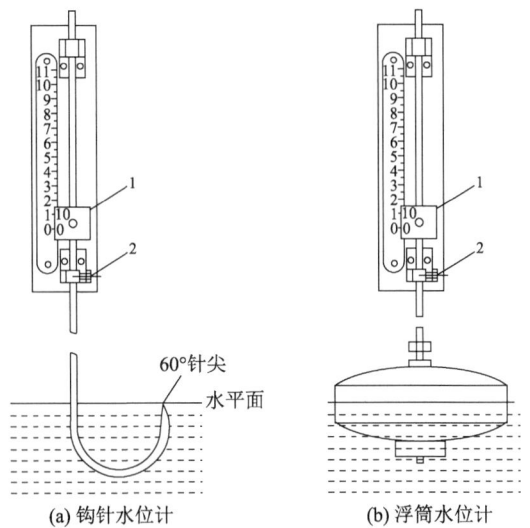

(a) 钩针水位计　　　　　　　(b) 浮筒水位计

1—游标尺;2—定位螺钉。

图 3-31　水位计

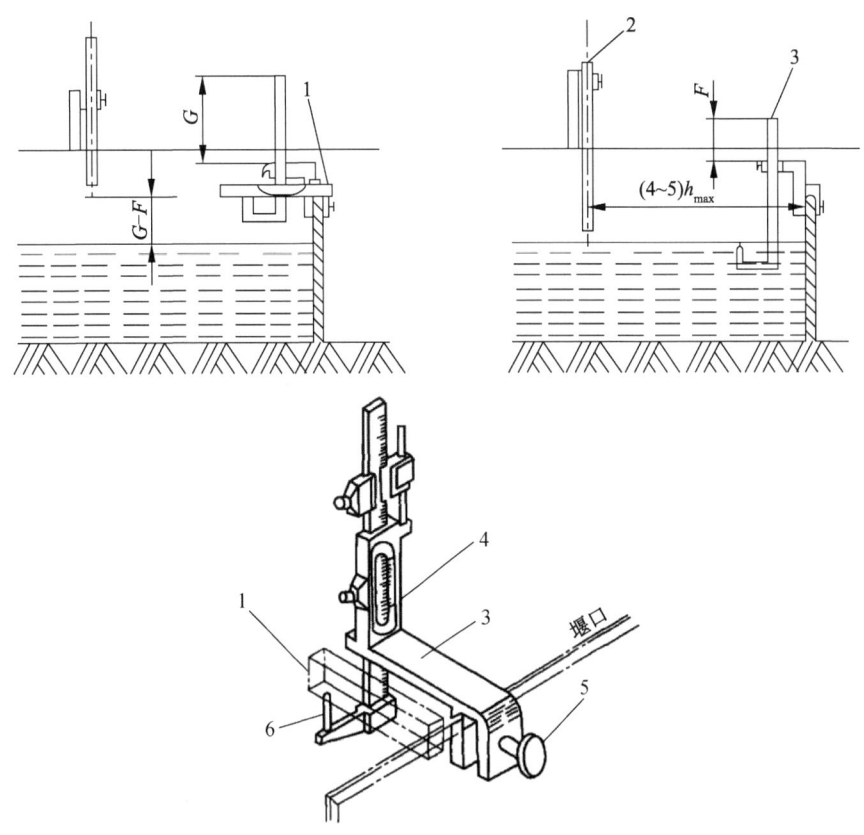

1—水平仪;2—永久性水位计(测量水头用);3—临时测量用的水位测量仪;

4—游标尺;5—紧固螺钉;6—钩针。

图 3-32　矩形堰、全宽堰水头测量水位计零点的确定

B. 直角三角堰水位计零点的确定方法。

a. 在堰口上,与堰槽长轴平行地放置特制的直径为 D 的圆棒,如图 3-33 所示,并用水平仪找平。

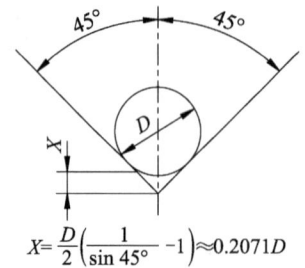

$$X=\frac{D}{2}\left(\frac{1}{\sin 45°}-1\right)\approx0.2071D$$

图 3-33　直角三角堰水位计零点的确定

b. 首先将临时测量用的特制的带钩针的水位计放置在圆棒上面,钩针针尖和圆棒底面相接触。然后按照矩形堰、全宽堰测量方法中的 b、c、d 步骤进行测量。最后用水位计的读数值减去 $G-F$ 的值,再减去 $0.2071D$,得到的数值就是水位计的零点值。

4)水堰测量流量的计算公式

① 直角三角堰测量流量(图 3-34)的计算公式为

$$Q=\alpha\,\frac{8}{15}\sqrt{2g}\,h_e^{5/2} \tag{3-25}$$

$$h_e=h+K_n \tag{3-26}$$

式中,Q 为体积流量,$\mathrm{m^3/s}$;g 为自由落体加速度,$\mathrm{m/s^2}$;α 为流量系数(可查表 3-8),其精度为 $\pm1.0\%$;h_e 为有效水头,m;h 为测量水头,m;K_n 为补偿黏度和表面张力影响的修正值,对于直角三角堰,$K_n=0.00085\ \mathrm{m}$。

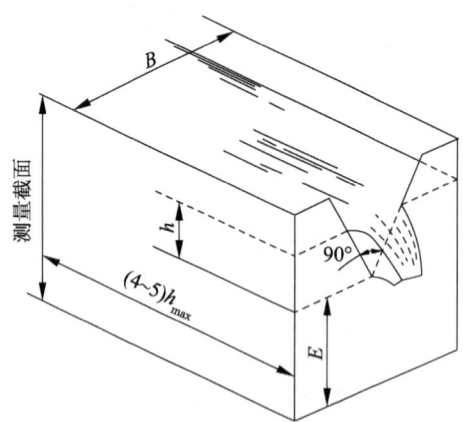

B—堰口宽度;$h_{\max}$—最大测量水头;E—堰口高度(堰口底点至堰槽底面的高度),m。

图 3-34　直角三角堰

表 3-8　流量系数 α

h/E	E/B									
	0.1	0.2	0.3	0.4	0.5	0.6	0.7	0.8	0.9	1.0
0.1	0.578	0.578	0.578	0.578	0.578	0.578	0.578	0.578	0.578	0.578
0.2	0.578	0.578	0.578	0.578	0.578	0.578	0.578	0.578	0.578	0.578
0.3	0.578	0.578	0.578	0.578	0.578	0.578	0.579	0.579	0.580	0.582
0.4	0.578	0.578	0.578	0.578	0.578	0.580	0.582	0.584	0.586	0.590
0.5	0.578	0.578	0.578	0.579	0.579	0.584	0.587	0.592	0.600	0.606
0.6	0.578	0.578	0.579	0.581	0.584	0.589	0.595	0.605	—	—
0.7	0.577	0.578	0.580	0.584	0.589	0.596	0.607	—	—	—
0.8	0.577	0.578	0.582	0.588	0.595	0.605	—	—	—	—
0.9	0.576	0.579	0.584	0.593	0.602	—	—	—	—	—
1.0	0.576	0.580	0.587	0.598	0.610	—	—	—	—	—
1.1	0.576	0.581	0.590	0.604	—	—	—	—	—	—
1.2	0.576	0.583	0.594	0.611	—	—	—	—	—	—
1.3	0.576	0.585	0.597	—	—	—	—	—	—	—
1.4	0.576	0.587	0.601	—	—	—	—	—	—	—
1.5	0.577	0.589	0.604	—	—	—	—	—	—	—
1.6	0.577	0.592	0.609	—	—	—	—	—	—	—
1.7	0.578	0.595	—	—	—	—	—	—	—	—
1.8	0.578	0.598	—	—	—	—	—	—	—	—
1.9	0.579	—	—	—	—	—	—	—	—	—
2.0	0.580	—	—	—	—	—	—	—	—	—

注:1. 可用内插法计算表中的中间数值。

　2. E 为堰口高度,即堰口底点至堰槽底面的高度,m。

② 矩形堰和全宽堰测量流量(图 3-35)的计算公式为

$$Q = \alpha \frac{2}{3}\sqrt{2g}\, b_e h_e^{3/2} \tag{3-27}$$

$$h_e = h + K_n \tag{3-28}$$

$$b_e = b + k_b \tag{3-29}$$

式中,Q 为体积流量,m^3/s;α 为流量系数,根据表 3-9 所示公式计算,精度为 $\pm 1.5\%$;h_e 为有效水头,m;h 为测量水头,m;K_n 为补偿黏度和表面张力的影响的修正值,对于矩形堰和全宽堰,$K_n = 0.001$ m;b_e 为堰口有效宽度,m;b 为测量堰口宽度,m;K_b 为补偿黏度和表面张力的影响的堰口宽度修正值,从表 3-10 中查得。

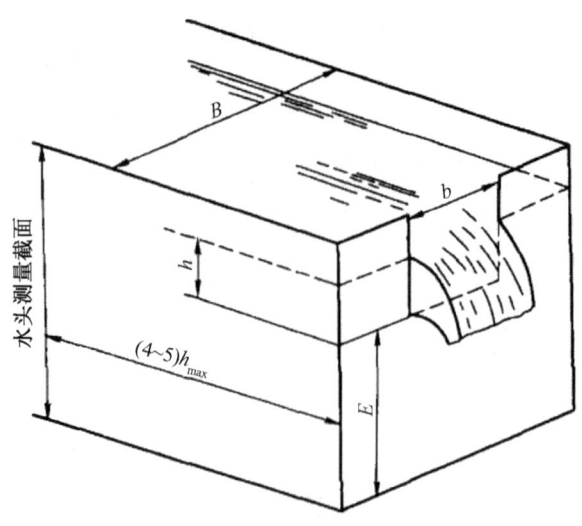

图 3-35 矩形堰、全宽堰测量流量($b/B=1$)

表 3-9 流量系数 α 的计算公式

b/B	α
1(全宽堰)	$\alpha=0.602+0.075h/E$
0.9(矩形堰)	$\alpha=0.598+0.064h/E$
0.8(矩形堰)	$\alpha=0.596+0.045h/E$
0.7(矩形堰)	$\alpha=0.594+0.030h/E$
0.6(矩形堰)	$\alpha=0.593+0.018h/E$
0.5(矩形堰)	$\alpha=0.592+0.010h/E$
0.4(矩形堰)	$\alpha=0.591+0.0058h/E$
0.2(矩形堰)	$\alpha=0.589-0.0018h/E$

表 3-10 堰口宽度修正值

K_b/mm	b/B
2.4	0.1
2.4	0.2
2.5	0.3
2.7	0.4
3.2	0.5
3.6	0.6
4.1	0.7
4.2	0.8
3.2	0.9
-0.9	1.0

5）适用范围

① 直角三角堰的适用范围如下：$h/E \leqslant 0.4$，$h/B \leqslant 0.2$，$h = 0.05 \sim 0.38$ m，$E \geqslant 0.45$ m，$B \geqslant 1.0$ m。

② 矩形堰和全宽堰的适用范围如下：$h/E \leqslant 2.5$，$h \geqslant 0.03$ m，$b \geqslant 0.15$ m（矩形堰）；$E \geqslant 0.10$ m，$\dfrac{B-b}{2} \geqslant 0.10$ m（矩形堰）。

6）设计水堰的参考尺寸

设计水堰的主要尺寸如图 3-36 所示，参考尺寸见表 3-11。

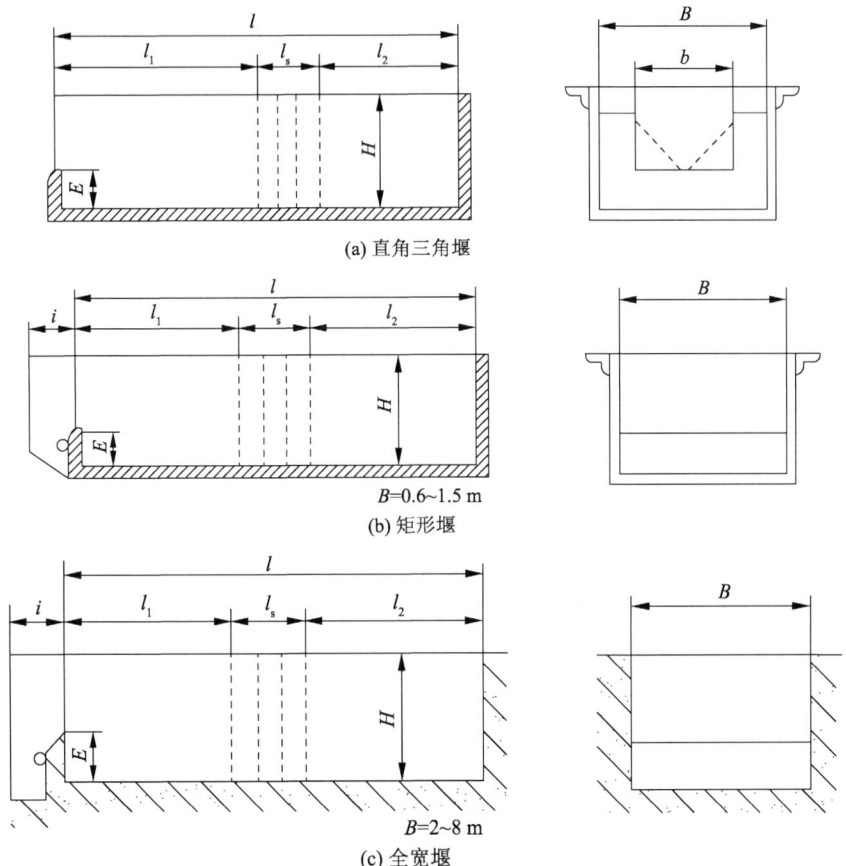

图 3-36　设计水堰的主要尺寸

表 3-11　设计水堰的参考尺寸　　　　　　　　　　　　　　　　　　　　m

堰的形式	$B \times b$	最大水头 h_{max}	l_1	l_s	l_2	i	l	E	H
直角三角堰	1.5	0.30	>6.00	0.60	>1.80	—	>8.40	0.90	1.50
矩形堰	0.9×3.6	0.40	>4.00	0.80	>1.70	—	>6.50	0.20	0.70
	1.2×0.48	0.50	>5.00	1.00	>2.20	—	>8.20	0.25	0.80

堰的形式	$B \times b$	最大水头 h_{max}	l_1	l_s	l_2	i	l	E	H
全宽堰	0.6	0.50	>6.00	1.00	>2.10	0.15	>9.25	0.30	0.90
	0.9	0.50	>9.00	1.00	>2.40	0.23	>12.63	0.30	0.90
	1.2	0.60	>12.00	1.20	>3.00	0.30	>16.50	0.30	1.00
	1.5	0.80	>15.00	1.60	>3.90	0.38	>20.88	0.40	1.30
	2.0	1.00	>20.00	2.00	>5.00	0.50	>27.50	0.50	1.60
	3.0	1.25	>30.00	2.50	>6.75	0.75	>40.00	0.75	2.10
	5.0	1.50	>50.00	3.00	>9.50	1.00	>63.50	1.00	2.60
	8.0	1.80	>80.00	3.60	>13.40	1.00	>98.00	1.30	3.20

7）水堰的标定

一般情况下，水堰只要按标准规定要求进行设计、制造、安装、调试，并按标准规定要求测量尺寸，使用时就可以不必进行标定。流量按式（3-25）和式（3-27）进行计算。

一般情况下，直角三角堰的流量测量精度为±（1%～2%），矩形堰和全宽堰的流量测量精度为±（1%～3%）。

用水堰测量流量时，如果要提高测量精度，则可用原始方法（即称重法或容积法）或其他较高精度的流量计进行标定（校准），这时其测量精度可为±（0.5%～1.5%）。

5. 电磁流量计

电磁流量计（图3-37）既不是容积式流量计和节流式流量计，也不是速度式流量计，而是由（一次）传感器和（二次）转换显示器组成的流量计。传感器前、后的稳流直管段较短，可节省试验空间，具有阻力小、耐腐、耐磨、测量范围广、测量精度高等特点，但仅限于测量导电的非磁性液体，特别适合在低扬程、大流量的场合使用。

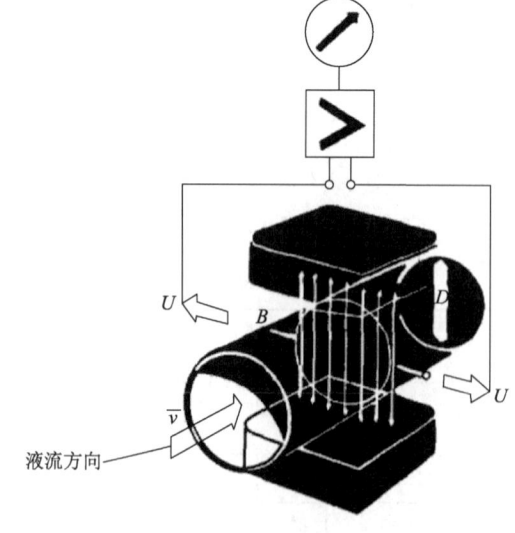

图 3-37　电磁流量计

（1）测量原理

电磁流量计的测量是基于法拉第电磁感应定律，当导电流体流经（一次）传感器时，切割了（一次）传感器中产生的垂直于流动方向的磁场，产生了感应电动势，即

$$E = KBD\overline{v} \tag{3-30a}$$

$$Q = \frac{\pi D}{4K} \cdot \frac{E}{B} \tag{3-30b}$$

式中，E 为感应电动势；K 为仪表常数；B 为磁感强度；$\overline{v}$ 为平均流速；D 为测量管直径。

当磁感应强度为常数时，感应电动势 E 正比于平均流速 $\overline{v}$。感应电动势 E 由导电电极检出，传送给（二次）转换器，既可以直接转换成被测量的流量值，也可以转换成标准的输出信号（4～20 mA）。

（2）一般要求

① 管路内介质的流动应稳定。

② 在上游直管段的入口处，液流应呈轴对称，并且没有明显的脉动和旋涡。

③ 管道内任何时候都应充满介质。

④ 管道内的介质应为相当清洁的导电清水，不夹杂空气和磁性颗粒，无其他可见颗粒。

⑤ 不具有导电性能的介质（如纯净水）不能使用该流量计测量。

⑥ 被测介质的流速应在 0.3～12 m/s 范围内。

（3）安装要求

1）（一次）传感器与管道的安装

① 为保障正常工作，传感器内必须完全充满介质，在传感器的下游必须有背压或安装流量调节阀门，电极的轴线应处于水平位置。

② 传感器应远离强电磁场，避免强电磁场对流量测量准确度的影响。

③ 为保证传感器处液流稳定，传感器的上游应至少有 5 倍公称通径（5D）与传感器同直径的直管段，传感器的下游也应有 3 倍公称通径（3D）与传感器同直径的直管段。

④ 介质的流动方向和流量计的箭头指向应一致。流量计若安装在垂直管道中，则介质的流向应由下向上为好；流量计若安装在水平管道中，则安装在管路的最低处为最好。

⑤ 为了避免由真空引起的对传感器衬套的损害，流量计决不能安装在泵的抽吸侧（防止真空）。

⑥ 管路中所承受的压力应与传感器所能承受的压力一致。

⑦ 为了避免在安装后形成涡流，应仔细检查密封垫和接地环，保证同心安装。此项特指内壁与外壁绝缘的管道，介质不接地。

⑧ 传感器必须有效、可靠地接地，接地导线必须不传送任何干扰电压。

⑨ 信号转换器应尽可能地靠近传感器，使信号传输线最短。

2）电气连接

① 在安装前必须注意传感器与转换器铭牌上的参数,电源的安装要按照有关规定(使用说明书)进行。

② 已经成套的传感器和转换器必须一起安装。

③ 转换器供给传感器励磁电压,电源电压只与转换器连接。

④ 被测介质和传感器的电位应该相同,最好是地电位。介质与传感器外壳之间的电连接可与相邻的导电管路直接接触,或用传感器两端加接地环的方法来实现。

⑤ 传感器与转换器采用 A 型单层屏蔽信号电缆连接。

（4）测量流量的计算

电磁流量计测量的流量一般由（二次）转换器直接转换并显示流量值,无须计算。

当测量出感应电动势 E 时,其在圆形管道中的流量值（体积流量）为

$$Q = \frac{\pi D^2}{4} \overline{v} \qquad (3\text{-}31)$$

式中,$\overline{v}$ 为平均流速,可用式(3-30a)反算获得,即

$$\overline{v} = \frac{E}{KBD} \qquad (3\text{-}32)$$

式(3-31)可改写成

$$Q = K_c \left(\frac{E}{B} \right) \qquad (3\text{-}33)$$

式中,K_c 为仪表的综合常数。

（5）电磁流量计的精度与标定

① 电磁流量计的精度:目前常用的多为 $\pm 0.5\%$。

② 电磁流量计的标定:电磁流量计是间接测量的流量计,必须经过标定（检定、校准）方可使用。标定应按有关规定进行,并且只有经过法定的标定机构标定的电磁流量计才有效。精度高于 $\pm 0.5\%$（包括 $\pm 0.5\%$）的流量计,标定证书的有效期为一年;精度低于 $\pm 0.5\%$ 的流量计,标定证书的有效期为两年。

6. 涡轮流量计

涡轮流量计是一种速度式流量测量仪表,由涡轮流量传感器（包括前置放大器）和显示仪表组成。这种流量计反应迅速,特别适合对小流量的快速测量。

（1）涡轮流量传感器的结构

涡轮流量传感器的结构如图 3-38 所示。将涡轮置于摩擦力很小的滑动轴承中,将由永久磁铁和感应线圈组成的带放大功能的磁电装置（又称前置放大器）装在传感器的壳体上,当流体流过传感器时推动涡轮旋转,并在磁电装置中感应出脉冲信号,放大后送入显示仪表。

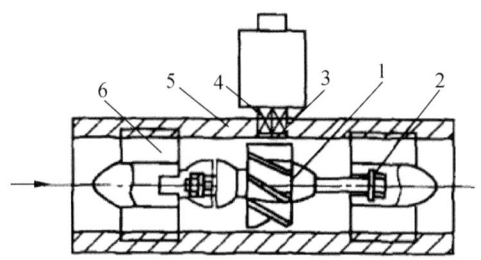

1—涡轮;2—支承;3—永久磁铁;4—感应线圈;5—壳体;6—导流器。

图 3-38 涡轮流量传感器的结构

（2）涡轮流量计的测量原理

当流体流经传感器时,推动涡轮旋转,使导磁的叶片周期性地改变检测器中磁路的磁阻值,通过感应线圈的磁通量随之变化,在感应线圈的两端即感生出电脉冲信号,在一定的流量范围内,该电脉冲频率(f)与流经传感器的流体的体积流量成正比,即

$$f = KQ \tag{3-34}$$

式中,f 为电脉冲频率,Hz;K 为比例常数,次/m^3;Q 为流量,m^3/s。式(3-34)可改写成 $Q = \dfrac{f}{K}$。

（3）安装与使用

① 涡轮流量计应水平安装,传感器壳体上的流向标志的方向应与流体的流动方向一致。

② 在传感器上游侧应有长度不小于 $20D$ 的稳流管段,其长度可按式(3-35)计算,下游侧应有不少于 $5D$ 的稳流管段。

$$l_1 = 0.45 \frac{K_s}{\lambda} D \tag{3-35}$$

式中,l_1 为上游侧稳流管段的长度,mm;D 为传感器的内径,mm;K_s 为旋涡速度比,由传感器上游侧稳流管段的阻流件的情况决定,如图 3-39 所示;λ 为管道内径壁摩擦系数,一般取 0.0175。

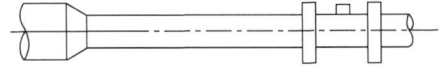

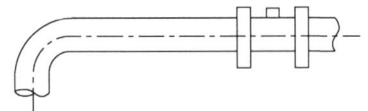

(a) 传感器前有同心渐缩管, $K_s=0.78$

(b) 传感器前有一个直角弯头, $K_s=1.0$

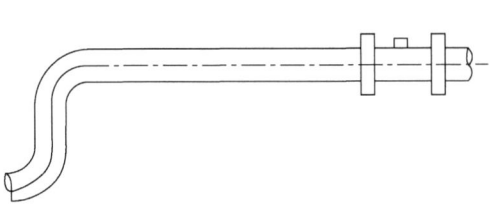

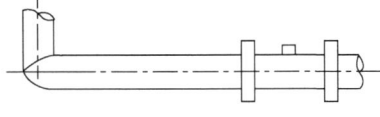

(c) 传感器前在同一平面内有两个直角弯头, $K_s=1.25$

(d) 传感器前在不同平面内有直角弯头, $K_s=1.0$

图 3-39 阻流件

③ 传感器上、下游稳流直管段的内径与传感器的公称通径相差不得超过公称通径的±3%或 5 mm(两者中取小者)。在传感器上游 10D 长度内和下游 2D 长度内,管道内壁应清洁,无明显凹痕、积垢和起皮现象。

④ 在安装时,传感器的各类附件的中心线都应对准管道的中心线,连接处密封垫不得突入流体内。

⑤ 当在新的管道上安装传感器时,为避免管道中的杂质进入传感器,应事前对管道进行清洗,再安装传感器。

⑥ 当流体中含有杂质时,传感器上游侧的稳流管段上游可装有能除去流体中杂质的过滤器。过滤器滤网的目数为 20～60 目,应注意其阻力损失,不得影响试验精度。

⑦ 当需要测量流体的温度时,应在传感器下游 5D 长度内装温度计或温度传感器。

⑧ 为保证传感器内充满液体,应在传感器下游侧安装流量调节阀门或使其有足够的背压(背压的最小值推荐为测量最大流量时传感器压力损失的 2 倍,再加上最高工作温度下的饱和蒸气压的 1.25 倍),传感器上游侧需安装放气阀。

⑨ 传感器的使用应尽量避开温度高、振动强烈、磁场干扰强及腐蚀性能强的环境。

⑩ 传感器安装应采取不会引起过分变形和振动的方式。

⑪ 传感器与显示仪表之间连接的传输电缆应采用两芯或三芯屏蔽线。屏蔽金属网必须接地,屏蔽金属网应有外包覆塑料或耐油橡胶绝缘层。该电缆应尽可能采用整根的。若传输电缆装在金属导管内,则同一导管内不得有大功率的传输电缆,其功率不允许大于流量计传输的最小功率的 10 倍。

(4) 测量流量的计算

① 一般情况下,显示仪表可直接显示流量值(瞬时流量和某一段时间的累积流量)。

② 若配套使用的是数字频率计(只显示脉冲信号),则可通过脉冲数求得流体的流量值(即瞬时流量值),或用式(3-34)计算得到。

(5) 涡轮流量计的标定

涡轮流量计既是一种速度式的流量计,也是一种间接测量的流量计,必须经过标定(检定、校准)才可以使用,标定间隔为一年。

7. 超声波流量计

超声波流量计是利用超声在测量流体中的传播特性来测量流量的仪器,具有安装方便的特点,特别是捆绑式超声波流量计非常适合现场流量测量。

(1) 测量原理

1)速度差法

利用超声波在流动液体中顺流向与逆流向的传播速度差值与流体的流速成比例的关系测量流量,因此只要测得超声波在流动液体中的传播速度差值,就可以求得流体的流速,从而可以根据管道的横截面积得到流量值,如图 3-40 所示。

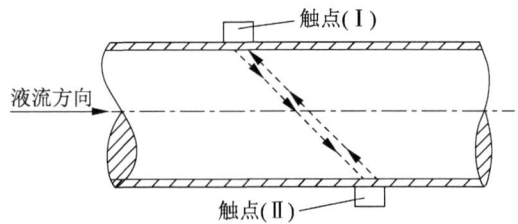

图 3-40 速度差法测量流量

流量计算公式为

$$Q = A\overline{v} = \frac{\pi D^2}{4}\overline{v} \tag{3-36}$$

式中，A 为管道的横截面积，$A = \frac{\pi D^2}{4}$；D 为管道的直径；$\overline{v}$ 为管道中的平均流速，其计算公式为

$$\overline{v} = v_a / K_{va} \tag{3-37}$$

式中，v_a 为超声波在流动液体中顺流向与逆流向传播的速度差值；K_{va} 为超声波流量计的仪表常数（由标定获得）。

2）多普勒法

利用声学的多普勒原理来确定流体中微粒的流动速度，进而获得流体、流量的方法。

（2）测量的一般要求

① 流体在物理学上或热力学上是均匀的、单相的，或者可以认为是单相的。

② 流体的浊度应小于 10000 mg/L，悬浮物应小于 1000 mg/L。

③ 流体的温度应在 0～50 ℃ 或 0～150 ℃ 范围内（仪器具有不同耐热规格），相对湿度不应大于 85%。

④ 被测量管道应无强烈振动，流体应充满测量管道。

⑤ 流速一般在 0.3～6.0 m/s 范围内。

（3）安装要求

① 测量管内壁应清洁，无明显凹坑、积垢和起皮，其内径的圆度误差应小于流量计基本误差极限的 1/5。

② 带测量管的流量计，其测量管中心轴线与直管段中心轴线的偏离应小于 3°。法兰连接处的密封垫圈压紧后不应突入管内。

③ 捆绑携带式的超声波流量计在安装时应注意如下事项：

a. 流量计的触头应安装在与管道的中心轴线平行的两侧（两点连线应交于中心轴线）。

b. 用锉刀或砂布磨光与流量计触点相接触的管道的外表面时，应使其露出金属本色。

c. 流量计的触点应紧紧捆绑在管道外表面上，不允许松动和滑落，最好用带弹性的绳子捆绑。

④ 流量计的上、下游侧应设置一定长度的直管段,具体要求可按使用说明书的有关规定执行。

⑤ 其他安装按使用说明书的要求进行。

(4) 测量流量的计算

测量流量的计算按式(3-36)进行。管径 D 在现场测量获得,管道中的平均流速可根据该超声波流量计有关数据通过计算获得。

(5) 超声波流量计的精度与标定

① 超声波流量计的精度:如果标定得好,则自身精度可达 $\pm(0.5\% \sim 1.5\%)$。

② 超声波流量计的标定:超声波流量计是一种间接式的流量测量仪表,故必须经过标定(检定、校准)方可使用。推荐标定间隔周期为 6 个月。

8. 弯管流量计

弯管流量计实质上是差压装置的一种,只是与前面所介绍的差压装置相比,其压力损失要小得多,只有流体流经一个弯头以后的压力损失。

(1) 测量原理

流体在流经弯管(弯头)时,其内侧流速增大,外侧流速减小。根据流动连续性方程和能量守恒定律,流体在管道中流动时,在相同过流断面各元点流体质点的能量不变,但由于各质点流速变化,弯管的内、外侧存在压差。流体流经弯管的流量越大,两侧的压差也就越大,即流经弯管的流量与弯管内外侧的压差成正比关系,其流量 $Q(\mathrm{m}^3/\mathrm{s})$ 的数学表达式为

$$Q = 3.6 \times \frac{\pi D^2}{4} \bar{v} \tag{3-38}$$

$$\bar{v} = \alpha(R \cdot D)\sqrt{\frac{R}{D}} \times \sqrt{\frac{\Delta p}{\rho}} \tag{3-39}$$

式中,D 为弯管公称通径,m;$\bar{v}$ 为弯管中的平均流速,m/s;$\alpha(R \cdot D)$ 为弯管流量计的流量系数(标定获得);R 为弯管的曲率半径,m;Δp 为压差,Pa;ρ 为流体密度,kg/m³。

式(3-38)可改写成

$$Q = K_b \sqrt{\frac{\Delta p}{\rho}} \tag{3-40}$$

式中,K_b 为弯管流量计的标定系数,可直接通过标定获得。

(2) 测量特点

① 压力损失小,适合低扬程、大流量的现场测量。

② 直管段要求短,前直管段长 $5D$,后直管段长 $2D$。

③ 维护工作量极小,使用寿命长。

(3) 安装使用的注意事项

① 弯管流量计与原管道连接可采用焊接连接和法兰连接。

② 差压传感器的正压侧要与弯管流量计的弯管外侧弧的取压孔相连接,负压侧与内侧弧的取压孔相连接。

③ 差压传感器应安装在弯管的下方,便于导压系统中的气体顺利漂浮到主管道中。

(4) 弯管流量计的精度与标定

① 弯管流量计的流量系数是通过标定获得的,所以和标定时的精度相关。

② 弯管流量计的标定:按目前的情况来看,弯管流量计不经标定是不能使用的。标定后再次使用时,原则上可以不必再标定。只有差压计或差压传感器仍按规定周期进行标定。

9. 速度面积法

所谓用速度面积法测量流量,就是先分别测出流体通过过流截面的面积和流体通过过流截面时的速度,再计算出流量。这种方法特别适合大流量的现场测量(如南水北调大型给水站的现场流量测量),不论是暗渠、管道还是明渠,都可以用速度面积法测量流量。只要能测出或通过某个数值测量计算出过流截面的面积,就可以用测流速的仪表测出平均流速。其流量应等于过流截面的面积 A 乘以过流截面上的平均流速 $\bar{v}$,即

$$Q = A\bar{v} \tag{3-41}$$

式中,A 为过流截面的面积,m^2;$\bar{v}$ 为通过过流截面的流体的平均流速,m/s。

(1) 流速测量

目前用得比较多的流速测量法有用流速计(也称流速仪)、激光测速仪,以及用皮托管法测流速等。

(2) 速度面积法的标定

速度面积法要标定的是测量截面积时的工具(如尺、卷尺)和各类测速仪。

10. 示踪物法

示踪物法是通过投放示踪物来测量流量的方法,目前常用的有稀释法和通过时间法两种。

(1) 稀释法

常用的稀释法是浓盐稀释法,即先在测量段上游侧的测点处投放已知盐的质量分数的高浓度盐水,然后在下游侧的测点处提取被测流体,并测出其含盐的质量分数(一般情况下还要事先测量测量段上游侧测点上游流体中盐的质量分数),最后根据盐的质量分数计算出通过测量段的流体流量 Q,即

$$Q = \frac{K_1 \times q}{K_2 - K_0} \tag{3-42}$$

式中,K_1 为投放的高浓度盐水中盐的质量分数,%;q 为投放的高浓度盐水的流量;K_0 为未投放高浓度盐水时,流体中盐的质量分数,%;K_2 为流经测量段后流体中盐的质量分数,%。

稀释法特别适合大型泵站(低扬程、大流量)的流量测量,尤其是其他流量测量方法无

法测量的场合。这种方法的测量精度取决于盐的质量分数的测量精度。

(2) 通过时间法

通过时间法首先在测量段上游侧的测点处快速投放示踪物(最好是颜色鲜艳、能发光的示踪物),同时记下时间。然后在测量段下游侧的测点处记下示踪物通过该点的时间。最后根据示踪物通过已知长度(上、下游侧两测点之间的距离)的测量段所需的时间求出流体通过测量段时的流速,流速乘以流体通过的截面面积就得到流体通过测量段的流量。其流量 Q 的计算公式为

$$Q = A\frac{l}{t} \tag{3-43}$$

式中,A 为过流截面的面积;l 为测量段上、下游侧两测点之间的距离;t 为流体通过测量段上、下游侧两测点的时间。

示踪物法的测量精度主要取决于示踪物在测量段的流速能否代表流体在测量段中的流速,与示踪物的数量及示踪物在测量段中的流动轨迹有关,特别是在大型测量段的流量测量更是如此。所以这种方法目前用得不多。

3.2.2 压力的测量

1. 压力的表示方法

压力是均匀垂直作用于单位面积上的力,地球上总是存在着大气压。为便于在不同场合表示压力值,根据取零点标准的不同,压力有三种表示方法:绝对压力、表压力和差压。

(1) 绝对压力

以压力完全为零(即完全真空状况)为压力值起始零点表示的压力称为绝对压力,如图 3-41 所示。

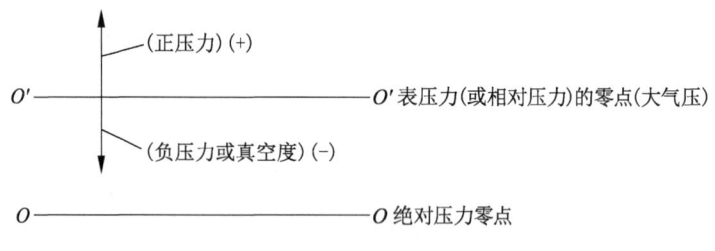

图 3-41 绝对压力

(2) 表压力

表压力实际上是所测压力与大气压的差压值,或解释成以大气压值为零点来表示的压力,也可以解释成能用仪表测量出来的压力值,分为正压和负压两种。

① 正压:大于大气压的部分称为正压力,简称正压,如图 3-41 所示。

② 负压:不足大气压的部分为负压力,又称真空度,简称负压或真空,如图 3-41 所示。

(3) 差压

差压即两处压力的差值。

2. 压力的单位

我国法定压力计量单位采用第十四届国际计量大会所确定的国际单位制压力单位帕斯卡,简称帕(Pa),1 Pa＝1 N/m^2,它的物理意义是 1 N 的力垂直作用于 1 m^2 的面积上所形成的压力。常用的压力单位还有兆帕(MPa),1 MPa＝10^6 Pa。

3. 压力(差压)测量仪表的分类

压力测量仪表的品种规格很多,分类的方法也不少,有按工作原理、用途、结构特征、精度及显示方式分类等各种分类法。泵行业在泵的试验中经常使用的压力(差压)测量仪表大体有以下几种:液柱式压力计、弹簧式压力计、压力(差压)传感器、静重压力计(活塞式压力计)。

(1) 液柱式压力计

液柱式压力计是根据流体的一些原理来测量压力值的,主要用来测量比较低的压力。在低压情况下,对于压力计来说液体的可压缩性的影响很小,可以忽略不计。若测量的压力更小,则可采用斜管形式的液柱式压力计,或更换一种密度合适的液体来改变液柱高度。最常用的液体是水和水银(汞),但也可以使用其他液体,如乙基四溴化物($C_2H_2Br_4$)、四氯化碳(CCl_4)、二碘甲烷(CH_2I_2),以及其他金属溴化物或碘化物等。使用时应尽可能避免在 100 mm 以下的液柱高度测量,以减小测量误差。

为使毛细现象的影响降至最低,对于水银压力计来说,压力计的管径应至少为 8 mm;对于水和其他液体压力计来说,压力计的管径应至少为 12 mm。为了避免表面张力的变化引起的误差,应当保持压力计中的液体和管子的内表面洁净。

1) 液柱式压力计的分类

液柱式压力计按结构形式可分为三种:U 形管压力计、单管压力计和斜管压力计。此处介绍 U 形管压力计和单管压力计。

① U 形管压力计。

U 形管压力计又称双管差压计(图 3-42),是将一根内径为 8～12 mm 的玻璃管弯成 U 形,或将两根平行的玻璃管用橡皮管、塑料管连通,也可用不锈钢部件将两根平行的玻璃管连通,上方安装平衡阀、放气阀和截止阀,然后将其垂直固定在平板或架子上。两管之间有刻度尺,刻度零点在标尺的中央。根据测试压力的大小,在管内充灌水、水银或其他液体,并使液面与刻度尺的零点相一致。

用 U 形管压力计测量压力(正压和负压)时,U 形管的一端通大气,另一端与需测压力源相通。若压力以 Pa 为单位,则可用下式换算:

$$p = \rho g h \tag{3-44}$$

式中,p 为被测介质的压力(表压),Pa;ρ 为压力计工作液体的密度,kg/m^3,水银的密度为 13600 kg/m^3;h 为液柱高度,m;g 为重力加速度,m/s^2。

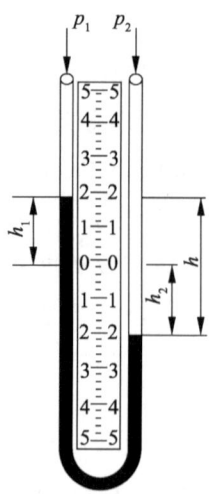

图 3-42　U 形管压力计

若通大气侧的液面上升,则被测介质的压力为正压;若通大气侧的液面下降,则被测介质的压力为负压(真空)。

用 U 形管压力计测量差压时,U 形管的两端分别与待测压力源相连通。高压力源端液柱压力计的液面下降,低压力源端液柱压力计的液面上升。差压 Δp 的计算公式为

$$\Delta p = \rho g h \tag{3-45}$$

式中,ρ 为压力计工作液体的密度,kg/m^3;g 为重力加速度,m/s^2;h 为两液面间液柱的高度差,m。

② 单管压力计。

单管压力计实际上是 U 形管压力计的变形:把 U 形管的一根管子变成一个直径远大于另一根管子直径的杯状容器,如图 3-43 所示。在管子和杯状容器内充灌工作液体(如水银),一般情况下这种单管压力计常用于测量负压(真空),所以又称单管真空计。测量时,杯状容器上方小孔与大气相通,管子与被测的负压源(真空)相通,其测得的压力(负压、真空)p 可表示成

$$p = h\rho g = (h_1 + h_2)\rho g = h_1\left(1 + \frac{B}{A}\right)\rho g \tag{3-46}$$

式中,h_1 为玻璃管子内工作液面的上升高度,m;h_2 为杯状容器内工作液面的下降高度,m;ρ 为工作液体的密度,kg/m^3;g 为重力加速度,m/s^2;B 为玻璃管内径的截面积,m^2;A 为杯状容器内径的截面积,m^2。

这种单管压力计以单管水银压力计居多,在标尺的刻度上,考虑了杯状容器的截面积与玻璃内径截面积之间的修正关系,故标尺刻度上的读数值实际就是 $h_1 + h_2$ 的值。

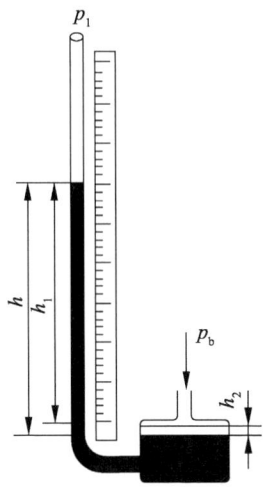

图 3-43　单管压力计

2）液柱式压力计的使用

液柱式压力计具有结构简单，使用方便，价格低，不必定期标定，既有定型产品又可自制等优点。但它也存在一些缺点，如：测量范围小，只能测量比较低的压力；玻璃管容易破碎；指示值与工作液体有关等。因此，在使用过程中不能粗心大意，一般应注意以下几点：

① 应避免安装在过热、过冷、有腐蚀或有振动的地方。环境温度过高，工作液体易蒸发；环境温度过低，工作液体可能冻结，无法进行测量。

② 通常应垂直安装在测压点附近，然后用胶管与测压点连接。连接处应严密、不漏气。

③ 灌注工作液时应使液面对准标尺零点。

④ 在测量过程中，有时因操作不慎或其他原因造成压力突增，可能使工作液体冲出。无毒的工作液只是影响测量，浪费工作液体；而有毒的（汞）工作液既影响测量、造成浪费，又污染环境、影响人体健康。因此，为避免测量过程中水银（汞）被冲掉，可安装一个收集瓶（杯）。

⑤ 液柱式压力计的常见故障有：

a. 仪表指示不正常，小于或反映不出被测压力的变化。主要原因是导压管泄漏，或连接处不密封。

b. 仪表无指示。主要原因是导压管堵塞。

c. 接头连接处渗漏。主要原因是胶管老化，内径过大。

d. 液面不清晰，读标尺不准。主要原因是工作液或测量用玻璃管内壁不干净。

3）液柱式压力计的精度与标定

① 液柱式压力计的精度：主要取决于标尺的分度精度（一般情况下，1 m 长的液柱式压力计的分度误差为±1 mm），所以液柱式压力计的精度为 $\pm\dfrac{1}{h}\times 100\%$，其中 h 为测量

值(mm)。

② 液柱式压力计的标定:液柱式压力计是根据流体的一些原理来测量压力值的,是一种直观的、直接的、较原始的测量方法。按国际标准规定,液柱式压力计可以不进行标定。

(2) 弹簧式压力计

弹簧式压力计是利用不同形状的弹性元件在被测压力的作用下产生弹性变形的原理制成的测压仪表。这种测压仪表结构简单、牢固可靠、测压范围广、使用方便、造价低廉、具有足够的精度,因此被广泛使用。

1)弹簧压力计的形式

根据精度的不同,弹簧压力计可分为以下形式:

① 弹簧管压力表:如图 3-44 所示,其精度可达±(0.25%~0.40%)。

② 膜片压力表:精度为±2.5%。

③ 膜盒压力表:精度为±2.5%。

④ 波纹管压力表:精度为±1.5%。

使用最广的是弹簧管压力表(简称弹簧压力表),其弹性元件是弹簧管,有单圈和多圈两种,与之相应的是单圈弹簧管压力表(又称弹簧压力表)和多圈弹簧管压力表(又称螺旋管压力表)。

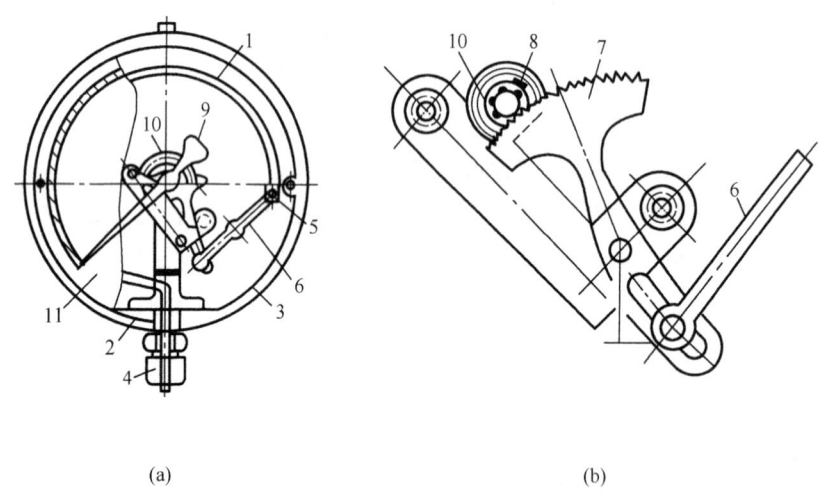

(a)   (b)

1—弹簧管;2—支管;3—外壳;4—管接头;5—带有铰轴的销子;6—拉杆;

7—扇形齿轮;8—小齿轮;9—指针;10—游丝;11—刻度盘。

图 3-44　弹簧管压力表

2)弹簧压力表的结构与原理

弹簧压力表由测量系统(包括接头、弹簧管和传动机构等)、指示部分(包括指针和度盘)和外壳部分(包括表壳、罩圈和表玻璃等)组成。仪表的密封较好,并有检封装置,保护内部机构免受机械损伤和脏物浸入。测量时,在被测介质的压力作用下迫使弹簧管的末端产生相应的弹性变形和位移,借助拉杆经齿轮传动机构传递并预放大,由固定在齿轮轴上的指针将测量值在度盘上指出来。

3) 弹簧压力表的使用要求

① 仪表应垂直安装,并尽量与测压点保持在同一水平位置,否则应考虑表位差值。

② 仪表在首次使用前必须进行标定,标定应在有效标定周期内使用,每次使用前应先检查其是否完好,指针是否回到零点。

③ 仪表的使用应在其量程的 2/3 内为宜,以保证其测量精度,严防超出仪表的测量范围,超出测量范围会导致弹簧管因产生塑性变形而损坏。

④ 测正压力,压力表抽真空时,一定要将阀门关死,待压力表为正压时再打开。

⑤ 压力表在测量正压时应安装放气阀,读数前应放气,以保证其读数精度,被测压力脉动大时,应加缓冲措施。

⑥ 仪表使用的环境温度为(20 ± 3)℃,否则要进行修正。若在环境温度为 $10\sim30$ ℃时使用,则其指示值精度为 $K\cdot\Delta t$,其中,系数 $K=0.0004/℃$,$\Delta t=|t_2-t_1|$,t_2 为 $10\sim30$ ℃范围内的任意值,当 t_2 高于 23 ℃时 $t_1=23$ ℃,当 t_2 低于 17 ℃时 $t_1=17$ ℃。相对湿度不大于 80%,周围空气中不应含有能引起仪表腐蚀的有害杂质。

4) 弹簧压力表的精度与标定

① 弹簧压力表的精度:以最大引用误差(即满标尺时)为该表的精度。一般弹簧压力表的精度有 ±0.2%、±0.4%、±1.0%、±1.5% 和 ±2.5% 五级,常用的精度(或称标准)为 ±0.4%。

② 弹簧压力表的标定:弹簧压力表必须在首次使用前或日常按标定周期的规定进行标定。一般用高于 $3\sim5$ 倍的精度的活塞压力计进行标定。例如,对于 ±0.25% 精度的压力表,应用精度至少是 $\pm$(0.05%~0.08%)的活塞压力计进行标定。对于弹簧压力表的标定周期,国际标准推荐为 4 个月,并应在标定的有效期内,至少进行两次飞行标定(一般由使用单位自行标定),以确保测量数据可信。如果经标定发现有误,那么从这次到前一次标定的时间间隔内,该表所测量的数据都是怀疑对象。

(3) 压力(差压)传感器

目前国内生产压力传感器的厂家很多,压力传感器的规格品种也很多。由于压力传感器采用完全密封的 δ 室作为传感元件,无机械运动部件,因此其运行可靠性较高。其测量精度可达 $\pm$(0.1%~0.25%),并带模拟量输出,为计算机辅助测试和远程监控创造了条件。

1) 压力传感器的工作原理

当流程压力通过隔离膜片和灌充液体传递到位于 δ 室中心的测量膜片上时,比较压力以同样的方式传递到测量膜片的另一侧,如图 3-45 所示。测量膜片的位置由测量膜片两侧的电容极板检测出来,然后通过一个由解调器、电流检测器、电压调节器、放大器等组成的电路,输出随压力值变化而变化的两线制 $4\sim20$ mA 信号。测量膜片和两个电容极板中任何一极板的电容值大约为 150 pF。电容检测部分由振荡器驱动,其频率大约为 32 kHz,峰值电压为 30 V。

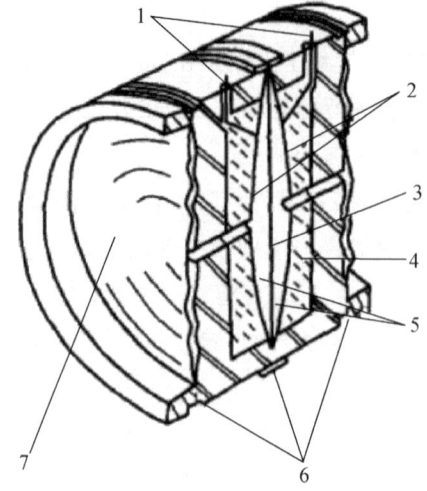

1—导线;2—电容器极板;3—中心测量膜片;4—刚性绝缘体;5—硅油;6—焊接密封;7—隔离膜片。

图 3-45 δ 室结构

2)压力传感器的使用要求

① 安装:压力传感器可直接安装在管路的测量点上(这种安装会因管路振动引起压力传感器的振动,一般不推荐),或安装在仪表架上,用导压管与测量点相连接。导压管必须装在流程管道的侧面,以避免渣子沉积。传感器要安装在管道侧边或取压孔的下方,以便液流中混着的气体可顺利排入管路内,否则应在传感器中排气。

② 有腐蚀性的介质或过热的介质不应与传感器接触。

③ 导压管应安装在温度梯度和波动小的地方,并尽可能短些,还要防止渣子在导压管内沉积。

④ 零点与量程的调整。

a. 一般压力传感器可在最大量程的 1/6 范围内连续调整。例如,传感器的量程 0.4 MPa 在 0~635 mmH_2O 到 0~3810 mmH_2O 范围内连续可调(1 mmH_2O=9.8 Pa)。

b. 带正输出的零点正迁移为 500%,负迁移为 600%。

c. 要达到大迁移量,就需要改变放大器板装元件一侧的迁移开关的位置。这个滑动开关在板上有三个位置,中间为正常位置。为了达到大的正负迁移,必须把开关向正迁移或负迁移的方向搬动。

d. 零点和量程调整螺钉在放大器壳体后面。

⑤ 线性调整:除零点和量程调整机构外,在放大器板的焊接面还有一个线性调整机构。它已由制造厂家按产品的调校量程调到最佳性能,一般不在现场进行调整。

⑥ 阻尼调整:在放大器板上有一微调阻尼装置,用来抑制压力源引起的快速波动。这个调节装置所提供的时间常数为 0.20~1.66 s,波动大时可调大时间常数。

⑦ 压力传感器在首次使用前必须进行标定,应在有效标定周期内使用。

3）压力传感器的精度与标定

① 压力传感器的精度:目前市场上有±0.1%、±0.25%、±0.5%三种精度。

② 压力传感器的标定:压力传感器必须在首次使用前或日常按标定周期规定进行标定。压力传感器可用不同精度的活塞压力计进行标定。例如,±0.1%精度的压力传感器可用±(0.02%~0.03%)精度的活塞压力计标定;±0.25%精度的压力传感器可用±(0.05%~0.08%)精度的活塞压力计标定,并应在标定有效期内飞行标定两次(一般由使用单位自行标定)。国际标准推荐的压力传感器的标定周期为 4 个月。

（4）静重压力计

静重压力计是根据流体静压平衡原理而制成的计量仪器,一般情况下测量精度比较高,用来测量液柱式压力计无法测量的压力,但最低压力值应大于对应于旋转部件重量的最低压力。

1）静重压力计的结构与原理

静重压力计由缸体、活塞、旋盘和专用砝码组成,如图 3-46 所示。其原理是活塞自身和加在活塞上面旋盘上的专用砝码的质量 m 作用在活塞面积 S 上所产生的压力 p 与被测压力源的压力相平衡,也就是说作用在活塞面积上的压力 p 就是被测压力源测定的压力值。

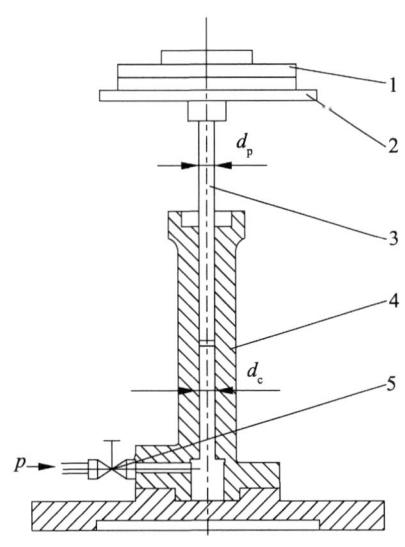

1—专用砝码;2—旋盘;3—活塞;4—缸体;5—截止阀。

图 3-46　静重压力计

2）静重压力计的使用

① 压力计应放在便于操作和坚固无振的平台上,并校准水平。

② 压力计的工作环境温度为(20±10) ℃,相对湿度在 80% 以下,周围空气中不得含有腐蚀性气体。当温度超过(20±15) ℃时应用下式进行温度修正:

$$\Delta p = p(a_1 + \alpha_2)(20 - t) \tag{3-47}$$

式中，p 为测量的压力值，MPa；α_1、α_2 分别为活塞和缸体材料的线膨胀系数，$\alpha_1 = 11.7 \times 10^{-6}/℃$，$\alpha_2 = 11.7 \times 10^{-6}/℃$；$t$ 为环境温度，℃。

③ 初次使用时，先用汽油清洗压力计各部分，再将内腔中的空气排尽。

④ 测量时，活塞以不低于 30 r/min 的速度旋转，实际上可以排除活塞和缸套之间发生摩擦的可能。

⑤ 最好是通过与一个液柱式压力计进行比较来校准静重压力计，以确定适用于尽可能宽的压力范围的有效活塞直径。

⑥ 原则上静重压力计也适合用作差动式静重压力计。

⑦ 对静重压力计稍加改造，如加上一个手摇柱塞压力泵（俗称活塞压力计），就可以用来标定（检定、校准）其他压力计（如弹簧压力表、压力传感器等）。

3）静重压力计的精度与标定

① 静重压力计的精度比较高，常用的有 $\pm 0.1\%$、$\pm 0.05\%$、$\pm 0.02\%$、$\pm 0.01\%$ 几种。

② 静重压力计的标定：当活塞有效直径 d_e 取 d_c（缸的直径）与 d_p（直接测得的活塞直径）的算术平均值时，如果 d_c 与 d_p 满足式（3-48），就可以用该有效直径来计算压力值，而不需要再进行校准：

$$\frac{d_c - d_p}{d_c + d_p} \leqslant 0.01\% \tag{3-48}$$

3.2.3 转速的测量

转速的测量方法有两种，即直接测量法和间接测量法。

1. 直接测量法

在单位时间（一般都为 1 min）内，使泵轴的转速显示（或数）出来的方法，称为直接测量法。直接测量又分为接触式测量和非接触式测量两种。

（1）接触式测量

测速仪的触头直接接触或将齿盘直接装在轴上。接触式测速仪又分为机械式转速表和磁电式传感器两种。

1）机械式转速表

机械式转速表表轴的接触头直接插入泵轴端部的中心顶尖孔中，使表轴与泵轴同步旋转，然后表轴通过蜗轮、蜗杆及齿轮在度盘上直接显示转速。这种测速仪表测量的转速值与触头和轴中心孔接触的程度密切相关，所以目前在泵的测试中用得很少。

2）磁电式传感器

磁电式传感器与其配套的仪表数字频率计数器一起使用。磁电式传感器利用（装在泵轴端部的与泵轴同步旋转着的）齿盘和磁极间的气隙磁阻的变化引起磁通变化，在绕组中感生出脉冲电势，制成测速仪。齿盘的齿槽可制成梯形、矩形。

$$f = z\,\frac{n}{60} \tag{3-49}$$

式中，f 为传感器变换脉冲频率；z 为传感器旋转的齿盘的齿数；n 为被测转速，r/min。

式(3-49)可改写成 $n = \dfrac{f}{z} \times 60$。当 $z = 60$ 时，$f = n$。

上述感生出的脉冲信号输入数字频率计数器可直接显示 f 值，将已知的齿数 z 代入式(3-49)，就可以得到转速 n 的值。

（2）非接触式测量

非接触式测量是指测速仪表不是和泵轴直接接触，而是通过光接触，所以又称光电测速仪。非接触式又分为直接显示式、不显示但输出信号（与显示仪表配套使用）式和既显示又带信号输出三种，目前都有成型的产品。

非接触式测量的测速原理是：在泵轴上贴一片反光效果非常好的纸片，在光的照射下，光电测速仪中光敏三极管的光电流就会增加，没有贴反光纸的部位光电流则减少。泵轴旋转一圈形成一个脉冲信号，其标准单位时间由仪表内石英晶体振荡器经过分频器获得。这样就完成了整个测速过程。

2. 间接测量法

间接测量法又称转差测量法。转差测量即测量出电动机的转差 Δn，用同步转速 n_0 减去转差 Δn 就可以得到电动机的实际转速 n(r/min)。

$$n = n_0 - \Delta n \tag{3-50}$$

$$n_0 = 60\,\frac{f_1}{p} \tag{3-51}$$

$$\Delta n = \frac{60N}{pt} \tag{3-52}$$

式中，n_0 为同步转速，r/min；f_1 为电网频率；p 为电动机极对数（二极电动机 $p = 1$，四极电动机 $p = 2$）；N 为检流计光点摆动或示波器波形全摆动的次数；t 为摆动 N 次需要的时间，s。

转差测量法分为闪光测频法和感应线圈法两种。

（1）闪光测频法

在电动机轴上标出适当数量的扇形片图，如图 3-47 所示，并用荧光灯（日光灯）来照带扇形图案的轴头，供给闪光灯（日光灯）的电源频率等于电动机的额定频率。当观察到扇形片不动时，其电动机的转速 n 由下式确定：

$$n = \frac{60}{p}\Big(f_1 - \frac{N}{t}\Big) \tag{3-53}$$

式中，p 为电动机极对数；f_1 为电网频率；N 为在 t 秒时间内扇形片逆着电动机转向的旋转圈数；t 为扇形片的旋转时间，s。

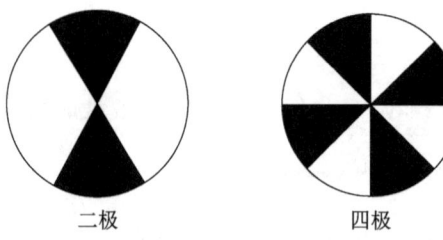

二极   四极

图 3-47 扇形片

（2）感应线圈法

在电动机上放置一只匝数较多的带铁心的线圈，线圈与灵敏的磁电式检流计或光电检流计连接，转子绕组的漏磁通在线圈中感应出电动势，致使检流计的指针发生摆动，用秒表测取一段时间 t_s 及在这段时间内的摆动次数 N，这时电动机实测转速 n 的计算公式同式(3-53)。感应线圈法特别适合测量轴头不外露的屏蔽泵和潜水电泵等的转速。

3．转速测量仪表的精度与标定

（1）转速测量仪表的精度

直接测量法中，手持式机械转速表的精度较低，测量误差较大，目前很少使用。磁电测速传感器和光电测速仪（或光电测速传感器）其测量误差为 ± 1 个数字，即当转速 $n=3000$ r/min 时，精度为 $\pm 0.034\%$；当转速 $n=1500$ r/min 时，精度为 $\pm 0.067\%$；当转速 $n=1000$ r/min 时，精度为 $\pm 0.1\%$。

间接测量法中，闪光测频法很少使用。感应线圈智能测速仪精度在 $\pm$ 间接测量左右。

（2）转速测量仪表的标定

按试验标准规定，测速仪表必须定期进行标定。一般常用的标定方法是比较法，即用精度较高的测速仪表来标定精度较低的测速仪表。国际标准推荐普通转速仪三年标定一次，电子测速仪一年标定一次。

3.2.4 功率的测量

泵输入功率是一个很重要的参数，因此如何准确测量泵输入功率在泵的测试中特别重要。功率的测量方法有很多，见表 3-12。

表 3-12 功率的测量方法

天平式测功机	交流电动机天平测功机	
	直流电动机天平测功机	
转矩式测功仪	吸收型	水利测功仪
		电涡流测功机
		磁滞测功机
	传递型	应变测功机
		光栅测功机
		磁电相位差测功仪（转矩转速测功仪）
		光电相位差测功仪

$$电测功法\begin{cases}损耗分析法\\乘电动机效率(\eta_{电动机})法\end{cases}$$

目前在泵行业的泵测试中用得较普遍的方法是磁电相位差测功仪(即转矩转速测功仪)和电测功法,天平式测功机目前已基本被淘汰,其他测功机在泵的测试中基本不适用,因此本节重点介绍转矩转速测功仪和电测功法。

1. 转矩转速测功仪

(1)转矩转速测功仪的结构

转矩转速测功仪由转矩转速传感器和二次显示仪表组成。JC 型转矩转速传感器的结构如图 3-48 所示。图中 1 是弹性轴,转矩转速测功仪的测量精度在很大程度上取决于弹性轴材料的性能,如线性度、重复性、长期稳定性及温度系数等;2 为两个绕有信号线圈的支架;3 为两个导磁环;4 为两个与外齿轮齿数相同而不啮合的内齿轮;5 为小电动机;6 为两块磁钢;7 为非磁性材料制成的中间套筒;8 为两个固定在弹性轴上相隔一定距离的外齿轮;9 为套筒测速头;10 为线圈。其中 3、4、8 均由软磁材料制成。

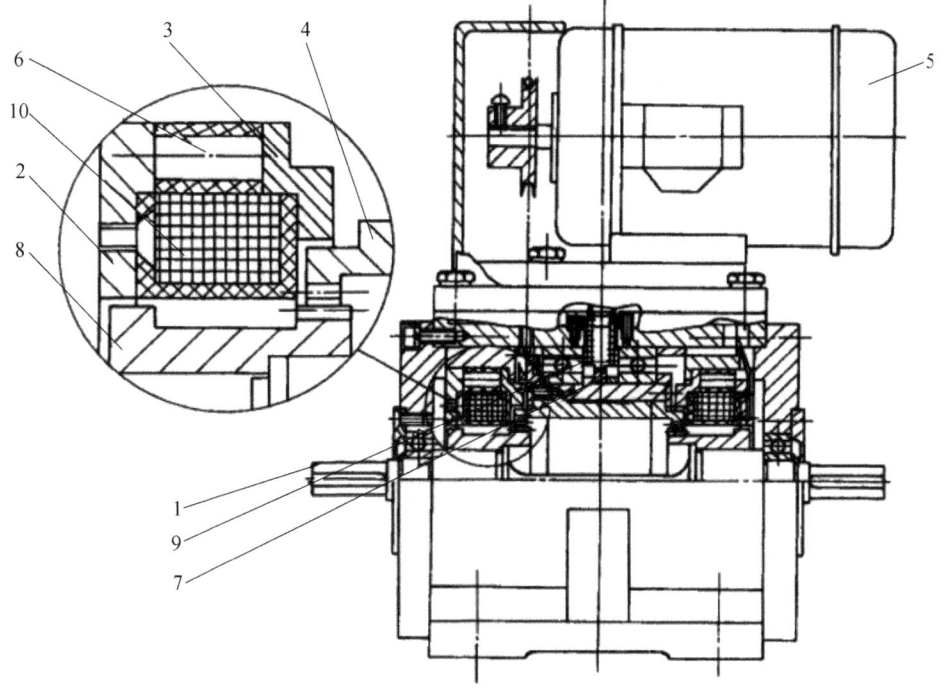

1—弹性轴;2—支架;3—导磁环;4—内齿轮;5—电动机;6—磁钢;

7—中间套管;8—外齿轮;9—套筒测速头;10—线圈。

图 3-48 JC 型转矩转速传感器的结构

(2)转矩转速传感器的基本原理

通过电磁变换,把被测转矩转换成具有相位差的两个电信号,而这两个电信号的相位差的变化量与被测转矩的大小成正比。把这两个电信号输入转矩转速显示仪(又称微机扭矩仪),可显示转矩的数值。

JC 型转矩转速传感器的工作原理如图 3-49 所示。

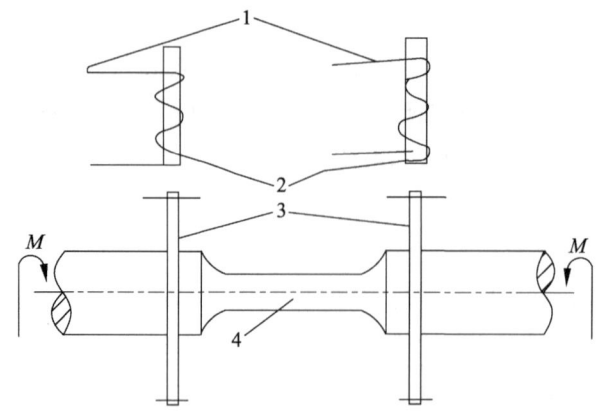

1—信号线图；2—磁钢；3—齿轮；4—弹性轴。

图 3-49 JC 型转矩转速传感器的工作原理

在弹性轴两端安装有两个齿轮,齿轮上方分别有两条磁钢,磁钢上各绕有一组信号线圈。当弹性轴转动时,由于磁钢与齿轮间气隙磁导的变化,在信号线圈中分别感应出两个电势,当外加转矩为零时,这两个电势有一个恒定的初始相位差,初始相位差只与两只齿轮在轴上安装的相对位置和两磁钢的相对位置有关。当外加转矩时,弹性轴产生扭转变形,在弹性变形范围内,其扭转角与外加转矩成正比。在扭转角变化的同时,两个电势的相位差相应地发生变化,这一相位差的变化的绝对值与外加转矩的大小成正比。由于这两个电势的频率与转速及齿轮的齿数的乘积成正比,且齿轮的齿数是固定值,所以这两个电势的频率与转速成正比。

（3）转矩转速传感器的选择、安装和使用

1）转矩转速传感器的选择

因为传感器给出的精度是以最大引用误差来表示的,所以对于一台传感器来说,在测量的量程较小(相对额定转矩)时,其实际的示值引用误差可能较大。因此选用传感器时,一般要求被测转矩在传感器额定转矩的 2/3 左右。

假如要求一台传感器的转矩测量范围较大(如从零值到额定值),则可以采取下列办法:根据标定值给出静校特性及转速值,对测量值进行修正,对传感器进行分段标定,给出不同的系数。

传感器二路信号的初始相位差一般为 180°左右,额定转矩变化时其两路信号的相位差为 90°,即从 180°左右变化到 270°左右。在理想状态下,转矩超量测量虽然可以达到200%(即相位差可以从 180°变化到 360°),但实际上由于初始相位差及满量程(额定转矩)的相位差变化并非绝对地从 180°变化到 270°,所以国产转矩转速传感器一般规定超量程测量不超过 120%。

2）转矩转速传感器的安装

传感器的安装应使弹性轴不受弯矩,即安装时要求尽量保持同心(同心度误差不应大于±0.02 mm),否则将导致测量的数据不稳定,甚至损坏传感器。

连接方式一般采用挠性联轴器,既可用尼龙绳缠绕连接,也可采用弹性圆柱销联轴器连接,后者在泵行业中应用较为普遍。

3)转矩转速传感器的使用

首先检查二次显示仪表,一切正常后将传感器输出的两路信号通过两根电缆(同轴屏蔽电缆)线分别接至显示仪表(器)后面的板上对应的转矩信号Ⅰ和Ⅱ插座中,并将仪表后面板上的接地接线柱可靠接地。注意决不可以用接零线代替接地,决不可以接在电源的中线上代替接地。因为中线往往因三相不平衡而带电,所以必须另接未用地线。然后插上 220 V 交流电源,打开电源开关,仪器上将闪动 16 位 LED 提示符号。

仪器在使用之前应该自校。自校时,各窗口显示的数值应该与说明书要求的数值完全一致。自校只能自校数字电路部分,对于通道部分无法自校。

传感器的部分参数设置如下。

① 系数 F:按下系数键,按下相应的数字键输入传感器铭牌上的系数。这时,仪器将闪动相应位,以提示输入该位数。新仪器的系数应该是 8000 左右(转矩以 N·m 表示),旧仪器的系数是 1600 左右(转矩以 kg·m 表示)。

② 量程 k:按下量程键,把传感器铭牌上的量程输入仪器,如 10000 N·m、50000 N·m、2000 N·m 等。

③ 齿数 g:按下齿数键,把传感器铭牌上的齿数输入仪器。如果齿数为 60,那么应输入 060(补足三位);如果齿数为 120,那么应输入 120。

为了保证转矩的测量精度,在低转速时,应该起动传感器顶部的小电动机(标定时也要起动小电动机),以带动传感器内部套筒(包括装在套筒上的内齿轮)相对于主轴以相反的方向转动,从而提高相对转速。

④ 转矩超载报警值 A 和超速报警值 A_2:设置转矩超载报警值和超速报警值,以防因超载而损坏传感器。

⑤ 转矩调零:因为转矩传感器输出的两路信号的初始相位角(即空载时)不等于 0,而是在 180°左右,所以当外加转矩为零时,仪器显示并不等于零,在加载测量之前必须进行转矩调零。在进行转矩调零操作时,必须空载起动转矩传感器,即在没有加上负载以前进行。调零的方法一般有两种:

a. 在负载不允许脱开,即传感器主轴不转动的情况下,调零的方法是起动传感器顶部的小电动机,并使其转向与试验时轴的旋转方向相反,调整仪器零点开关,使仪器转矩显示为零,然后使小电动机停止转动。

b. 在负载允许脱开,且试验转速比较稳定的情况下,可以使传感器一起空载转动,并将转速控制在试验时的转速范围内,调整仪器零点开关,使转矩显示为零。采用这种调零方法时,传感器与负载的相对位置不能变(即负载轴与传感器主轴必须保证达到前面提到的同心度的要求),所以联轴器的连接方式必须满足传感器和负载位置不变的要求,建议采用尼龙绳缠绕的联轴器或弹性圆柱销联轴器。这种调零方法能够消除转速变化引起的转矩的测量误差。

调零的注意事项：调零后先做一次全负载试验，然后停机，按上述调零方法再进行调零。这样可以提高零点调整的精度，并希望对传感器主轴正、反旋转方向分别进行调零，便于负载转向改变时不再重新调零。

⑥ 起动测量：一般情况下有两种起动测量的方法。第一种方法是在转矩调零中提到的连续按住调零键(1.5 s 左右)的方法，使仪器在完成自动调零后，自动进入测量状态；第二种方法是直接按下起动键，使仪器进入测量状态，自动进行循环测量，转矩窗口将显示采样时间内转矩的平均值(N·m)，转速窗口将显示采样时间内转速的平均值(r/min)，功率窗口将显示数据测量结果算出的功率值(kW)。

一旦进入测量状态，键盘操作将不起作用。此时，如果希望进行键盘操作，必须首先按下复位键，然后才能进行键盘操作。

环境温度的变化会影响测量精度。由于传感器的弹性轴(主轴)的切变模量 G 实际上并不是一个常数，它是随着温度的变化而变化的。因此，在使用环境温度与传感器静标定时的温度(传感器铭牌上示出)不同时，为保证试验测量精度，应对传感器的系数值 X_t 按下式进行修正：

$$X_t = X_{t_0} \left[1 + \sum G(t - t_0) \right] \tag{3-54}$$

式中，X_{t_0} 为传感器标定系数值；$\sum G$ 为切变模量 G 的温度系数(量纲单位为 $1\%℃$)；t 为测量时的环境温度；t_0 为传感器标定时的环境温度。

如果传感器的安装位置离显示仪器较远，应换用较长的同轴屏蔽高频电缆线，使用的两根电缆线尽量一样长，并尽可能粗一点。

(4) 转矩转速测功仪的精度与标定

1) 精度

转矩转速测功仪的精度(一般按静校时的精度来表示)分为 0.1 级和 0.2 级。0.1 级其精度为 $\pm 0.1\%$；0.2 级其精度为 $\pm 0.2\%$。

2) 标定

转矩转速传感器是利用弹性轴(传感器主轴)的弹性变形原理制成的一种测转矩(功率)仪器。当传感器使用一段时间后，应检查弹性轴是否存在塑性变形问题。若有塑性变形，则标定系数就会发生变化。若不及时纠正，将直接影响测量精度。因此，转矩转速传感器应按标定周期进行静校标定。静校台如图 3-50 所示。

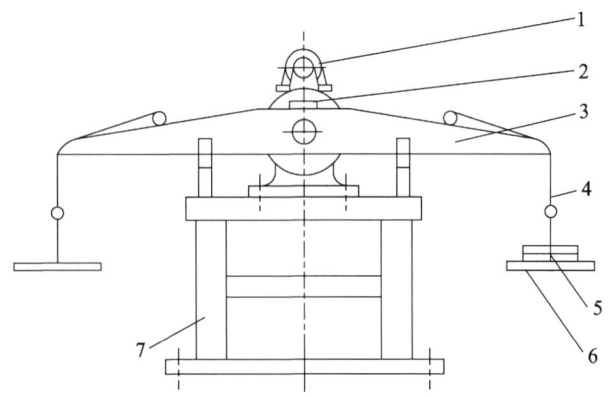

1—小电动机；2—传感器；3—静校臂；4—钢带；

5—专用砝码；6—砝盘；7—砝架。

图 3-50　静校台

具体静校方法如下：

① 将待校的转矩转速传感器固定在校正台的平面上，要垫平，没有翘角现象。

② 将被校传感器一端的轴卡固定在小支架中，使传感器的弹性轴卡住不动。

③ 将静校臂套在被校传感器另一端的轴上（装上键），并将静校臂用水银泡找平。

④ 将被校传感器与显示仪表连接，使传感器处于测量状态。

⑤ 起动传感器顶部的小电动机，这时显示仪表上显示的转矩值应该为 0。

⑥ 在盘中加专用砝码并调整另一端卡固轴的固定小支架的角度，至静校臂仍保持水平状态。这时，用专用砝码质量乘一端臂长便是外加转矩（MN·m）。然后看转矩显示窗口的显示值是否等于专用砝码质量乘一端臂长的数值。若相等，则说明该传感器的标定系数不变，可继续使用；若不相等，则需修正标定系数。

⑦ 转矩转速传感器按国际标准推荐的标定周期为一年。

2．电测功法

所谓电测功法，就是通过测量电动机的有关功率，经计算获得电动机输出功率。因为泵轴与电动机轴连接在一起，所以只要知道电动机输出功率，就能知道泵输入功率 P。由于电测功法简单，且不受泵的结构限制，安装方便，实用性强，因此即使其测量精度要比转矩转速测功仪低，仍然被广泛使用。

$$P_2 = P \tag{3-55}$$

式中，P_2 为电动机输出功率；P 为泵输入功率。

常见的电测功法有两种：

第一种是电动机输入功率 P_1 乘电动机效率 $\eta_{电动机}$，即获得电动机输出功率 $P_2（P）$，又称乘电动机效率法。计算公式为

$$P_2 = P_1 \cdot \eta_{电动机} \tag{3-56}$$

第二种是用电动机输入功率 P_1 减去电动机自身损耗的功率 $\sum \Delta P$，又称损耗分析

法。计算公式为

$$P_2 = P_1 - \sum \Delta P \tag{3-57}$$

（1）乘电动机效率法

首先测出电动机输入功率 P，在已知该电动机的效率或效率曲线的情况下，按式（3-56）计算出电动机输出功率。

1）电动机输入功率

电动机输入功率 P_1 的测量按 GB/T 1032—2012《三相异步电动机试验方法》的规定，三相电动机的输入功率可用两表法、三表法或单块三相功率表测量；单相小型电动机的输入功率用单块功率表测量。目前测量电功率的仪器仪表很多，如指针式的单相功率表和三相功率表（精度有 0.2 级、0.5 级和 1.0 级三种），以及数显式电测表、数显式多功能电参量测量仪（可测电流、电压、功率、功率因数、电网频率，精度有 ±0.2% 和 ±0.5% 两种）、电量（功率）传感器（模拟量 4~20 mA 输出，精度有 ±0.2% 和 ±0.5% 两种）。目前市场上还有一种高精度的钳式功率计（自身带有配套的电流互感钳），既可用于载线功率的测量，也可用于上述电测功率仪表的现场载线标定，精度有 ±0.5%、±0.2%、±0.1% 三种。这类电功率仪表的耐压值为 400 V，最大通过电流值为 2.5 A 和 5 A，最大测量功率为 4 kW 和 3.2 kW 等。因此，当电压超过 400 V 时，需用电压互感器将电压降至仪表能承受的电压（电压比系数为 K_3）；当电流超过仪表限定电流 2.5 A 或 5 A 时，需用电流互感器将电流值降至仪表能承受的电流值（电流比系数为 K_2）。然后用上述仪表的测量值乘电压比系数和电流比系数，就得到实际的测量功率值，即

$$P_1 = P_{1\text{表}} K_2 K_3 \tag{3-58}$$

式中，P_1 为实际电动机输入功率；$P_{1\text{表}}$ 为测功率仪表所测功率；K_2 为电流互感器电流比系数；K_3 为电压互感器电压比系数。

2）电动机的效率或效率曲线

在电动机输出功率的计算中，最好能得到该试验用的电动机的真实的效率曲线（或电动机的 P_2-P_1 曲线），这样就能获得该电动机在不同功率下的效率值。

如果不能提供该试验用电动机的效率曲线，那么只能提供电动机效率，即电动机额定功率时的效率值（可以直接从电动机的铭牌上或电动机样本中查到）。但是在泵试验中，泵输入功率是不断改变的，从而要求电动机功率也随之改变，所以电动机绝对不可能始终在额定功率下运行，即电动机功率是随时间变化的，就需要得到电动机实时功率下的效率值。这里推荐一个由统计规律导出的电动机实时功率下的效率换算公式：

$$\eta_{\text{电动机}} = \frac{1}{1 + (1/\eta_{G\text{电动机}} - 1)b} \tag{3-59}$$

$$b = \frac{x + \dfrac{k}{x}}{1 + k} \tag{3-60}$$

式中，$\eta_{电动机}$ 为实时负载下电动机功率点的效率（实时功率点的效率）；$\eta_{G电动机}$ 为电动机额定功率点的效率；b 为统计系数；x 为各实时功率与额定功率的比值，$x =$ 实时功率/额定功率；K 为电动机定损耗与变损耗之比，定损耗是指与负载改变无关的损耗，变损耗是指与负载改变有关的损耗。一般情况下，当电动机转速小于 750 r/min 时，$K \approx 0.5$；当电动机转速为 $1000 \sim 1800$ r/min 时，$K \approx 1.0$；当电动机转速大于 1800 r/min 时，$K \approx 2.0$。

（2）损耗分析法

所谓损耗分析法，就是对泵所配带的异步电动机运转过程中的各项损耗进行分析，通过求出异步电动机的输入功率与输出功率之间的关系特性曲线，来实现对泵输入功率的测量。有关异步电动机的试验按照 GB/T 1032—2012 的规定执行，本节只介绍为求出泵输入功率（即电动机输出功率）而需要进行的对某些电参量的测量与计算。

1）电参量的测量

① 电流的测量：对于三相电动机应同时测量三相电流，取平均值作为电流测量值（单相小电动机只需测单相电流）。测量电流的仪表包括：指针式电流表（又称安培表），精度为 $\pm 0.5\%$ 和 $\pm 0.2\%$；数显式电测表（测电流），精度为 $\pm 0.5\%$ 和 $\pm 0.2\%$；数显式多功能电参量测量仪（测电流），精度为 $\pm 0.5\%$ 和 $\pm 0.2\%$；电量（电流）传感器（可输出 $4 \sim 20$ mA 模拟量），精度为 $\pm 0.5\%$ 和 $\pm 0.2\%$；等等。以上测量电流的仪表需配套使用的电流互感器有专用型与通用型两种，精度为 $\pm 0.2\%$ 和 0.1%。精度为 $\pm 0.5\%$ 的电流测量仪表应匹配精度为 $\pm 0.2\%$ 的电流互感器，精度为 $\pm 0.2\%$ 的电流测量仪表应匹配精度为 $\pm 0.1\%$ 的电流互感器。二者的精度要对应，阻抗应匹配。这时，实测电流值 I 为电流测量仪表显示的电流值乘电流互感器的电流比系数 K_2，即

$$I = K_2 I_{表} \tag{3-61}$$

② 电压的测量：对于三相电动机，在测量三相电压时，应取三相读数平均值作为测量值（当电源端电压与电动机端电压之差小于电动机端电压的 1.0% 时，两端测量均可）。测量电压的仪表包括：指针式电压表（又称伏特表），精度为 $\pm 0.5\%$ 和 $\pm 0.2\%$；数显式电测表（测电压），精度为 $\pm 0.5\%$ 和 $\pm 0.2\%$；数显式多功能电参量测量仪（测电压），精度为 $\pm 0.5\%$ 和 $\pm 0.2\%$；电量（电压）传感器（可输出 $4 \sim 20$ mA 模拟量），精度为 $\pm 0.5\%$ 和 $\pm 0.2\%$；等等。当测量高压电动机的电压时（目前有 6000 V 和 10000 V 的高压电动机），还应配备高压电压互感器。目前市场上销售的电压互感器的精度有 $\pm 0.5\%$、$\pm 0.2\%$、$\pm 0.1\%$ 三种。当用电压互感器测量时，电压值 U 的计算公式为

$$U = K_3 U_{表} \tag{3-62}$$

式中，U 为实测电压值；K_3 为电压比系数；$U_{表}$ 为测量仪表所显示的电压值。

③ 功率测量：实际上是对电动机输入功率 P_1 的测量，前面已作介绍，这里不再重复。

④ 绕组直流电阻的测量：当测量电阻值小于等于 1 Ω 时，必须采用双臂电桥测量；当测量电阻值大于 1 Ω 时，可采用单臂电桥、数字式微欧计及其他自动电阻检测装置。检测装置的精度应在 $\pm 0.2\%$ 以上，每一线间电阻应测量三次，每次读数与三次读数的平均值

之差应在平均值的$\pm 0.5\%$之内，以该平均值为电阻的实测值。

对于单相电动机，应分别测量主、副绕组的电阻。对于三相电动机，各相电阻值应按下式计算：

$$R_{\mathrm{mod}} = \frac{R_{ab} + R_{bc} + R_{ca}}{2} \tag{3-63}$$

当星形联结时，三相电阻分别为

$$R_a = R_{\mathrm{mod}} - R_{bc} \tag{3-64}$$

$$R_b = R_{\mathrm{mod}} - R_{ca} \tag{3-65}$$

$$R_c = R_{\mathrm{mod}} - R_{ab} \tag{3-66}$$

当三角形联结时，三相电阻分别为

$$R_a = \frac{R_{bc}R_{ca}}{R_{\mathrm{mod}} - R_{ab}} + R_{ab} - R_{\mathrm{mod}} \tag{3-67}$$

$$R_b = \frac{R_{ca}R_{ab}}{R_{\mathrm{mod}} - R_{bc}} + R_{bc} - R_{\mathrm{mod}} \tag{3-68}$$

$$R_c = \frac{R_{ab}R_{bc}}{R_{\mathrm{mod}} - R_{ca}} + R_{ca} - R_{\mathrm{mod}} \tag{3-69}$$

对于星形联结，如果各线间的电阻值与三个线间电阻的平均值之差不大于绕组平均值的2.0%，对于三角形联结，如果各线间的电阻值与三个线间电阻的平均值之差不大于绕组平均值的1.5%时，那么各相电阻值可按以下各式计算：

星形联结时，
$$R_{abc} = \frac{1}{2}R_{\mathrm{av}} \tag{3-70}$$

三角形联结时，
$$R_{abc} = \frac{3}{2}R_{\mathrm{av}} \tag{3-71}$$

式中，R_{av}为三个线间电阻的平均值，Ω。R_{av}的计算公式如下：

$$R_{\mathrm{av}} = \frac{R_{ab} + R_{bc} + R_{ca}}{3} \tag{3-72}$$

⑤ 转差率（转差或转速）的测量：关于转速及转差的测量已在前面转速测量的仪表一节中有所介绍，这里不再重复。

若采用感应线圈法测量转速并且用配套的光电检流计或示波器，则实测转差率S_t按下式计算：

$$S_t = \frac{N}{tf_1} \tag{3-73}$$

若已用其他测速仪测量出转速值n，则可以换算实测转差率S_t的公式，即先将式(3-73)改写成

$$\frac{N}{t} = f_1 - \frac{nP}{60} \tag{3-74}$$

再将式(3-74)改写成

$$S_t = \frac{f_1 - \dfrac{nP}{60}}{f_1} \tag{3-75}$$

式中，n 为实际转速；P 为电动机极对数；f_1 为电网频率。

2）电动机损耗（损耗功率）及计算

根据能量守恒定律，电动机输入功率 P_1 减去电动机带载运行过程中自身的总损耗功率 $\sum \Delta P$ 应等于电动机输出功率 P_2。其基本计算公式为

$$P_2 = P_1 - \sum \Delta P = P_1 - (P_{Fe} + P_{fw} + P_{Cu2} + P_s) \tag{3-76}$$

式中，P_1 为电动机输入功率；P_2 为电动机输出功率；P_{Fe} 为电动机的铁损耗功率，简称铁损；P_{fw} 为电动机的机械损耗；P_{Cu1} 为电动机的定子绕组损耗的功率，又称电动机定子铜损；P_{Cu2} 为电动机的转子绕组损耗的功率，又称电动机转子铜损；P_s 为电动机总的杂散损耗的功率，简称电动机杂损。

上述各项损耗功率的计算与确定如下。

① 电动机铁损 P_{Fe} 和机械损耗 P_{fw}。

电动机铁损 P_{Fe} 和机械损耗 P_{fw} 通过电动机的空载试验测得，所谓空载试验就是不带负载（电动机空转）的试验。电动机在额定电压、额定频率下运转 $0.5 \sim 1.0$ h，使机械损耗达到稳定，即当电动机输入功率 P_1 相隔 15 min 的两个读数的差不大于前一个读数的 3% 时，才可以进行空载试验并测量电参数。试验时，施于定子绕组上的电压从 $1.1 \sim 1.3$ 倍额定电压开始，逐步降低到电动机可能承受的最低电压值（即电流开始回升为止）。其间测取 $7 \sim 11$ 点读数，分别取各点的电流值 I_0、电压值 U_0 和电动机输入功率值 P_0（$P_0' = P_0 - P_{0Cu1}$，P_0' 为机械损耗与铁损之和，P_{0cu1} 为电动机空载试验时定子绕组损耗的功率，即定子空载铜损），分别绘制 $I_0 - \left(\dfrac{U_0}{U_N}\right)$、$P_0 - \left(\dfrac{U_0}{U_N}\right)$ 和 $P_0' - \left(\dfrac{U_0}{U_N}\right)$ 曲线，如图 3-51 所示。从图中可以看出，机械损耗 P_{fw} 与电压变化几乎没有关系，视为一个恒定值，而铁损 P_{Fe} 与电压变化有关。这样就可以把铁损 P_{Fe} 和机械损耗 P_{fw} 分离出来，并且机械损耗 P_{fw} 和铁损 P_{Fe} 之和 P_0' 也可计算出来。

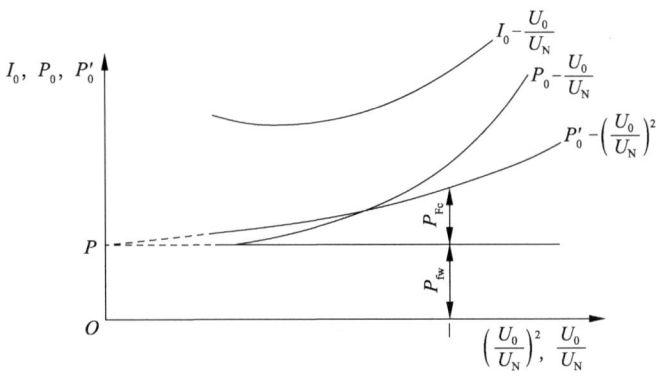

图 3-51　电动机空载特性曲线

其中 P_{0cu1} 的计算公式如下:

对于三相电动机,

$$P_{0cu1} = 3I_0^2 R_{10} \tag{3-77}$$

式中, P_{0cu1} 为空载试验时定子绕组的损耗(定子铜损); I_0 为空载试验时定子相电流; R_{10} 为一空载试验后定子绕组的相电阻。

对于单相小电动机,

$$P_{0cu1} = I_0^2 (R_{10} + 0.5R_{20}') \tag{3-78}$$

式中, P_{0cu1} 为空载试验时定子主绕组和转子绕组的功率损耗; I_0 为空载试验时定子主绕组电流; R_{10} 为空载试验后定子主绕组的电阻; R_{20}' 为试验测得的转子绕组等值电阻。

$$R_{20}' = \frac{P_k'}{(I_k')^2} - R_{m0} \tag{3-79}$$

式中, I_k'、P_k' 分别为当空载试验结束后,在转子静止不动的状态下,对主绕组施以低值电压,使绕组流过的电流接近额定值时测得的电流及输入功率; R_{m0} 同式(3-78)中的 R_{10}。

② 电动机定子绕组(功率)损耗 P_{Cu1}。

对于三相电动机,

$$P_{Cu1} = 3I_1^2 R_{1ref} \tag{3-80}$$

$$R_{1ref} = R \frac{K_a + t_{ref}}{K_a + t_0} \tag{3-81}$$

式中, I_1 为定子相电流; R_{1ref} 为折算到基准工作温度时定子绕组的相电阻; R 为实际冷态时定子绕组的电阻三相平均值; K_a 为常数,对于铜绕组 $K_a = 235$,对于铝绕组 $K_a = 225$; t_{ref} 为电动机的基准工作温度,℃; t_0 为试验开始时绕组的温度(可用电动机周围环境温度代入)。

对于单相电动机,

$$P_{Cu1} = I_1^2 R_{mref} \tag{3-82}$$

$$R_{mref} = R_{m0} \frac{K_a + t_{ref}}{K_a + t_0} \tag{3-83}$$

式中, I_1 为定子绕组电流; R_{mref} 为折算到基准工作温度时定子主绕组的电阻; R_{m0} 为实际冷态时定子主绕组的电阻; K_a 为常数,对于铜绕组 $K_a = 235$,对于铝绕组 $K_a = 225$; t_{ref} 为电动机的基准工作温度,℃; t_0 为试验开始时绕组的温度(可用电动机周围的环境温度代入)。

③ 电动机转子绕组的(功率)损耗(简称转子铜损) P_{Cu2}。

对于三相电动机,

$$P_{Cu2} = S_{ref} (P_1 - P_{Cu1} - P_{Fe}) \tag{3-84}$$

$$S_{ref} = S_t \frac{K_a + t_{ref}}{K_a + \Delta t + t_1} \tag{3-85}$$

式中, S_{ref} 为折算至基准工作温度时电动机的转差率,%; S_t 为实测转差率; K_a 为常数,对于铜绕组 $K_a = 235$,对于铝绕组 $K_a = 225$; t_{ref} 为电动机的基准工作温度,℃; Δt 为试验时电动机定子绕组的温升值;t_1 为试验结束时电动机壳体的温度。

对于单相电动机,

$$P_{\mathrm{Cu2}} = S_{\mathrm{ref}}(P_1 - P_{\mathrm{Cu1}} - P_{\mathrm{Fe}}) + I_1^2 R_2' \left(\frac{K_{\mathrm{a}} + t_{\mathrm{ref}}}{K_{\mathrm{a}} + \Delta t + t_1} \cdot \frac{1 - S_{\mathrm{t}}}{2 - S_{\mathrm{t}}} \right) \tag{3-86}$$

$$R_2' = \frac{R_{\mathrm{m}}}{R_{10}} R_{20}' \tag{3-87}$$

式中,R_2' 为负载试验时转子绕组等值电阻;R_{m} 为负载试验后测得的定子主绕组电阻。

④ 电动机总的杂散(功率)损耗 P_{s}。

杂耗因试验比较麻烦,一般情况取标准规定的数值。

对于普通电动机(包括防爆型),

$$P_{\mathrm{s}} = (0.5\% \sim 2.0\%) P_2 \tag{3-88}$$

大电动机系数靠近 0.5%,小电动机系数靠近 2.0%,小型潜水电动机取 2.5%,滑动轴承结构的井用潜水电动机取 2.0%,滚动轴承结构的井用潜水电动机取 2.5%。

根据上述计算的 P_1、P_{Fe}、P_{fw}、P_{Cu1}、P_{Cu2} 和 P_{s} 的值,按式(3-76)计算出 P_2,即可绘制 P_2-P_1 曲线。

(3)电测功法的精度与标定

1)电测功法的精度

不论是乘电动机效率法还是损耗分析法,都必须先测量出电动机输入功率 P_1,再求出电动机的效率曲线及效率值。这些测量值都不是一两块测量仪表能完成的,而是要用多块测量仪表测量,再经过计算,才能得到所需要的数据。因此,电测功法的测量精度涉及多块仪表的合成精度。一般来说,电测功法的测量精度远远低于转矩转速仪法的测量精度。其总的测量精度为 ±(0.8% ~ 1.5%),而且必须保证所有电参数的测量仪表中任何一种仪表的精度都不能超过 ±0.5%。故为了提高测量精度,能用转矩转速仪测量的场合,就不要用电测功法测量。

2)电测功法的标定

电参量测试仪器仪表的常用标定方法为补偿法和比较法。用得比较多的是比较法,即用高一级的测试仪表同时测量一个量,将测量结果进行比较,以高一级仪表的测量结果为基准,校准被标定仪表。根据国际标准推荐,所有电测功法用的电量测量仪表在首次使用前必须经过标定,其后应按标定周期进行标定,标定周期为一年。

3.3　测量不确定度的估算和测量数据的表述

3.3.1　测量不确定度的基础知识

1. 一些专用名词

① 可测量的量:现象、物体或物质可定性区别和定量确定的属性。

② 量值:一个数乘以测量单位所表示的特定量的大小。

③ 量的真值:与给定的特定量定义一致的值。

④ 量的约定真值:对于给定目的,具有适当不确定度的、赋予特定量的值,有时该值是约定采用的。

⑤ 被测量:作为测量对象的特定量。

⑥ 测量结果:由测量所得到的赋予被测量的值。

⑦ 测量准确度:测量结果与被测量的真值的一致程度。

⑧ 测量不确定度:广义而言就是对测量结果正确性的可疑程度(表征合理地赋予被测量之值的分散性与测量结果相联系的参数)。

⑨ 测量的系统不确定度:由系统效应引起的测量不确定度。

⑩ 测量的随机不确定度:由随机效应引起的测量不确定度。

⑪ 测量误差:测量结果减去被测量的真值。由于真值不能确定,实际上用的是约定真值,因此误差之值只取一个符号,非正即负,不能表示为"$\pm$"。

⑫ 系统误差:在重复性条件下,对同一被测量对象进行无限多次测量所得结果的平均值与被测量真值的差(通过修正,可将系统误差减少一点,但不能为零)。

⑬ 随机误差:测量结果与重复性条件下对同一量进行无限多次测量所得结果的平均值的差。

⑭ 标准不确定度:以标准偏差表示的测量不确定度。

⑮ 合成标准不确定度:当测量结果由若干个其他量的值通过计算求得时,按其他各量的方差或(和)协方差算得的标准不确定度。

⑯ 扩展不确定度(或称范围不确定度):确定测量结果区间的量,合理赋予被测量之间分布的大部分可望包含于此区间。

⑰ 包含因子(或称覆盖因子、置信因子):为求得扩展不确定度,对合成标准不确定度所乘的数字因子。

⑱ 自由度:在方差的计算中,和的项数减去对和的限制数,$\sum \upsilon_i = 0$ 是一个约束条件,即限制数为1,由此可得自由度 $\upsilon = n - 1$。这说明所有测量不能只测量一次。

⑲ 置信概率:与置信区间或统计包含区间有关的概率值(又称置信水平、置信水准、置信系数),用百分数表示,如 95%、99% 等。

⑳ 试验标准偏差:对同一被测量做 n 次测量,表征测量结果分散性的量 S。

㉑ 不确定度的 A 类评定:用对观测列进行统计分析的方法评定标准不确定度。

㉒ 不确定度的 B 类评定:用不同于对观测列进行统计分析的方法评定标准不确定度。

㉓ 测量结果的重复性:在相同测量条件下,对同一被测量进行连续多次测量所得结果的一致性。

㉔ 测量结果的复现性:在改变了测量条件的情况下,同一被测量的测量结果的一

致性。

2．试验标准偏差的估算

试验标准偏差可按贝塞尔公式计算：

$$S_{(q_k)} = \sqrt{\frac{\sum_{k=1}^{n}(q_k - \overline{q})^2}{n-1}} \tag{3-89}$$

式中，$S_{(q_k)}$ 为试验（观测）值的标准偏差；q_k 为第 k 次测量结果；$\overline{q}$ 为 n 次测量的算术平均值，即

$$\overline{q} = \frac{q_1 + q_2 + \cdots + q_n}{n} \tag{3-90}$$

3．标准不确定度 B 类评定的信息来源

① 以前的观测数据。

② 对有关技术资料和测量仪器仪表特性的了解和经验。

③ 制造部门提供的技术说明书。

④ 标定（检定、校准）证书或其他文件提供的数据、准确度（精度）的等级或级别（包括目前暂在使用的极限误差）等。

⑤ 手册或某些资料给出的参考数据及其不确定度。

⑥ 规定试验方法的国家标准或类似的技术文件中给出的重复性限值和复现性限值。

4．测量不确定度的合成方式

测量不确定度的一般合成方式有以下几种。

1）算术合成法

由若干个独立分量组成的被测量，其被测量的总的测量不确定度等于各独立分量的测量不确定度的绝对值的和，即

$$e = |e_1| + |e_2| + \cdots + |e_n| \tag{3-91}$$

2）几何合成法（又称方和根合成法）

其被测量的总的测量不确定度等于各个独立分量的测量不确定度值的平方和的开方，即

$$e = \sqrt{e_1^2 + e_2^2 + \cdots + e_n^2} \tag{3-92}$$

3）加权合成法

根据若干个独立分量的测量不确定度对其被测量的总测量不确定度的影响程度，在合成时乘以相对比值，即

$$e = \left|\frac{\alpha_1}{A} \times e_1\right| + \left|\frac{\alpha_2}{A} \times e_2\right| + \cdots + \left|\frac{\alpha_n}{A} \times e_n\right| \tag{3-93}$$

或

$$e = \sqrt{a_1 e_1^2 + a_2 e_2^2 + \cdots + a_n e_n^2} \tag{3-94}$$

$$e = \sqrt{(a_1 e_1)^2 + (a_2 e_2)^2 + \cdots + (a_n e_n)^2} \tag{3-95}$$

5. 测量误差与测量不确定度的区别

测量误差与测量不确定度的区别见表 3-13。

表 3-13　测量误差与测量不确定度的区别

项目	测量误差	测量不确定度
定义的说明	表明测量结果偏离真值的量值,是一个差值	表明赋予被测量之间的分散性,是一个区间
分量的分类	按出现在测量结果中的规律,分为系统和随机误差,都是无限多次测量时的理想化的概念	按是否用观测列统计分析方法求得,分为 A 类和 B 类,都是标准不确定度的评定
可操作性	由于真值未知,只能通过约定真值求得其估计值	可按试验标准偏差、有关信息资料评定和合成求得
表示的符号	非正即负,不能用正负号(±)表示	为正值,当由方差求得时取其正平方根
合成的方法	各单独误差分量的代数和	当各分量彼此独立时有:① 算术合成法;② 几何合成法;③加权合成法
结果的修正	已知系统误差的估算值时,可以对测量结果进行修正,得到已修正的测量结果	不能用不确定度对结果进行修正,在已修正的测量结果中,应在测量总的不确定度中考虑修正不完善时的不确定度分量
结果的说明	属于给定的测量结果,只有相同的结果才有相同的误差	合成后赋予被测量的任一个值均具有相同的分散性
试验标准偏差	来源于给定的测量结果,不表示被测量估计值的随机误差	来源于合理赋予的被测量之值,表示同一观测列中任一估计值的标准不确定度
自由度	不存在	可作为不确定度评定是否可靠的指标
置信概率	不存在	当了解分布时,可按置信概率给出置信区间

6. 测量中不确定度的可能来源

① 被测量的定义不完整。

② 复现被测量的测量方法不理想。

③ 取样的代表性不够,即被测样本不能代表所定义的被测量。

④ 对测量过程受环境影响的认识不清,如对环境因素控制不完善。

⑤ 对模拟式仪器仪表的读数存在人为偏移。

⑥ 测量仪表的计量性能(如灵敏度、鉴别力阈、分辨力、死区及稳定性等)具有局限性。

⑦ 测量标准或标准物质的不确定度。

⑧ 引用的数据或其他参量的不确定度。

⑨ 测量方法和测量程序的近似和假设。

⑩ 在相同条件下,被测量在重复观测中的变化。

归结起来,不确定度可来源于测量仪器仪表、测量环境、测量人员、测量方法和被测量等。

7. 测量不确定度的估算

测量总的不确定度（简称测量不确定度）由随机不确定度和系统不确定度两部分组成。

1）随机不确定度

随机不确定度是指由随机效应引起的测量不确定度，用不确定度 A 类评定的方法，也就是用对观测列进行统计分析的方法进行评定。具体地说，首先用贝塞尔公式求出对同一被测量做 n 次测量时的标准偏差，以 $S_{(q_k)}$ 表示观测列的标准偏差。然后按泵试验标准的规定，置信概率为 95%，故一个变量的测量随机不确定度 $(e_R)_{95}$ 为变量标准偏差的 2 倍，即

$$(e_R)_{95} = \pm 2S_{(q_k)} \tag{3-96}$$

2）系统不确定度

系统不确定度是指由系统效应引起的测量不确定度，用不确定度 B 类评定的方法进行评定，也就是根据有关信息来评定。这里的有关信息是指测量仪表的有关信息，如测量仪表的精度等级、检定的不确定度值等。一般该测量仪表测量值对应的精度又以示值精度来表示。需要说明的是，测量仪表的示值精度不一定是该测量仪表的精度。对于不同的测量仪表应具体分析，按测量仪表的精度的表示方法来区分：

① 在测量仪表的测量范围内，对于使用同一精度表示方法的仪表（如流量测量仪表），只要测量示值在该仪表的测量范围内，那么示值精度都是一样的，即所有示值精度就是该仪表的精度。

② 对于以该测量仪表的最大示值（满量程或满刻度）精度为仪表精度的仪表，如压力、差压、转矩、电流、电压、电功率等类仪表，其测量示值精度应按下式计算：

$$测量示值精度 = \frac{最大示值}{测量时的示值} \times 仪表精度 \tag{3-97}$$

这时，其测量系统不确定度 e_s 用示值精度代入，即

$$e_s = 测量仪表的测量示值精度 \tag{3-98}$$

3）总的测量不确定度

前面已经提到，测量不确定度由测量随机不确定度 $(e_R)_{95}$ 和系统不确定度 e_s 两部分组成。这两部分不确定度通常情况下是用几何合成法进行合成的，即总的测量不确定度 e 的估算公式为

$$e = \sqrt{(e_s)^2 + (e_R)_{95}^2} \tag{3-99}$$

3.3.2　泵试验各性能参数测量不确定度的估算

1. 流量测量不确定度的估算

（1）用称重法测量流量（体积流量）

① 测量体积流量时，系统不确定度 e_{Qs} 的估算公式为

$$e_{Qs} = \pm\sqrt{(e_{sm})^2 + (e_{st})^2 + (e_{s\rho})^2} \tag{3-100}$$

式中，e_{st} 为由计时装置与换向器综合引起的系统不确定度（一般用计时器的示值精度与换向器的精度合成得到）；$e_{s\rho}$ 为由密度计或温度计测量引起的系统不确定度（一般用密度计或温度计的精度代入）。这里忽略了由浮力修正引起的系统不确定度的影响。

② 测量体积流量时，随机不确定度 $(e_{QR})_{95}$ 的估算公式为

$$(e_{QR})_{95} = \pm\sqrt{(e_{Rm})^2 + (e_{Rt})^2 + (e_{R\rho})^2} \tag{3-101}$$

式中，e_{Rm} 为由质量测量引起的随机不确定度，可根据式（3-89）和式（3-96）估算；e_{Rt} 为由时间测量引起的随机不确定度（方法同上）；$e_{R\rho}$ 为由密度（或温度）测量引起的随机不确定度（方法同上）。

③ 测量体积流量时，总的测量不确定度 e_Q 的估算公式为

$$e_Q = \pm\sqrt{(e_{Qs})^2 + (e_{QR})_{95}^2} \tag{3-102}$$

（2）用容积法测量流量

① 测量流量时，系统不确定度 e_{Qs} 的估算公式为

$$e_{Qs} = \pm\sqrt{(e_{sV})^2 + (e_{st})^2} \tag{3-103}$$

式中，e_{sV} 为由量筒引起的系统不确定度（用量筒精度代入）；e_{st} 为由计时装置与换向器综合引起的系统不确定度（一般可由计时器的示值精度与换向器的精度合成得到）。

② 测量流量时，随机不确定度 $(e_{QR})_{95}$ 的估算公式为

$$(e_{QR})_{95} = \pm\sqrt{(e_{RV})^2 + (e_{Rt})^2} \tag{3-104}$$

③ 流量测量时，总的测量不确定度 e_Q 的估算公式为

$$e_Q = \pm\sqrt{(e_{Qs})^2 + (e_{QR})_{95}^2} \tag{3-105}$$

（3）用差压装置（标准孔板、标准喷嘴和经典文丘里管）测量流量

① 如果根据《用安装在圆形截面管道中的差压装置测量满管流体流量 第 1 部分：一般原理和要求》（GB/T 2624.1—2006）进行设计、制造、安装和使用未经校正（标定）的差压装置测量流量，那么，其测量不确定度的估算公式为

$$e_Q = \pm\sqrt{(e_\alpha)^2 + 4\left(\frac{\beta^4}{2}\right)^2(e_D)^2 + 4\left(1+\frac{\beta^4}{\alpha}\right)^2(e_d)^2 + \frac{1}{4}(e_{\Delta p})^2 + \frac{1}{4}(e_\rho)^2} \tag{3-106}$$

式中，e_α 为流量系数的测量不确定度，α 为流量系数；β 为直径比；e_D 为管径的测量不确定度；e_d 为节流件的孔径或喉部直径的测量不确定度；$e_{\Delta p}$ 为差压的测量不确定度；e_ρ 为试验流体的密度的测量不确定度。

② 使用法定授权机构标定（校准）过的差压装置测量流量时（若标定用介质与流量计测量时的介质相同），流量计算公式为

$$Q = C_Q\sqrt{\Delta p} \tag{3-107}$$

式中，C_Q 为该差压装置的标定（标准）系数；Δp 为差压。

其测量不确定度的估算公式为

$$e_Q = \pm \sqrt{(e_{C_Q})^2 + \frac{1}{4}(e_{\Delta p})^2}$$ (3-108)

式中，e_{C_Q} 为标定或标准系数的精度；$e_{\Delta p}$ 为差压的测量不确定度。

（4）用水堰测量流量

① 用直角三角堰测量时，测量不确定度的估算公式为

$$e_Q = \pm \sqrt{(e_a)^2 + (e_{\tan \frac{a}{2}})^2 + 2.5^2(e_{he})^2}$$ (3-109)

式中，e_a 为流量系数的测量不确定度；$e_{\tan(a/2)}$ 为堰口开口角引起的不确定度；e_{he} 为堰水头的测量不确定度。其中，

$$e_{\tan \frac{a}{2}} = \pm \sqrt{(e_{ht})^2 + (e_{bt})^2}$$ (3-110)

式中，e_{ht} 为三角堰底点至上口高度的测量不确定度；e_{bt} 为三角堰上口宽度的测量不确定度。

$$e_{he} = \pm \sqrt{(e_h)^2 + (e_{bo})^2 + (e_{kh})^2}$$ (3-111)

式中，e_h 为堰水头实测的测量不确定度；e_{bo} 为堰口零点实测的测量不确定度；e_{kh} 为补偿黏度和表面张力影响的水头测量修正值的不确定度。

② 用矩形堰、全宽堰测量时，测量不确定度的估算公式为

$$e_Q = \pm \sqrt{(e_a)^2 + (e_{be})^2 + 1.5^2(e_{he})^2}$$ (3-112)

式中，e_a 为流量系数的测量不确定度；e_{be} 为堰口宽度的测量不确定度。其中，

$$e_{be} = \pm \sqrt{(e_b)^2 + (e_{kb})^2}$$ (3-113)

式中，e_b 为堰口宽度实测的测量不确定度；e_{kb} 为补偿黏度和表面张力影响的堰口宽度测量修正值的不确定度；e_{be} 为堰水头的测量不确定度。

（5）用电磁流量计测量流量

$$e_Q = \pm \sqrt{(e_{Qs})^2 + (e_{QR})_{95}^2}$$ (3-114)

式中，e_{Qs} 为测量时的系统不确定度（用在测量范围内电磁流量计的使用精度代入）；$(e_{QR})_{95}$ 为测量时的随机不确定度。

（6）用涡轮流量计测量流量

$$e_Q = \pm \sqrt{(e_{Qs})^2 + (e_{QR})_{95}^2}$$ (3-115)

式中，e_{Qs} 为测量时的系统不确定度（用在测量范围内电磁流量计的使用精度代入）；$(e_{QR})_{95}$ 为测量时的随机不确定度。

（7）用超声波流量计测量流量

用超声波流量计测量流量时，影响流量测量不确定度的是管径 D 的测量不确定度和用超声波测量的管内平均流速的测量不确定度。其测量不确定的估算公式为

$$e_Q = \pm \sqrt{(e_D)^2 + (e_v)^2}$$ (3-116a)

式中，e_D 为管径测量的不确定度；e_v 为用超声波测量管内平均流速的测量不确定度。其中，

$$e_v = \pm \sqrt{(e_{vs})^2 + (e_{vR})_{95}^2} \qquad (3\text{-}116b)$$

式中，e_{vs} 为平均流速测量的系统不确定度（用超声波流量计的示值精度代入）；$(e_{vR})_{95}$ 为平均流速测量时的随机不确定度，可根据式（3-89）和式（3-96）计算得到。

（8）用弯管流量计测量流量

其测量不确定度的估算公式为

$$e_Q = \pm \sqrt{(e_{C_Q})^2 + \frac{1}{4}(e_{\Delta p})^2} \qquad (3\text{-}117)$$

式中，e_{C_Q} 为弯管流量计标定（或校准）时，标定系数（或称仪表常数）的不确定度；$e_{\Delta p}$ 为差压的测量不确定度。

用速度面积法和示踪物法测量流量的情况不多，一般在现场测量，测量的流量大，影响测量不确定度的因素较多，所以测量不确定度的估算按实际情况定。

2. 扬程测量不确定度的估算

通过分析扬程 H 的典型计算式

$$H = H_2 - H_1 = (z_2 - z_1) + \frac{p_2 - p_1}{\rho g} + \frac{v_2^2 - v_1^2}{2g} + H_{j2} + H_{j1} \qquad (3\text{-}118)$$

可以看出，$(z_2 - z_1)$、H_{j2}、H_{j1} 等项在泵的扬程 H 中所占的比例都很小，所以在扬程的测量不确定度的估算中，一般可忽略不计。故在扬程测量不确定度的估算中，主要考虑入口表压力值 p_1 和出口表压力值 p_2 的测量不确定度。其扬程测量不确定度的估算公式如下。

（1）对于低扬程泵试验

其扬程测量不确定度的估算公式为

$$e_H = \pm \sqrt{(e_{p_1})^2 + (e_{p_2})^2} \qquad (3\text{-}119a)$$

式中，e_{p_2} 为出口表压力的测量不确定度；e_{p_1} 为入口表压力的测量不确定度。

$$e_{p_1} = \pm \sqrt{(e_{p_1 s})^2 + (e_{p_1 R})_{95}^2} \qquad (3\text{-}119b)$$

式中，$e_{p_1 s}$ 为入口表压力测量时的系统不确定度（以测量仪的示值精度代入）；$(e_{p_1 R})_{95}$ 为入口表压力测量时的随机不确定度，可根据式（3-89）和式（3-96）计算得到；e_{p_2} 同 e_{p_1} 的计算方法。

（2）对于扬程较高的泵试验

扬程较高的泵因入口扬程占总扬程的比例很小，故扬程测量不确定度的估算公式为

$$e_H = \pm \left[\left| \frac{p_1}{\rho g H}(e_{p_1}) \right| + \left| \frac{p_2}{\rho g H}(e_{p_2}) \right| \right] \qquad (3\text{-}120)$$

式中，e_{p_1} 与 e_{p_2} 的表示意义同上。

3．转速测量不确定度的估算

对于转速的测量，不论是用光电测速仪、磁电测速仪还是感应线圈式测速仪，都是用一个仪表进行转速的测量，故转速测量不确定度 e_n 的计算公式为

$$e_n = \pm\sqrt{(e_{ns})^2 + (e_{nR})_{95}^2} \tag{3-121}$$

式中，e_{ns} 为转速测量时的系统不确定度（用测速仪的精度代入）；$(e_{nR})_{95}$ 为转速测量时的随机不确定度，可根据式(3-89)和式(3-96)计算得到。

4．泵输入功率测量不确定度的估算

（1）用转矩仪测量泵输入功率

$$e_P = \pm\sqrt{(e_{Ps})^2 + (e_{PR})_{95}^2} \tag{3-122}$$

式中，e_{Ps} 为功率测量时的系统不确定度（用转矩仪的示值精度代入）；$(e_{PR})_{95}$ 为功率测量时的随机不确定度，可根据式(3-89)和式(3-96)计算得到。

（2）用电测法测量泵输入功率

① 用电动机输入功率 P_1 乘以该电动机的效率 $\eta_{\text{电动机}}$ 的方法计算泵的输入功率时，泵输入功率的测量不确定度取决于电动机输入功率 P_1 的测量不确定度 e_{P_1} 和该电动机效率的不确定度 $e_{\eta_{\text{电动机}}}$。由于泵轴与电动机轴直接用联轴器相连，故电动机输出功率 P_2 应等于泵输入功率 $P(P_2 = P)$，此时 $e_P = e_{P_2}$。其测量不确定度的估算公式为

$$e_P = e_{P_2} = \pm\sqrt{(e_{P_1})^2 + (e_{\eta_{\text{电动机}}})^2} \tag{3-123}$$

式中，e_{P_1} 为电动机输入功率的测量不确定度；$e_{\eta_{\text{电动机}}}$ 为电动机效率的测量不确定度。

$$e_{P_1} = \pm\sqrt{(e_{P_1 s})^2 + (e_{P_1 R})_{95}^2} \tag{3-124}$$

式中，$e_{P_1 s}$ 为电动机输入功率测量时的系统不确定度（应由测量电功率仪表的示值精度与互感器（电流、电压）精度合成得到）；$(e_{P_1 R})_{95}$ 为电动机输入功率测量时的随机不确定度，可根据式(3-89)和式(3-96)计算得到。

② 用电测功法中的损耗分析法测量电动机输出功率（泵的输入功率），即用 $P = P_2 = P_1 - \sum\Delta P$ 计算电动机输出功率时，影响功率测量不确定度的因素主要是电动机输入功率 P_1 的测量不确定度。各项损耗 $\sum\Delta P$ 所占的比例较小，其测量不确定度占次要地位，故其功率测量不确定度的估算公式为

$$e_P = \pm\left|\frac{P_1}{P}(e_{P_1})\right| + \left|\frac{\sum\Delta P}{P}(e_{\sum\Delta P})\right| \tag{3-125}$$

式中，e_{P_1} 为电动机输入功率的测量不确定度（估算方法同上）；$e_{\sum\Delta P}$ 为各项损耗功率的总的测量不精确度，可由各项损耗功率的测量不确定度合成得到。

$$e_{\sum\Delta P} = \pm\sqrt{(e_{Cu1})^2 + (e_{Cu2})^2 + (e_{Fe})^2 + (e_{fw})^2 + (e_s)^2} \tag{3-126}$$

式中，e_{Cu1} 为电动机定子铜损的测量不确定度；e_{Cu2} 为电动机转子铜损的测量不确定度；e_{Fe} 为电动机铁损的测量不确定度；e_{fw} 为电动机机械损耗的测量不确定度；e_s 为电动机杂

散损耗的测量不确定度。

5. 泵效率值不确定度的估算

泵效率的计算公式为 $\eta = \dfrac{P_u}{P} \times 100\% = \dfrac{QH_{Pg} \times 10^{-3}}{P} \times 100\%$，故泵效率的不确定度的估算公式为

$$e_\eta = \pm\sqrt{(e_Q)^2 + (e_H)^2 + (e_P)^2} \tag{3-127}$$

式中，e_Q 为流量的测量不确定度；e_H 为扬程的测量不确定度；e_P 为泵输入功率的测量不确定度。

6. 泵的汽蚀余量 NPSH 不确定度的估算

从泵的汽蚀余量 NPSH 的计算式 $\text{NPSH} \approx \left(z_1 + \dfrac{p_1}{\rho g} + \dfrac{v_1^2}{2g}\right) + \dfrac{p_b}{\rho g} + \dfrac{p_v}{\rho g}$ 中可以看出，影响汽蚀余量 NPSH 值的是入口表压力值 p_1、入口测量截面处的平均流速 $v_1\left(v_1 = \dfrac{Q}{A_1}\right)$、大气压力值 p_b 和汽化压力值 p_v，故汽蚀余量 NPSH 不确定度的估算公式为

$$e_{\text{NPSH}} = \pm\sqrt{(e_{p_1})^2 + (e_Q)^2 + (e_{p_b})^2 + (e_t)^2} \tag{3-128}$$

式中，e_{p_1} 为入口表压力的测量不确定度；e_Q 为流量的测量不确定度；e_{p_b} 为大气压力值的测量不确定度；e_t 为试验水温的测量不确定度。

3.3.3 测量示例

【例1】 计算用 $\phi 65$ 型电磁流量计测量 $Q = 50\ \text{m}^3/\text{h}$ 这一流量值时的测量不确定度。

【解答】 已知电磁流量计的测量范围是 $6 \sim 120\ \text{m}^3/\text{h}$，精度为 $\pm 0.5\%$。

该流量值经过 9 次测量，所得数据为

$Q_1 = 50.170\ \text{m}^3/\text{h}$；　$Q_2 = 49.773\ \text{m}^3/\text{h}$；　$Q_3 = 49.820\ \text{m}^3/\text{h}$；

$Q_4 = 50.126\ \text{m}^3/\text{h}$；　$Q_5 = 50.081\ \text{m}^3/\text{h}$；　$Q_6 = 49.830\ \text{m}^3/\text{h}$；

$Q_7 = 50.071\ \text{m}^3/\text{h}$；　$Q_8 = 49.972\ \text{m}^3/\text{h}$；　$Q_9 = 49.873\ \text{m}^3/\text{h}$

则其平均流量为

$$\overline{Q} = \frac{Q_1 + Q_2 + Q_3 + Q_4 + Q_5 + Q_6 + Q_7 + Q_8 + Q_9}{9} \approx 49.968\ \text{m}^3/\text{h}$$

令 $\overline{Q} = 100\%$，则其各次测量值以相对于平均流量值 $\overline{Q}$ 的百分数表示为

$Q_1 = 100.40\%$；　$Q_2 = 99.61\%$；　$Q_3 = 99.70\%$；

$Q_4 = 100.32\%$；　$Q_5 = 100.23\%$；　$Q_6 = 99.72\%$；

$Q_7 = 100.21\%$；　$Q_8 = 100.01\%$；　$Q_9 = 99.81\%$

该流量值经过 9 次测量，其标准偏差为

$$S_{Q(q_k)} = \sqrt{\frac{0.40^2 + 0.39^2 + 0.30^2 + 0.32^2 + 0.23^2 + 0.28^2 + 0.21^2 + 0.01^2 + 0.19^2}{9-1}} \approx 0.30\%$$

则该流量值经过 9 次测量的随机不确定度 $(e_{\text{QR}})_{95}$ 为

$$(e_{QR})_{95} = \pm 2S_{Q(q_k)} = \pm 2 \times 0.30\% = \pm 0.60\%$$

该流量值测量时的系统不确定度 e_{Qs} 应是该电磁流量计的精度,即 $e_{Qs} = \pm 0.5\%$。

故该流量值测量时,其测量不确定度 e_Q 为

$$e_Q = \pm \sqrt{(e_{Qs})^2 + (e_{QR})_{95}^2} = \pm \sqrt{(0.50\%)^2 + (0.60\%)^2} = \pm 0.78\%$$

【例 2】 计算用满量程为 1.0 MPa、精度为 $\pm 0.25\%$ 的压力传感器(带显示器)测量出口压力 $p_2 = 0.8$ MPa 时的测量不确定度。

【解答】 该出口表压力值经过 9 次测量,所得数据为

$(p_2)_1 = 0.8015$ MPa; $\quad (p_2)_2 = 0.8008$ MPa; $\quad (p_2)_3 = 0.7995$ MPa;

$(p_2)_4 = 0.8012$ MPa; $\quad (p_2)_5 = 0.7983$ MPa; $\quad (p_2)_6 = 0.8005$ MPa;

$(p_2)_7 = 0.7982$ MPa; $\quad (p_2)_8 = 0.8009$ MPa; $\quad (p_2)_9 = 0.7988$ MPa

则其平均表压力为

$$\overline{p_2} = \frac{(p_2)_1 + (p_2)_2 + (p_2)_3 + (p_2)_4 + (p_2)_5 + (p_2)_6 + (p_2)_7 + (p_2)_8 + (p_2)_9}{9}$$

$$= 0.8000 \text{ MPa}$$

令 $\overline{p_2} = 100\%$,则其各次测量值以相对于平均出口表压力值 $\overline{p_2}$ 的百分数表示为

$(p_2)_1 = 100.19\%$; $\quad (p_2)_2 = 100.10\%$; $\quad (p_2)_3 = 99.94\%$;

$(p_2)_4 = 100.15\%$; $\quad (p_2)_5 = 99.79\%$; $\quad (p_2)_6 = 100.06\%$;

$(p_2)_7 = 99.78\%$; $\quad (p_2)_8 = 100.11\%$; $\quad (p_2)_9 = 99.85\%$

该出口表压力值经过 9 次测量,其标准偏差为

$$S_{p_2(q_k)} = \sqrt{\frac{0.19^2 + 0.01^2 + 0.60^2 + 0.15^2 + 0.21^2 + 0.01^2 + 0.22^2 + 0.11^2 + 0.15^2}{9 - 1}}$$

$$\approx 0.15\%$$

则该出口表压力值经过 9 次测量的随机不确定度 $(e_{p_2R})_{95}$ 为

$$(e_{p_2R})_{95} = \pm 2S_{p_2(q_k)} = \pm 2 \times 0.15\% = \pm 0.30\%$$

该出口表压力值测量的系统不确定度 e_{p_2s} 应是该压力传感器的测量示值精度。因为

测量示值精度 $= \dfrac{\text{满量程}}{\text{测量示值}} \times \text{压力传感器精度} = \dfrac{1.0}{0.8} \times (\pm 0.25\%) = \pm 0.31\%$,所以测量该出口表压力时,测量不确定度 e_{p_2} 为

$$e_{p_2} = \pm \sqrt{(e_{p_2s})^2 + (e_{p_2R})_{95}^2} = \pm \sqrt{0.31\%^2 + 0.30\%^2} = \pm 0.43\%$$

【例 3】 已知某次测量所得扬程值 $H = 85$ m,其中入口压力扬程值 $p_1/\rho g = 3$ m,出口压力扬程值 $p_2/\rho g = 80.8$ m。经估算可知,入口表压力值的测量不确定度 $e_{p_1} = \pm 0.95\%$,出口表压力值的测量不确定度 $e_{p_2} = \pm 0.43\%$。计算扬程值 $H = 85$ m 时的测量不确定度。

【解答】 扬程值 $H = 85$ m 时的测量不确定度为

$$e_{p_2} = \pm \sqrt{(e_{p_2s})^2 + (e_{p_2R})_{95}^2} = \pm \sqrt{0.31^2 + 0.30^2} = \pm 0.43\%$$

$$e_H = \pm \left[\left| \frac{p_1}{\rho g}(e_{p_1}) + \frac{p_2}{\rho g}(e_{p_2}) \right| \right] = \pm \left[\left| \frac{3}{85} \times (\pm 0.95\%) \right| + \left| \frac{80.8}{85} \times (\pm 0.43\%) \right| \right]$$

$$= \pm (| \pm 03\% | + | \pm 0.41\% |) = \pm 0.44\%$$

【例 4】 已知某台泵的保证值工况点，测得流量 $Q = 50 \ \mathrm{m^3/h}$ 时的测量不确定度 $e_Q = \pm 0.78\%$；扬程 $H = 85 \ \mathrm{m}$ 时的测量不确定度 $e_H = \pm 0.44\%$；泵输入功率 $P = 21.5 \ \mathrm{kW}$ 时的测量不确定度 $e_P = \pm 0.55\%$。计算泵效率 $\eta = 54\%$ 时的不确定度。

【解答】 泵效率 $\eta = 54\%$ 时的不确定度为

$$e_\eta = \pm \sqrt{(e_Q)^2 + (e_H)^2 + (e_P)^2} = \pm \sqrt{(\pm 0.78\%)^2 + (\pm 0.44\%)^2 + (\pm 0.55\%)^2}$$

$$= \pm 1.05\%$$

第4章

通用试验方法

4.1 试验台位、测量仪器仪表、驱动电动机和联轴器的选择

试验台位、测量仪器仪表、驱动电动机和联轴器应根据被测试泵提出的试验要求(即产品试验大纲或试验任务通知书)进行选择。一般来说,试验大纲或试验通知书中应标明以下内容:① 试验项目(内容);② 试验精度要求;③ 判别依据;④ 保证点(规定点、设计点)的性能,包括流量 Q_G、扬程 H_G、功率 P_G、汽蚀余量 NPSHR、转速 n_{sp} 等;⑤ 冷却水的流量与压力;⑥ 润滑油的流量与压力;⑦ 安装联轴器处的轴径尺寸及进、出口法兰尺寸;⑧ 泵的结构型式示意图;等等。

1. 试验台的选择

① 根据汽蚀余量 NPSHR 的大小及试验精度要求选择:对于汽蚀余量 NPSHR 较小,特别是 NPSHR≤2 m,或汽蚀试验精度要求高的泵的试验,应该选择闭式试验台进行试验。对于汽蚀余量 NPSHR 比较大,或将来使用场合的进口有压力泵的试验,可选择开式试验台进行试验。

② 根据试验泵的流量和功率的大小选择合适的试验台。

③ 根据试验泵的结构型式选择立式泵试验台或普通卧式泵试验台,并确定是否需要冷却水和润滑油站。

2. 测量仪器仪表的选择

① 根据测量参数的名称选择相应的测量仪器仪表,并确定型号。

② 根据测量的量程范围选择测量仪表的最佳使用量程,并尽可能提高示值精度。

③ 根据测量精度选择测量仪表自身应有的精度。

④ 根据测量数据采集方式(人工采集或计算机自动采集)选择不同功能的测量仪表。

⑤ 根据测量仪表的使用可靠性选择,以确保测量数据可靠、可信。

⑥ 根据测量仪表的特点选择。例如,节流装置不适合低扬程泵的流量测量;测量大流量或超大流量时,应选用电磁流量计或水堰;立式泵、屏蔽泵、潜水电泵的功率测量不能用转矩转速测功仪,只能用电测功法;转速测量时,若轴头无法露出,则只能采用感应线圈法(仪表)等。

3. 驱动电动机的选择

① 根据试验泵的最大功率和转速选择,并适当考虑余量。

② 特别要注意试验泵使用介质的密度。

③ 即使试验泵的驱动电动机已与泵合装好,也要重新检查配带的功率是否合适。

4. 试验用联轴器的选择

① 泵端的联轴器和电动机端的联轴器的外径要相同,承受的最大转矩应一致,并应大于试验泵的最大转矩。

② 泵端和电动机端的联轴器的内孔的最大孔径不应超过标准的规定。

③ 采用转矩转速测功仪测量泵输入功率时,最好选用弹性销联轴器、簧片联轴器或柱销尼龙绳捆缠式联轴器,尽量不采用爪形联轴器。若采用电测功法测量泵输入功率,则可以采用爪形联轴器。

4.2　安装与起车

4.2.1　开式试验的台上安装

1. 安装试验泵

在安装前,先分别测量试验泵、原动机(电动机)和转矩转速传感器的中心高,然后以三者的最大值为安装基准,选择共同的底座。选择安装场地时,应考虑吸入管路与吐出管路的安装位置是否合适,以及基础的抗震情况。在试验安装场地,应装有预埋的地面导轨,将试验泵、转矩转速传感器、原动机(电动机)牢固地安装在地面导轨上。

2. 安装吸入管路

吸入管路安装的好坏将直接影响试验能否顺利进行,以及测试能否保证应有的精度。所以安装吸入管路要遵守两条原则:一是不漏气;二是不窝气。要做到这两条原则,应从以下几个方面着手:

① 两管道(或管件)连接处的密封性要好,应采用有弹性、密封性较好的橡胶垫,并使橡胶垫的内径与连接管道的内径一致。

② 两管道连接的紧固螺栓要均匀拧紧,最好对称拧紧螺栓。紧固螺栓数一般不能少于四个,并应随着管道直径的增大而增多。

③ 水平直管段必须保持水平,或可向上游方向稍微向下倾斜。

④ 一般情况下,吸入管路系统(包括吸入侧测压管、水平直管段、吸入侧节流阀、弯头、插入水池中的直管段等)必须事先连接牢固,必要时需打水静压检查,并且不会轻易解体。

⑤ 安装时，要特别注意吸入侧测压孔的方向：对于精密级或 1 级精度的试验，四个测压孔与水平面成 45°角；对于 1 级精度的试验，单个测压孔为水平方向。

3. 安装吐出管路

试验泵的出口法兰上应安装同直径且同心的吐出侧测压管。测压孔的方向为：1 级精度试验，单个测压孔与泵的轴线平行；精密级或 1 级精度的试验，四个测压孔可为任意方向。对于扬程较低的一般离心泵、混流泵或轴流泵，吐出侧测压管的下游（后面）可安装公称直径相同的弯头。对于扬程较高的泵，吐出侧测压管的下游（后面）应连接消能器或减压阀，以降低整个系统的压力。密封垫的选择要考虑承受最高压力的可能性，随着压力的增加，可采用石棉垫、铝或紫铜垫、缠绕垫等。选择紧固螺栓的数量与大小时，应考虑抗拉强度，以做到不变形、不漏水，安全为宜。

4. 安装流量测量段

安装流量测量段时，主要应考虑水流流经流量计处的流速分布情况，以及放气设施。整个测量段应水平安装，可轻微向上翘，但不允许下倾，以防窝气。

5. 安装吐水管

吐水管的作用是使通过流量测量段的液体较顺畅地流入水池中，故吐水管管径应等于或大于流量测量段的管径。吐水管的长度应由流量测量段的安装高度决定。吐水管不宜插入水中，否则不利于管路中气体的排出。此外，还应注意动反力的影响，吐水管不能离水面太近，特别是当流量较大时，可能引起整个吐出管路系统的跳动，所以必须选择较大的管道支架，将整个吐出管路系统牢牢地固定住。

6. 安装转矩转速传感器

安装转矩转速传感器时，必须保证被试验泵、转矩转速传感器、原动机（电动机）三轴同心，且同轴度误差不能超过 0.02 mm。一般用联轴器的外圆来找准，四个方向（上、下、左、右）同时找，并应使两个联轴器在上述四个方向的间隙相等。在安装过程中，应注意转矩转速传感器的安装方向，确保转矩转速传感器的驱动端与原动机（电动机）相连。

7. 安装原动机（电动机）

上面介绍的试验泵、转矩转速传感器与原动机（电动机）除了要三轴同心外，还必须牢固地安装在共同底座或导轨上。

8. 安装测量仪表

除必须按各测量仪表的使用说明书规定安装外，还要特别强调：测量仪表必须安装在各自的表架或桌子上，并放置稳固，以免碰倒或摔坏仪表；仪表不能直接与试验泵、转矩转速传感器、原动机及试验管道接触，以免将振动传递过来，影响仪表的测量精度与使用寿命；绝对不允许将测量仪表直接安装或放置在试验泵、原动机或试验管道上；各导压管、电源线、信号线、地线应连接好，确保不漏气、不漏水、不漏电。

4.2.2 闭式试验的台上安装

在闭式试验台上，试验泵的安装应与吸入管道、吐出管道的安装同时进行。因为闭式试验台的极大部分管道与设备一次性安装后便固定不动,所以若试验同一系列或结构基本相同的泵,只需更换吸入水平直管段(包括吸入侧测压管、异心变径管)和吐出侧测压管、变径管。当试验结构完全不同的泵时,回路需要做一定的改造方可进行安装试验。

转矩转速传感器和原动机(电动机)的安装同开式试验台。对闭式试验台来说,测量仪表已一次安装到位,只是部分测量仪表的导压管与信号线、电源线、地线需重新连接。

4.2.3 起车

起车又称开车,起车前应先进行相应的检查:首先,负责试验的主管目测检查试验管道测量仪表的型号、规格、量程、安装及电动机的功率、转速等是否满足要求,检查试验系统连接是否牢固,转矩转速传感器和原动机(电动机)被试验泵是否紧紧固定在共同底座或导轨上,是否紧压在地面导轨上;然后检查管道支架支承是否牢固,各种电源线、信号线、地线是否合适和连接完好;最后特别检查一次吸入管路、吸入导压管及真空仪表连接的密封性(可采用打静压的方法检查,压力在 0.1~0.3 MPa 范围内均可)。

对离心泵来说,先将出口阀门关死,采用真空引水的方法(因离心泵的输入功率在关死工况点时最小,故在该工况点下开车最为合适)将水引至超过叶轮的中心线(水平线)后,封好所有的测量仪表,并请与试验操作无关的人员远离试验区,严禁在联轴器两侧和高压法兰连接处站人。然后由试验负责人下令起车,起车过程中注意观察试验泵的转速是否达到正常转速,泵是否发生异常的振动、是否出现噪声及漏水情况,如不正常应及时停车。待一切正常后,方可将测量仪表投入运行,按各类测量仪表的使用规程进行测量。最后对整个试验系统进行一次动态的密封性检查。以规定(保证或设计)点的流量值为基准,先向大流量点调节,再调回规定点;然后向小流量点调节,再调回规定点(从大流量点向小流量点调节时,要特别注意真空导压管内是否进水)。这样反复操作 2~3 次。若在这几次操作中规定点的扬程值基本一致或误差很小,则说明整个试验系统安装连接良好,可以进行试验;若扬程差别较大,则说明整个系统有漏气、存气、气未放尽或真空导压管内存水等情况,需及时排除故障,重新进行动态密封检查,待一切正常后,方可进行正式试验。

对混流泵、轴流泵和旋涡泵来说,它们的泵输入功率在关死工况点时最大,随着流量的增大而减小,所以最好采取开阀起车。但对于小规格(小尺寸)的混流泵、轴流泵和旋涡泵来说,也可以在关死工况点起车,因为这样引水方便。但必须注意的是,配带的试验原动机的功率应足够大。一般较大规格的混流泵和轴流泵以立式的居多,并且叶轮都浸没在水中,不存在引水问题。

4.3 性能试验的具体方法

4.3.1 性能试验前泵的磨合(跑合)性运行(运转)试验

将工况点调到规定点,进行泵的磨合性运行试验。持续运转时间见表 4-1,试验时一一记录以下数据：

① 轴承处与填料函体处的温升情况,持续记录直至稳定(一般来说,间隔 15 min 的两次温升的数值不变可视为稳定)。

② 泵输入功率的变化情况,持续记录直至稳定。

③ 轴封处(包括机械密封和软填料密封)的泄漏情况。

④ 振动、噪声情况。

表 4-1 允许波动幅度(以测量的平均值的百分数表示)

测量的量	允许波动幅度/%		
	精密级	1 级	2 级
流量、扬程、转矩、泵输入功率	±3	±3	±6
转速	±1	±1	±2

注:1. 如果使用差压装置测量流量,那么测量的差压的允许波动幅度为:精密级和 1 级,±6%;2 级,±12%。

2. 在分别测量入口总压力和出口总压力的情况下,最大允许波动幅度应根据扬程进行计算。

4.3.2 性能试验的具体步骤

1. 预定试验工况点的值

以流量为基准,进行试验工况点的分点(因为性能曲线的横坐标是以流量值来表示的,所以习惯上都用流量值来分点)。具体分点原则如下。

(1)试验大纲或试验通知书有具体要求

主要以试验大纲或试验通知书提出的要求为依据来确定试验工况点的数量和具体数据。

(2)试验大纲或试验通知书无具体要求

1)离心泵的分点

以下几个工况点必须是性能试验的工况点:保证点 Q_G;规定点、设计点的 $0.9Q_G$、$0.95Q_G$、$1.0Q_G$、$1.05Q_G$、$1.1Q_G$ 点等;$0.75Q_G$、$1.2Q_G$、$1.4Q_G$ 和关死点($Q=0$)。其他试验工况点均匀布置为好。

成品出厂试验时,试验工况点的数量确定如下:新产品的出厂试验,试验工况点的数量应该多一些,推荐在 13 点以上为好,便于性能曲线的报合;老产品(定型产品)的试验工况点可以适当少一些。验收试验按供货合同要求确定。

2)混流泵、轴流泵和旋涡泵的分点

以下几个工况点必须是性能试验的工况点:保证点 Q_G;(规定点、设计点)的 $0.9Q_G$、$0.95Q_G$、$1.0Q_G$、$1.05Q_G$、$1.1Q_G$ 等;$0.64Q_G$、$0.75Q_G$、$1.2Q_G$、$1.4Q_G$。其他试验工况点均匀分布为好。新产品的出厂试验,试验工况点的数量在 15 点以上较合适;老产品(定型产品)出厂试验的工况点数量可适当减少。验收试验按供货合同要求确定。除特殊情况外,尽量避开驼峰区间。

2. 运转的稳定条件与稳定性检查

1) 稳定条件

如果所有涉及的量(流量、扬程、转矩、泵输入功率和转速)的平均值均不随时间而变化,那么称该试验条件为稳定条件。实际上,如果对一试验工况点至少在 10 s 内观察到的每一量的变化限度不超过表 4-2 中给出的值,并且其波动幅度又小于表 4-1 中给出的允许值,就可以认为试验条件是稳定的。因此,进行稳定性检查时,满足要求则为稳定条件,否则为不稳定条件。

表 4-2　同一量重复测量结果之间的变化限度(基于 95% 置信限度)

条件	读数组数	每一量的最大读数和最小读数之间相对平均值的允许差异					
		流量、扬程、转矩、泵输入功率			转速		
		精密级/%	1级/%	2级/%	精密级/%	1级/%	2级/%
稳定	1	—	0.6	1.2	—	0.2	0.4
	3	0.8	0.8	1.8	0.25	0.3	0.6
	5	1.6	1.6	3.5	0.5	0.5	1
	7	2.2	2.2	4.5	0.7	0.7	1.4
	9	2.8	2.8	5.8	0.8	0.8	1.6
	13	—	2.9	5.9	—	0.9	1.8
	>20	—	3	6	—	1	2

2) 稳定性检查

稳定性检查包括读数波动性检查和重复性检查。

① 读数波动性检查。所谓读数波动,是指在一次读数的时间内,读数相对于平均读数值的短周期变动。波动值的计算公式为

$$波动上限 = \frac{最大读数值 - 平均读数值}{平均读数值} \times 100\% \qquad (4-1)$$

$$波动下限 = \frac{最小读数值 - 平均读数值}{平均读数值} \times 100\% \qquad (4-2)$$

图 4-1a 为精密弹簧压力表,在测量时发现指针晃动,假定最大读数值为 3.05 MPa,最小读数值为 2.95 MPa,则平均读数值为

$$平均读数值 = \frac{3.05 + 2.95}{2} MPa = 3.00 \ MPa$$

其波动值为

$$波动上限 = \frac{3.05 - 3.00}{3.00} \times 100\% = +1.7\%$$

$$波动下限 = \frac{2.95 - 3.00}{3.00} \times 100\% = -1.7\%$$

图 4-1b 所示为双管水银差压计。在测量时，水银柱（1 mmHg＝133.3 Pa）的读数上下波动，最大读数值 h_{max}＝52 mmHg，最小读数值 h_{min}＝48 mmHg，其平均读数值为

$$\overline{h}=\frac{52+48}{2}\ \text{mmHg}=50\ \text{mmHg}$$

其波动值为

$$波动上限=\frac{52-50}{50}\times100\%=+4.0\%$$

$$波动下限=\frac{48-50}{50}\times100\%=-4.0\%$$

波动幅度为正负波动值，若超出表 4-1 的规定范围（即按试验标准的规定范围），则可以在测量仪表及其连接管中（导压管）装设有限的稳定装置（阻尼器，如毛细管）来减小波动幅度，也可以用一种能提供全波动周期读数总和的平均值的仪器来进行测量。这种仪器能发出瞬时的信号值，或用计算机快速采集数据，然后计算出平均值。

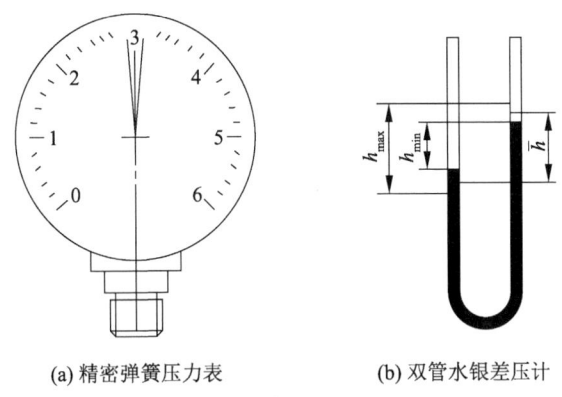

(a) 精密弹簧压力表　　　　　　(b) 双管水银差压计

图 4-1　弹簧压力表与双管水银压差计

② 重复性检查。所谓重复性就是同一量（除转速和温度允许进行调整外，其余如节流阀、水位、填料函、平衡水等所有调节位置应完全保持不变的情况下的同一量）相邻两次读数（对每一试验点应为随机的时间间隔不少于 10 s 的相邻两次读数）的变化。对每一个试验工况点，最低限度应取 3 组读数，并记录每一个独立读数的值和由每组读数导出的效率值。每一个量的最大值与最小值的百分率差不得大于表 4-2 给出的值。需要注意的是，如果读数组数增加，可允许有较大的相差（一般重复读数组数最多增至 9 组）。

重复性值的计算公式为

$$重复性值=\frac{最大值-最小值}{平均值}\times100\% \tag{4-3}$$

若重复性值大于表 4-2 的规定，则意味着试验条件不稳定。这时需要查明原因，排除故障，重新进行重复性检查。这种不稳定性除了试验装置因素外，试验中的泵（被试验的泵）也对试验条件有一定影响。

3．试验工况点的顺序

若运转稳定性检查满足要求，则可正式进行性能试验，从功率最小的工况点开始，顺次进行。

对于离心泵，最好从零流量开始顺次增大流量，直至试验到预定的试验大流量点。但有的泵一旦关死（流量为 0），压力就会迅速下降，或者功率较大的泵关死的时间一旦较长，泵内的水就会汽化，使试验无法正常进行。这类泵可以从小流量点开始进行性能试验，不要关死。

对于混流泵、轴流泵和旋涡泵，可从阀门大开度的状态开始（以流量测量仪表不超量程和泵不发生汽蚀为前提），然后流量逐步减小到最小试验工况点（从大流量点往小流量点调节，如果吸入口是真空状态，应注意导压管中可能进水）。

4．性能测试的具体操作

将运行工况点调节到试验工况点首点（调节以流量值为基准），并一一记录水池水位高度、水温、各表位差值、流量计显示值、进口表压力值、出口表压力值、转速和泵输入功率等参数值。其中，流量计显示值、进口表压力值、出口表压力值、转速和泵输入功率等参数的读数次数应大于或等于在重复性检查时符合表 4-2 中限度要求的读数组数的数量。最后取其平均值即为本次测量的数据。

测量完第一个试验工况点后，调节到第二个试验工况点运转 1～2 min，并在出口管路系统中需要放气的部位放气，待运行稳定后，再一一记录上述各参数值（各参数的读数次数同重复性检查要求的），试验到最后一个试验工况点为止（水位高度、水温、表位差记录一次即可）。

在整个测试过程中，吐出管路有放气阀门的部位应经常放气，以确保数据的真实性。

全部测试完毕后，应全面审核各参数的记录数据和各试验工况点间的变化规律是否正常。若发现异常变化规律，则应找出原因，重新进行性能试验。

5．测试数据的处理

（1）测试数据的计算

1）流量

根据采用流量测量的流量计种类的不同，有的流量计可直接显示值（读出流量值），有的流量计则需经过简单计算得到。具体计算公式参阅第 2 章流量测量仪表的介绍。

2）扬程

① 在标准试验装置上试验时泵的扬程的计算。前面已介绍过，泵的扬程 H 等于泵的出口总水头 H_2 与入口总水头 H_1 的代数差。具体计算公式为

$$H = H_2 - H_1 \tag{4-4}$$

式中，H 为泵的扬程（又称泵的总扬程或总水头）；H_2 为泵的出口总水头，是测得的表压力水头、测量点相对基准面的垂直高度、视排出管中速度分布似乎是均匀的来计算的速度水头的和，即

$$H_2 = z_2 + \frac{p_2}{\rho g} + \frac{v_2^2}{2g} \tag{4-5}$$

式中，z_2 为泵的出口法兰面至相对基准面的垂直高度；p_2 为泵的出口法兰面处测得的表压力值；v_2 为泵的出口法兰面处的平均流速；ρ 为试验介质的密度；g 为重力加速度。

式(4-5)也可改写成

$$H_2 = z_{2'} + z_{M2'} + \frac{p_{M2'}}{\rho g} + \frac{v_{2'}^2}{2g} \tag{4-6}$$

式中，$z_{2'}$ 为泵的出口侧测压点至相对基准面的垂直高度；$z_{M2'}$ 为出口测量仪表中心至泵的出口侧测压点所在水平面的垂直高度；$p_{M2'}$ 为仪表显示的表压力值；$v_{2'}$ 为泵的出口侧测压点处的管中平均流速（一般情况下 $v_{M2'} = v_{2'}$）；H_1 为泵的入口总水头，是测得的表压力水头、测量点相对基准面的垂直高度、视吸入管中速度分布似乎是均匀的来计算的速度水头的和，即

$$H_1 = z_1 + \frac{p_1}{\rho g} + \frac{v_1^2}{2g} \tag{4-7}$$

式中，z_1 为泵的入口法兰的中心至相对基准面的垂直高度；p_1 为泵的入口法兰的中心测得的表压力值；v_1 为泵的入口法兰的平均流速。

式(4-7)也可改写成

$$H_1 = z_{1'} + z_{M1'} + \frac{p_{M1'}}{\rho g} + \frac{v_{1'}^2}{2g} \tag{4-8}$$

式中，$z_{1'}$ 为泵吸入口侧测压点至相对基准面的垂直高度（卧式泵 $z_{1'} = z_1$）；$z_{M1'}$ 为吸入口侧测量仪表中心至泵吸入口测压点所在水平面的垂直高度（当吸入导压管不充水时，$z_{M1'} = 0$）。

故可将扬程的计算公式(4-4)改写成

$$H = z_2 - z_1 + \frac{p_2 - p_1}{\rho g} + \frac{v_2^2 - v_1^2}{2g} \tag{4-9}$$

或者　　$$H = z_{2'} - z_{1'} + z_{M2'} - z_{M1'} + \frac{p_{M2'} - p_{M1'}}{\rho g} + \frac{v_{2'}^2 - v_{1'}^2}{2g} + H_{j2} + H_{j1} \tag{4-10}$$

扬程（包括各类水头）确定的示意图解如图 4-2 所示。

② 泵入口总水头的修正。在部分流量工况下，预旋会使泵入口总水头的测量产生误差，这些误差可以按如下方法进行检测，并应加以修正。如果泵是从一个具有自由液面的水池中吸水，水池的水位和作用在水面上的压力都是恒定的，那么水池至入口测量截面处的沿程水头损失和局部水头损失在没有预旋的情况下是按流量的二次方规律变化的。入口总水头的值也应遵循同一规律。但在小流量工况下，当预旋的影响导致偏离这一关系曲线时，就需要对测得的入口总水头进行修正。

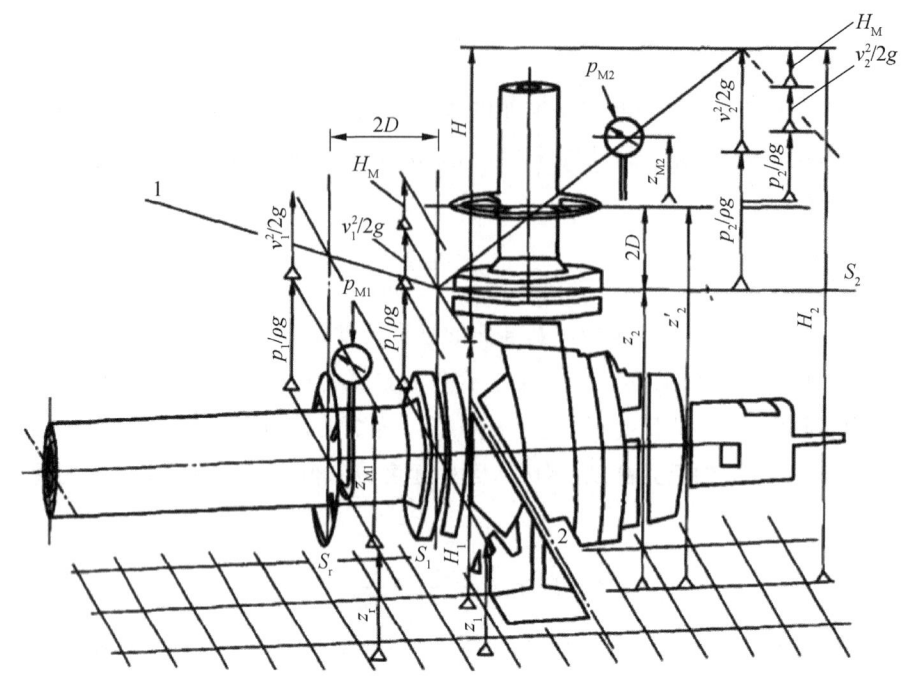

图 4-2 扬程确定的示意图解

具体的修正方法是:绘制入口总水头 H_1 与流量二次方 Q^2 的曲线,如图 4-3 中的粗实线(曲线)所示。当流量等于 0 时,入口测量截面处的速度等于 0,则 $v_1=0$,$\dfrac{v_1^2}{2g}=0$,水池吸入口处至入口测量截面处的沿程水头损失和局部水头损失都等于 0。此时,入口测量截面处测量所得的表压力水头等于入口总水头 H_1,也等于水池水面至入口测量截面中心的垂直距离 z_1(若入口导压管中没有充水的状态)。当入口导压管充水时,z_1' 应等于水池水面至入口测压仪表中心的垂直距离,如图 4-4 所示。将 z_1 值表示在图 4-3 中纵坐标上点 A_1 处。过点 A_1 作 $H_1 - Q^2$ 曲线(有预旋影响的曲线)的切线,如图 4-3 中虚线所示。这条虚线是未受预旋影响的,受影响与未受影响的两线之间的部分就是入口总水头要修正的值 ΔH_1。

③ 入口和出口的摩擦损失 H_{j1} 和 H_{j2}。为了确保入口测量截面处和出口测量截面处的流速均匀,入口测量截面设置在距泵入口法兰上游 $2D$ 处,出口测量截面设置在距泵出口法兰下游 $2D$ 处,所以入口与出口压力测量点通常与入口和出口法兰之间有一段距离。因此,有必要将测量点与泵入口法兰和出口法兰之间摩擦所致的水头损失(H_{j1} 和 H_{j2})加到测得的扬程上。但是仅当 $H_{j1}+H_{j2}\geqslant0.005H$(对 2 级精度试验),$H_{j1}+H_{j2}\geqslant0.002H$(对 1 级精度试验),$H_{j1}+H_{j2}\geqslant0.0015H$(对精密级试验)时才需要进行这一修正。

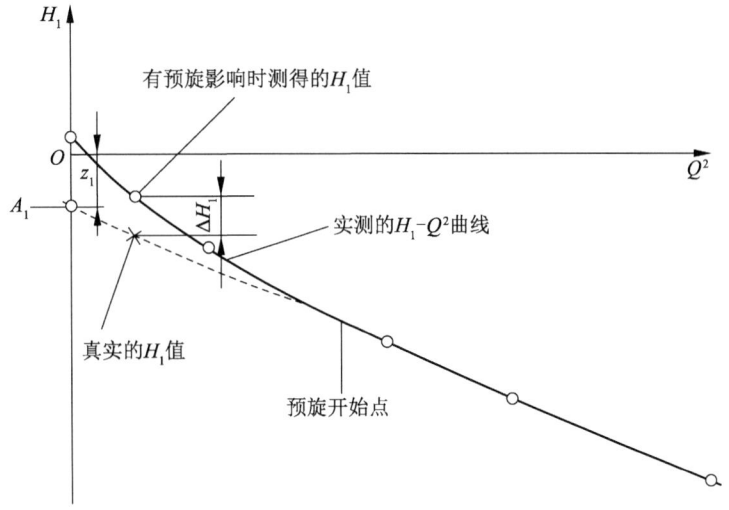

图 4-3 实测入口水头的修正

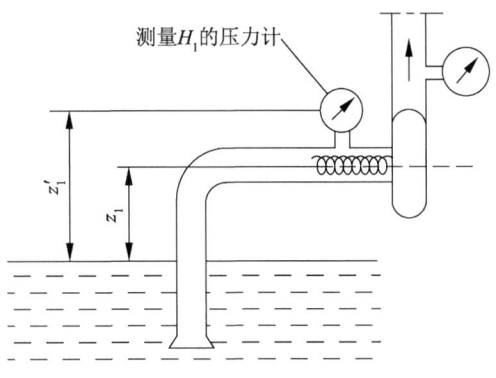

图 4-4 有预旋的装置

如果测量点与法兰之间的管路是具有不变圆形横截面和长度为 l 的无阻碍的管，那么

$$H_j = \lambda \frac{l}{D} \times \frac{v^2}{2g} \tag{4-11}$$

λ 的值可从下式导出：

$$\frac{1}{\sqrt{\lambda}} = -2\lg\left(\frac{2.51}{Re\sqrt{\lambda}} + \frac{K}{3.7D}\right) \tag{4-12}$$

式中，K 为管路当量均匀粗糙度；D 为管路直径；K/D 为相对粗糙度（纯数值）。

计算由摩擦阻力造成的水头损失的式(4-11)和式(4-12)包含一个冗长的计算式，但很多情况下扬程计算的结果都不需要修正，可以利用图 4-5(2 级精度试验场合需要进行损失修正的流速界限指示图)和图 4-6(1 级精度试验场合需要进行损失修正的流速界限指示图)来预先检查这样的修正计算是否有必要。这两个图适用于定常圆截面输送冷水的钢质直管，并且假定入口管路和出口管路相同，以及测量截面分别位于距离泵入口法兰上游和出口法兰下游 $2D$ 处。如果入口管路和出口管路的管径不相同,应取较小的管径做检查。检查时,如果图上指出不需要修正,可不再进行计算;如果图上指出需要修正,可先求出 λ,再计算 H_j 值。

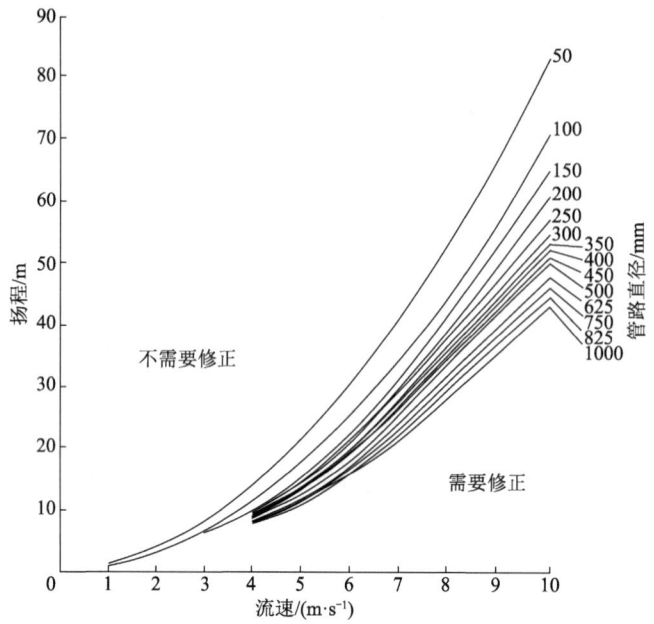

图 4-5 2 级精度试验场合需要进行损失修正的流速界限指示图

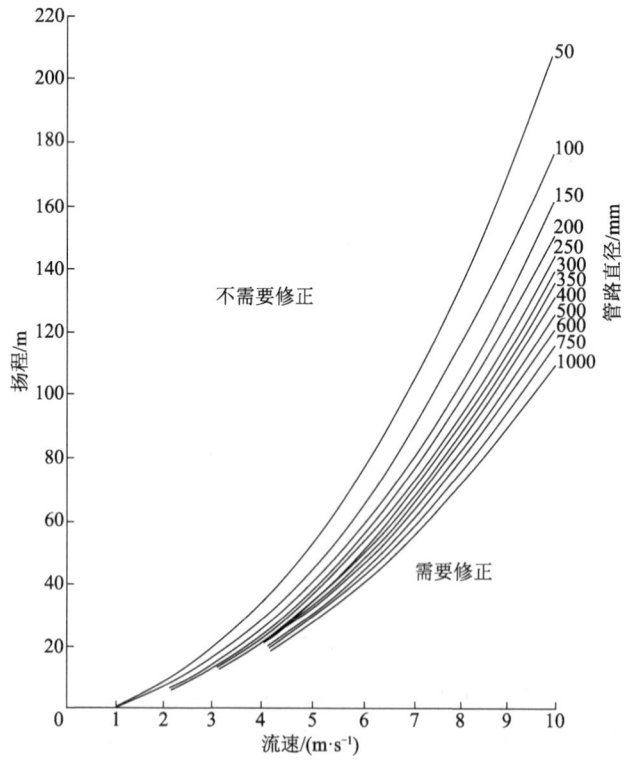

图 4-6 1 级精度试验场合需要进行损失修正的流速界限指示图

④ 带连接管路附件一起试验时泵的扬程的计算。其计算方法基本与在标准试验装置上试验的泵的扬程的计算相同。但在这种情况下,泵的入口测量截面、出口测量截面所在位置与标准试验装置上试验时其入口测量截面、出口测量截面的所在位置有所差别,所以入口总水头测量截面与泵入口法兰之间的摩擦水头损失和可能的局部水头损失之和 H_{j1},以及泵出口法兰与出口总水头测量截面之间的摩擦水头损失和可能的局部水头损失之和 H_{j2},都需要按照前述入口和出口阻力损失修正的规定进行修正。

⑤ 潜没式泵(潜水电泵)和深井泵试验时扬程的计算。这种类型的泵不能在标准试验装置上进行试验,其安装条件的示意图如图 4-7 所示。扬程的计算公式及示意图也在图 4-7 中表示。

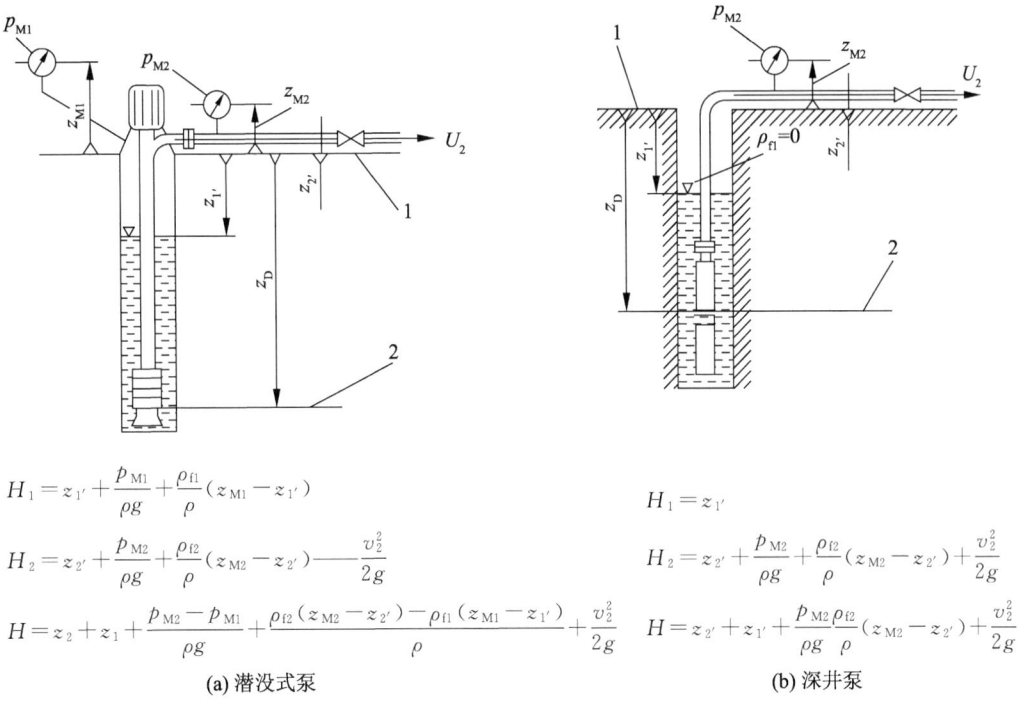

$$H_1 = z_{1'} + \frac{p_{M1}}{\rho g} + \frac{\rho_{f1}}{\rho}(z_{M1} - z_{1'})$$

$$H_2 = z_{2'} + \frac{p_{M2}}{\rho g} + \frac{\rho_{f2}}{\rho}(z_{M2} - z_{2'}) - \frac{v_2^2}{2g}$$

$$H = z_2 + z_1 + \frac{p_{M2} - p_{M1}}{\rho g} + \frac{\rho_{f2}(z_{M2} - z_{2'}) - \rho_{f1}(z_{M1} - z_{1'})}{\rho} + \frac{v_2^2}{2g}$$

(a) 潜没式泵

$$H_1 = z_{1'}$$

$$H_2 = z_{2'} + \frac{p_{M2}}{\rho g} + \frac{\rho_{f2}}{\rho}(z_{M2} - z_{2'}) + \frac{v_2^2}{2g}$$

$$H = z_{2'} + z_{1'} + \frac{p_{M2}}{\rho g}\frac{\rho_{f2}}{\rho}(z_{M2} - z_{2'}) + \frac{v_2^2}{2g}$$

(b) 深井泵

1—基准面;2—NPSH 基准面。

图 4-7 潜没式泵和深井泵的扬程的测量

入口总水头等于抽取液体处的自由表面液位相对基准面的高度加上作用在该表面上的表压力水头。

根据情况,出口总水头可以通过测量排出管中的表压力来确定。如有必要,可按照前述计算摩擦阻力和可能的局部阻力的水头损失的方法,确定测量截面与合同规定的泵界限之间的摩擦水头损失和各种连接管道及附件(吸入过滤网、逆止阀、弯头、变径管、阀门等)引起的局部水头损失。如果还是无法确定,可由供需双方共同商定损失值。

3)转速

转速可直接从测速仪表中读出,一般情况下不必计算。

4）泵输入功率

如果采用转矩转速仪测量功率，可直接从测量仪表中读出泵输入功率，不必计算。如果采用电测功法，可按电测功法、电动机输出功率（等于泵输入功率）的计算方法进行计算。

5）泵输出功率

前面已介绍过，泵是把机械能转换成液体能量，而液体通过泵增加的能量是靠流量和扬程来体现的，故泵输出功率 P_u(kW) 的计算公式为

$$P_u = QH\rho g \times 10^{-3} \tag{4-13}$$

6）泵效率

泵效率是指泵输出功率 P_u 与泵输入功率 P 的比值，即

$$\eta = \frac{P_u}{P} \times 100\% \tag{4-14}$$

（2）测试数据的换算

由于试验用电动机的实测转速 n 与规定转速 n_{sp} 之间存在差异（主要是电网频率和电动机制造厂家不同），因此需要将实测转速 n 下的性能参数（流量 Q、扬程 H、泵输入功率 P）值换算成规定转速 n_{sp} 下的性能参数（流量 Q_T、扬程 H_T、泵输入功率 P_T）值。用前面已介绍过的换算式进行换算。在规定转速变化范围内，效率值 $\eta = \eta_{n_{sp}}$，可以不必换算。

（3）性能曲线的绘制

性能曲线绘制成如图 4-8 所示的形式。横坐标轴表示流量 Q_T(m^3/s 或 m^3/h)；纵坐标轴分别表示扬程 H_T(m)、泵输入功率 P_T(kW) 和泵效率 η(%)。要以换算到规定转速 n_{sp} 下的各性能参数的数据为绘制曲线的依据。一般来说，以最高扬程 H_{max} 值和最大流量 Q_{max} 值在两坐标上长度相等并布满 80%～90% 的坐标面为最合适。绘制时，应将 H-Q、P-Q、η-Q 性能曲线拉开距离，不要重叠在一起。

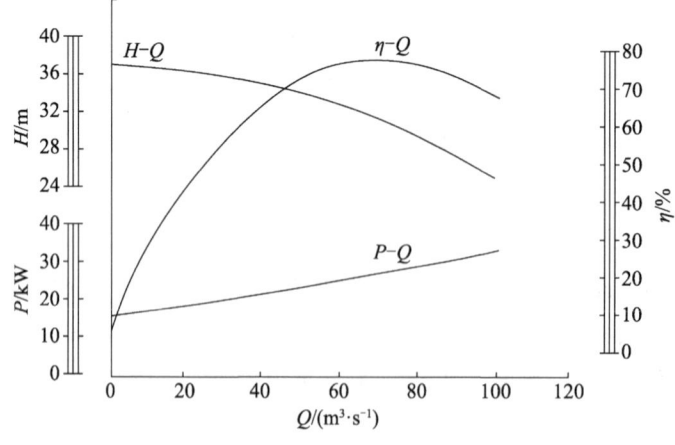

图 4-8　泵性能曲线

（4）试验报告的要求

试验结果经仔细检查之后，应整理成报告，并由试验主管（或试验负责人）单独签字，或由试验主管及供需双方的代表共同签字。合同规定的所有各方均应获得一份报告副本（原本应保存在泵试验室以便待查）。

试验报告应包含下列信息和内容：

① 验收试验的地点和日期。

② 制造厂家名称，泵的型号、出厂编号及制造年份。

③ 叶轮直径、叶片安放角或其他叶轮标志。

④ 保证的特性（即保证点的流量 Q_G、扬程 H_G、泵输入功率 P_G、泵效率 η_G 及必需的汽蚀余量 NPSHR），验收试验时的运转条件（环境条件、大气压力值、试验水温、入口测压截面直径、出口测压截面直径、入口表位差、出口表位差等）。

⑤ 泵的驱动机规格（制造厂家、型号、额定功率、效率、转速、电压、电流等）。

⑥ 有条件时，还应绘制试验装置简图（可预先印好或画好），以及有关试验方法（试验标准代号、名称）和使用的测量仪表设备（包括仪表名称、规格、精度及标定有效期限）的说明。

⑦ 测量读数与性能曲线。

⑧ 试验结果的计算、换算和分析。

⑨ 试验结论，包括试验结果与所保证的量的比较；确定采取与任何已签订的特别协议有关的行动；关于泵是否可以验收及予以验收或拒收的建议（如果保证不是全部都得到满足，那么关于泵的验收与否最终应由买方或用户决定）；因采取与已签订的特别协议有关的行动而做出的陈述。

4.4　汽蚀试验的具体方法

常见的汽蚀试验有前面提到的两类：一是在规定的 NPSHA 下证实泵的性能参数是否满足要求的汽蚀试验；二是确定泵的首级扬程下降3％时的必需汽蚀余量 NPSH3 的汽蚀试验。

4.4.1　在规定的 NPSHA 下证实泵的性能参数是否满足要求的汽蚀试验

规定的 NPSHA 是根据现场的使用条件由客户在供货合同书中提出的。其具体的试验操作方法如下：

① 在试验泵做完性能试验的基础上，将工况点调节到需要做汽蚀试验的工况点。

② 根据试验大纲或试验通知书中提及的 NPSHA 的值，通过汽蚀余量表达式，换算到在当地当时实测大气压力和试验水温及实际所用试验装置的状况下，能满足 NPSHA 值的该泵的入口测量截面处的表压力值 p_1。

③ 在需要做汽蚀试验工况点的流量保持不变的前提下，改变泵入口测量截面处的表

压力值为能满足 NPSHA 值的表压力值 p_1。开式试验台可采用改变吸入管路系统阻力的方法,即调节吸入侧阀门开度的方法和降低水池水位的方法,来达到改变泵入口测量截面处的表压力值 p_1 的目的;闭式试验台一般采用改变吸入罐(汽蚀罐)中水面上压力值的方法(即抽真空法),来达到改变泵入口测量截面处的表压力值 p_1 的目的。

④ 待运转稳定一段时间(一般为 1 min 左右),出口管路系统需放气的部位放气后,一一记录各性能参数值。

⑤ 将上述各性能参数值按有关计算公式和换算公式进行计算和换算,然后写出汽蚀试验报告。

4.4.2 确定 NPSH3 的汽蚀试验

在所谓的汽蚀试验中,一般情况下是确定该泵的首级扬程下降 3% 时必需汽蚀余量 NPSH3 的值。常用的方法有:在开式试验台上,采用改变吸入管路系统阻力的方法,即调节吸入侧阀门开度的方法和降低水池水位的方法;在闭式试验台上,采用改变吸入罐(汽蚀罐)中水面上压力值的方法,即抽真空法。

在开式试验台上,具体的操作方法如下:

① 在试验泵做完性能试验的基础上,首先确定试验泵需做汽蚀试验的工况点。

② 事先应根据估计的汽蚀余量 NPSH3 的大小,对吸入表压力值 p_1 的改变幅值进行分挡。刚开始的几个工况点,调节幅值可大一些,越接近 NPSH3,调节幅值要越小。

③ 将运转工况点调节到做汽蚀试验所需的工况点(一般情况下,如果需要做汽蚀试验的工况点有 3 个或 3 个以上,应从最小流量点开始依序进行)。

④ 为了确保吸入侧真空导压管内不进水,应将靠近吸入侧测压孔处的导压管夹住(或用密封性好的截止阀关死),然后将真空计与大气相通,几秒钟后再关上,最后打开夹住的导压管,并对整个试验系统进行数次放气。观察性能参数显示值是否稳定,并与做性能试验时测得的相应数据进行比较,看是否超出重复性的允差范围。若超出,则应再次放气,检查原因,待排除故障后,再次调节。

⑤上述操作一切正常后,先记录起始点的有关性能参数值,即流量 Q_0、转速 n_0、吸入口测量截面处的表压力 p_{10} 和首级出口测量截面处的表压力 p_{20}(注脚上加上"0"表示起始值),以及当时的大气压力 p_b 和试验水温 t。

⑥ 独立改变吸入侧节流阀门,保持流量不变,调节 NPSH、扬程、出口节流(调节)阀。

⑦ 在调节吸入侧节流阀门时,要均匀、平稳、缓慢地进行。必要时,需调一下停一会,还需对出口管路系统中应放气的部位进行放气。待需测量的数据稳定后,检查流量 Q 相对于起始的流量 Q_0 是否有变化。若流量 Q 有变动(一般情况下应该是 $Q < Q_0$),应及时调节出口调节阀门,将流量值调到 $Q = Q_0$,再对出口管路系统放气,待运转 0.5~1.0 min 显示数据稳定后,方可读数。若数值尚在改变中,例如吐出压力 p_2 在缓慢回升,则应耐心等待,直到稳定,不可操之过急。在调节吸入节流阀门的整个过程中,还有一点必须引起

特别注意:吸入节流阀门调节时应一直往关闭的方向调,直至该试验工况点的汽蚀试验做完,决不允许出现拉锯式的调节现象(即调过头了,再调回来)。若出现拉锯式调节现象,则表示此次试验无效,必须重新把吸入节流阀门全部打开,对整个试验系统放气数次,运转若干分钟后再重新开始调节吸入节流阀门,重新进行该工况点的汽蚀试验,并按预先 p_1 值的改变幅值分挡进行调节。

⑧ 每调节一次吸入节流阀门,待测量数据稳定后,就记录下吸入口表压力 p_1 和吐出口表压力 p_2,以及流量 Q 和转速 n。一直调节到出口表压力 p_2 下降得非常多,并且数据出现大幅度波动,扬程值也明显下降。试验结束前,再测量一次水温。

⑨ 根据上述各测试点记录下来的数据,按汽蚀余量表达式和扬程计算公式,分别计算出对应的汽蚀余量 NPSH 和泵扬程 H,即

$$NPSH = z_1 + \frac{p_1}{\rho g} + \frac{v_1^2}{2g} + \frac{p_b}{\rho g} - \frac{p_v}{\rho g}$$

$$H = (z_2 - z_1) + \frac{p_2 - p_1}{\rho g} + \frac{v_2^2 - v_1^2}{2g}$$

⑩ 汽蚀余量 NPSH3 的判别。根据试验标准规定,若该试验工况点流量保持不变,首级叶轮的扬程下降值 $\Delta H = H_0 - H' \geqslant 3\% H_0$ 时,相应的汽蚀余量 NPSH 即为该工况点的 NPSH3 值。一般情况下,NPSH 值用作图法求得,如图 4-9 所示。即以扬程 H 为纵坐标,以汽蚀余量 NPSH 为横坐标,并将 H_0 和 $H' = H_0 - \Delta H = (100 - 3)\% H_0$ 的值画在坐标图中,然后将该工况点下通过上述计算得到的一组组汽蚀余量 NPSH 和扬程 H 所代表的一个个测试点标示在坐标图中,再将这些点连成光滑曲线,该曲线与 H' 直线的交点为 A,从点 A 作横坐标的垂直线交于点 B,点 B 所表示的汽蚀余量 NPSH 即为该工况点的 NPSH3 值。

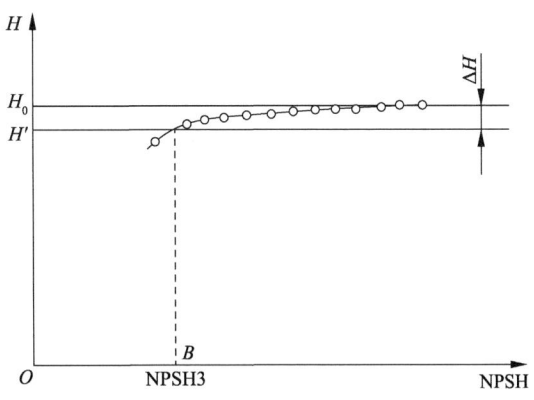

图 4-9　NPSH3 判别曲线

⑪ NPSH3 的换算。通过 NPSH3 判别曲线得到的 NPSH3 值是实测转速 n 下的值,按标准规定,应换算成规定转速 n_{sp} 下的 $(NPSH3)_T$ 的值。换算按下式进行:

$$(NPSH3)_T = (NPSH3) \times \left(\frac{n_{sp}}{n}\right)^x$$

式中，x 为指数值，一般情况下为 $1.3\sim2.0$，推荐取 $x=2.0$。

⑫ 绘制 NPSHR－Q 曲线。按上述程序，经测试、计算、判别、换算等步骤，重复其他需做汽蚀试验的工况点，得到一组 Q_i、$(NPSHR)_i$ 的数值。然后以汽蚀余量 $(NPSHR)_T$ 为纵坐标，以流量 Q_T 为横坐标，将上述各组 $(NPSHR)_i$ 和 Q_T 值的对应点标示到 NPSHR－Q 的坐标图中，并将各点连成光滑曲线，就得到该泵的汽蚀余量曲线（或称 NPSHR－Q 曲线），如图 4-10 所示。

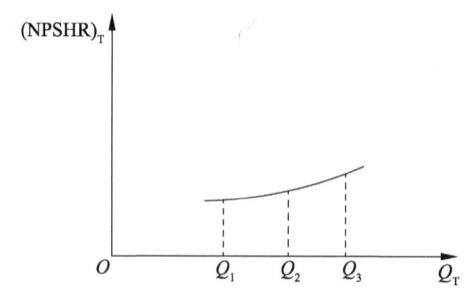

图 4-10 $(NPSHR)_T$－Q 曲线

至于开式试验台中降低水池水面的方法与改变吸入管路阻力的方法，只是改变吸入口测量截面处表压力加值的方法不同。前面说的是改变吸入管路的阻力，这里是降低水池水面，其他步骤与方法、计算、换算、公式等完全一致。

闭式试验台抽真空方法也一样，只是改变吸入口测量截面处表压力 p_1 的方法是抽真空的方法，其余都一样。这里要特别注意对试验回路中水温的测量。

4.5 试验的常见故障及故障分析

4.5.1 性能试验常见故障及故障分析

以离心泵的性能试验为代表进行解剖分析。

1. 开车以后不出水

开车以后不出水是一种常见故障，其主要原因有以下几点。

① 引水不足。因为离心泵是不能自行抽气的，引水时必须使叶轮一半以上有水（卧式结构），也就是说水没过叶轮中心线以上方可开车。对于立式结构的泵，首级叶轮应全部浸没在水中，否则泵不能正常出水。

② 根本引不上水。由于引水方式不对（即引水的部位不对，双吸中开泵应在泵盖上顶引水，多级泵和油泵最好在出口某处引水），或者是管道漏气所致，需重新考虑引水方式或重新安装管道（特别是吸入侧管路系统），解决密封性的问题。

③ 虽然能引上水，但是不能正常工作。应检查试验泵的安装高度是否符合该泵汽蚀余量的要求，因为当泵的运行处于严重汽蚀状态时，也是不能正常工作的；或者泵和吐出管路中存气严重，没有把存气充分排尽。

④ 吸入侧阀门没有启开（即失灵），或者吸入管路有堵塞，这些问题也会导致引不上

水而影响正常工作。

⑤ 泵本身装配质量不足。例如,没有拧紧螺栓而造成漏气,密封圈、密封垫损坏或根本没有安装,有时甚至没有安装叶轮等。

2. 开车以后水量不足

开车以后水量不足的原因有以下几点。

① 驱动电动机的转向与泵的转向不符(即泵反转)。

② 吸入管道系统包括管道、接头、阀门密封填料、吸入导压管、负压(真空)仪表等存在微量漏气,使流量和扬程减小。

③ 吸入管道有一定程度的堵塞,导致流量和扬程减小。

④ 有较严重的汽蚀现象发生(即泵的几何安装高度过高,或吸入管路中的阻力损失过大),使流量和扬程不够。

⑤ 泵本身存在问题,即叶轮装反或叶轮流道严重堵塞,密封圈或密封垫微量漏气等。

3. 试验结果性能偏小

试验结果性能偏小的原因有以下几点。

① 吸入管路系统或泵本身的吸入侧存在极微量的漏气现象。

② 测量误差超标,如试验方法不合理,测量仪表选用不合理,或数据显示有误,试验人员没有按有关操作规程操作。

③ 泵本身存在问题,如叶轮的过流面积过小;叶轮外径不够;叶轮的进出口叶片宽度、安放角、叶轮叶片的形状和扭曲情况、叶片包角等不完全符合设计图样的要求;各过流部件表面的余砂未除干净,表面粗糙度不符合图样要求;装配时叶轮出口中心与螺壳或导叶进口中心不对中。

④ 泵内部泄漏严重,容积损失大大增加。

4. 试验结果性能偏大

试验结果性能偏大的原因有以下几点。

1) 测量误差过大(即流量或测压仪表测量误差超标)

① 流量或压力测量方法有问题,应该用其他方法或其他仪表重新测量。

② 测量仪表选择不合理,或测量仪表的精度已超差。

③ 测量环境不符合测试要求,如振动、强电磁场干扰,仪表没有接地等。

④ 试验人员没有按有关程序操作。

2) 泵本身的问题

泵的叶轮外径过大,流道过宽(叶轮的叶片进出口宽度过宽)。

5. 试验时大流量开不上去

试验时大流量开不上去的原因有以下几点。

1) 大流量开不上去,但扬程也没有降下来

说明性能试验只做了一半或多点。这主要是吐出管路系统(特别是流量测量段)阻力

过大,泵自身扬程已克服不了这些阻力,需要更换阻力损失较小的流量计,或在流量计前面(上游)串联一台流量等于或稍大于试验泵的辅助泵。

2)大流量开不上去,同时扬程值也明显下降

其主要原因有以下几点。

① 吸入管路局部通流面积太小,或泵本身的过流能力太小,如 D_1、b_1、ρ 过小,排挤现象显著。

② 大流量已发生汽蚀。

③ 泵设计时所选的水力模型本身水力性能不佳。

6. 泵效率偏低

泵效率偏低的原因有以下几点。

① 安装时,泵、转矩转速传感器、驱动电动机三轴不同心。

② 测功仪的调零有偏差,或转向不一致。

③ 转矩转速传感器或扭矩显示仪有故障。

④ 填料太紧或机械密封预紧力过大。

⑤ 平衡机构没有发挥作用,使轴向力增大。

⑥ 轴承损坏。

⑦ 叶轮及其他过流部件质量低劣等。

4.5.2 汽蚀试验常见故障及故障分析

汽蚀试验中常见的故障及其原因有以下几点。

① 调不到预定需做汽蚀试验的工况点,其原因是吸入管路系统中有漏气的地方。

② 调几点入口表压力值后,扬程值明显下降,其主要原因有:

a. 存在喘气现象,这时需要放慢调节速度,即当调节入口表压力 p_1 值时,发现出口表压力 p_2 值下降明显,但之后尚在缓慢回升中,就需要耐心等待,直至完全恢复。

b. 泵过流面积过大,使容腔内存气严重,一时无法将气带出去。

c. 吸入管路系统有漏气的地方。

d. 泵本身的汽蚀性能差。

③ 试验结果汽蚀余量达不到要求,原因包括:

a. 吸入管路系统或泵本身(靠近吸入侧)有漏气的地方。

b. 测量仪表误差过大或失灵。

c. p_1 值的调节速度过快,或 p_2 值的改变幅度过大。

d. 泵本身的汽蚀性能不好,可检查 D_1 和 D_0 是否符合图样(入口过流面积)的要求;叶片进口安放角是否符合图样要求;叶片进口边的厚度是否符合图示要求;叶轮叶片进口边是否齐口,轮廓处是否有凹凸不平的地方。

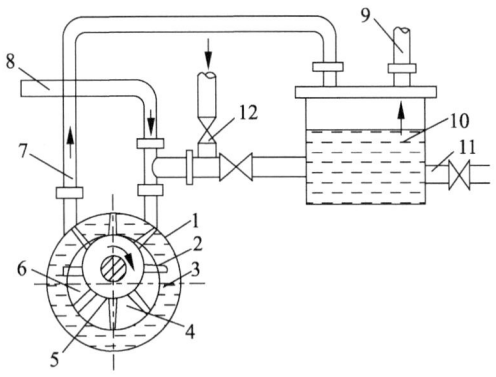

第5章

特殊泵的试验

5.1 水环真空泵的试验

水环真空泵是变容真空泵的一种,由泵壳和星形叶轮等部件组成,星形叶轮偏心地置于壳体中,如图 5-1 所示。水环真空泵主要依靠在泵腔内构成的水环而工作。泵运转时水随着叶轮旋转,在离心力的作用下紧靠泵壳形成水环。同时,由于星形叶轮的偏置,在泵壳内形成左右两个月牙形工作腔。星形叶轮旋转一周完成吸气、压缩、排气的工作循环,其中水环为传递能量的媒介。该类泵主要用于获得低真空,如化工行业的脱酸、脱气。水环真空泵起动快,在恒温条件下工作,且能吸排气体和液体的混合介质,也广泛用作叶片泵、往复泵起动前的引水设备。

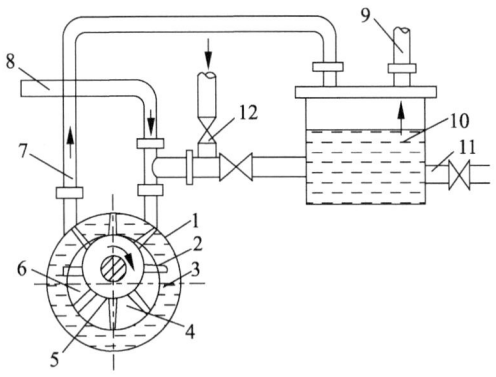

1—泵壳;2—星形叶轮;3—水环;4—进气口;5—工作腔;6—排气口;7—排气管;
8—进气管;9—通大气管道;10—水箱;11—排水管;12—阀门。

图 5-1 水环真空泵的工作原理示意图

试验依据的标准主要有《水环真空泵和水环压缩机 试验方法》(GB/T 13929—2010)《水环真空泵和水环压缩机 气量测定方法》(GB/T 13930—2010)等,型式试验项目主要有运转试验、性能试验、振动与噪声的测定等。

水环真空泵的试验的测量参数、试验装置、测试仪器及试验过程与其他泵的类似,但因为试验过程中泵抽吸的是可压缩的气体,所以试验管道中的气量将随测点处的温度和压力的变化而变化,这是与抽送液体的泵在试验角度方面的不同之处,由此也带来其在试验方面的特点。本节着重介绍水环真空泵的试验特点。

5.1.1 试验条件与试验装置

1. 试验条件

试验以 0～35 ℃ 环境下的空气(压力、温度、湿度等不经人为控制的自然环境)为试验介质。试验时的工作水应为清洁冷水,进水温度应在 35 ℃ 以下,以 15 ℃ 左右为最适宜,供水量和压力应符合试验泵的相关技术文件的规定。

水环真空泵的试验应在规定转速或与规定转速的偏差为 ±5% 的转速下进行。当实测转速与规定转速不同时,需要将实测转速下的泵性能换算为规定转速下的泵性能。

其他试验条件(如试验电源等方面的要求)与其他泵相同,运转稳定性可参考《回转动力泵 水利性能验收试验 1 级、2 级和 3 级》(GB/T 3216—2016)中的 2 级规定执行。

2. 试验装置与设备

水环真空泵的试验装置由进气侧的测流管路、测压管路、气量调节阀,排气侧的气水分离器,以及工作水的供水管路等构成,如图 5-2 所示。

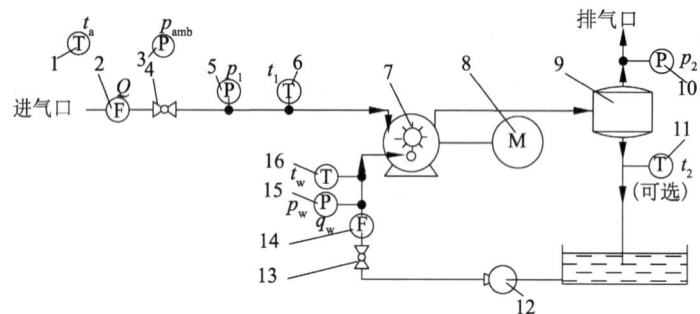

1—环境温度;2—节流装置;3—环境气压;4—气量调节阀;5—吸入压力表;6—入口温度表;

7—水环真空泵;8—电动机;9—气水分离器;10—排出压力表;11—温度计;

12—供水泵(或水箱);13—供水量调节阀;14—流量计;15—压力计;16—温度计。

图 5-2 水环真空泵的试验装置示意图(一)

对试验管路、测流部件、测压部件等进行设计时可参照 GB/T 3216—2016 的规定。试验装置应注意以下几点:

① 气量调节阀应采用密封良好的真空闸阀或其他带有水封的阀门,并应装在水环真空泵的进气侧。

② 气量的测量采用孔板(或喷嘴)节流装置,并且应水平安装在进气侧。孔板上、下游稳流直管段的长度(L_1、L_2)应符合 GB/T 13930—2010 的规定(表 5-1)。孔板节流装置的上游不能有其他的节流设备,气量调节阀应安装在孔板的下游侧。

表 5-1　孔板节流装置系列

孔板节流装置代号	孔板型式	流量测定范围/(m³·h⁻¹)	管路内径/mm	截面比	孔板开口直径/mm	直管段长度/mm 孔板前 L_1	孔板前 L_2	节流装置总长度/mm	水柱压差计压差测量范围/mmH₂O	测定条件下的流量 Q/(m³·h⁻¹)	规定进气条件下的流量 Q_{20}/(m³·h⁻¹)
LK-50	双重孔板	20~100	50	$\beta^2=0.2013$ $\beta'^2=0.5325$	$d=22.4$ $d'=36.5$	400	250	730	25~630	$4.36\sqrt{h/\rho}$	$3.64\sqrt{h\rho}$
LK-100	双重孔板	92~460	100	$\beta^2=0.1815$ $\beta'^2=0.4995$	$d=43$ $d'=70.7$	750	500	1360	40~1000	$15.92\sqrt{h/\rho}$	$13.29\sqrt{h\rho}$
LK-150	标准孔板	300~800	147	$\beta^2=0.1546$	$d=57.8$	960	740	1760	75~1200	$25.27\sqrt{h/\rho}$	$21.1\sqrt{h\rho}$
LK-200	标准孔板	450~1800	205	$\beta^2=0.1786$	$d=86.6$	1600	1025	2680	40~1000	$56.82\sqrt{h/\rho}$	$47.43\sqrt{h\rho}$
LK-250	标准孔板	700~2800	257	$\beta^2=0.1932$	$d=112.9$	2200	1285	3540	75~1200	$96.94\sqrt{h/\rho}$	$80.93\sqrt{h\rho}$
LK-300	标准孔板	1300~5200	300	$\beta^2=0.2387$	$d=146.6$	600+收缩管长度450	1500	2610	75~1200	$164.3\sqrt{h/\rho}$	$137.2\sqrt{h\rho}$
LK-400	标准孔板	2750~11000	400	$\beta^2=0.2804$	$d=211.8$	800+收缩管长度600	2000	3460		$347.4\sqrt{h/\rho}$	$290\sqrt{h\rho}$
LK-500	标准孔板	4500~18000	500	$\beta^2=0.2924$	$d=270.5$	1000+收缩管长度750	2500	4260	75~1200	$568.7\sqrt{h/\rho}$	$474.7\sqrt{h\rho}$
LK-600	标准孔板	6700~26000	600	$\beta^2=0.3025$	$d=330$	1200+收缩管长度900	3000	5060		$849.8\sqrt{h/\rho}$	$709.64\sqrt{h\rho}$
LK-700	标准孔板	9400~37000	700	$\beta^2=0.3136$	$d=392$	1400+收缩管长度1050	3500	5860		$1192.8\sqrt{h/\rho}$	$996\sqrt{h\rho}$

注：1. 主孔板开口直径为 d，截面比 $\beta^2=d^2/D^2$。
　　2. 辅孔板开口直径为 d'，截面比 $\beta'^2=d'^2/D^2$。
　　3. $Q=0.0125Ced^2\sqrt{h/\rho}$，$Q_{20}=0.01252Ced^2\sqrt{h\rho}/P_{20}$。

③ 进气管路端部之前,在沿管路轴线方向 5 倍管径、径向方向 4 倍管径的区域内,不得有影响气流的障碍物,如图 5-3 所示。

④ 因受孔板测流范围限制,试验时根据泵的气量可从大到小依次更换一个或多个不同规格的孔板进行测量。

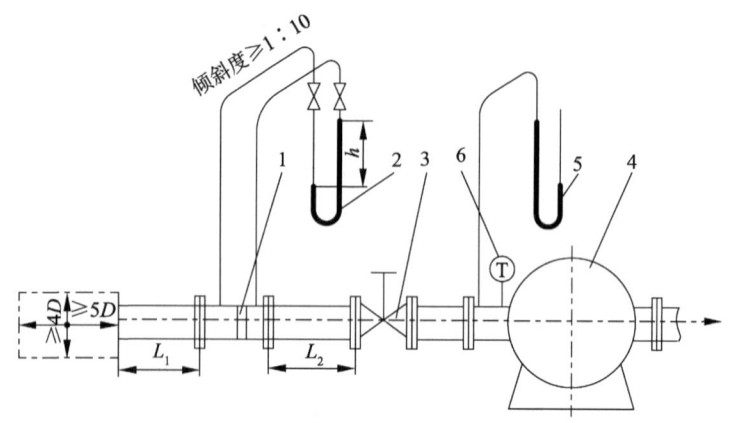

1—孔板节流装置;2—U 形管差压计;3—气量调节阀;4—试验泵;5—真空计;6—温度计。

图 5-3　水环真空泵的试验装置示意图(二)

5.1.2　测试系统

测试系统的基本构成与一般泵的测试系统大致相同(参见本书相关章节),但由于水环真空泵抽送的是可压缩的气体,气量将随测点处的温度和压力的变化而变化,因而压力和温度对真空泵来说很重要,会直接影响气量的测量结果。

1. 关于气量和压力测量的几个重要的概念与关系

水环真空泵的压力以绝对压力表示,泵进口压力 p_1、出口压力 p_2、实测大气压 p_{amb} 与测量仪表的读值(表压)p_e 之间有如下关系:$p_1(p_2) = p_{amb} + p_e$。泵入口侧真空表的表压表示测点处的压力低于大气压的值,以负值代入。

气量测定条件(实测条件)是指试验时实测的环境条件,包括测点处的大气压、温度、湿度。在实测条件下有两个气量,即通过孔板节流装置的气量 Q 和泵入口压力测点处的气量 Q_{st}。Q 是孔板实测值,Q_{st} 可根据 Q 和泵入口压力计算得到。

规定进气条件是指大气压为标准大气压(即 1013.25 hPa)、气体温度为 20 ℃、气体相对湿度为 70%。在规定进气条件下也有两个气量,即通过孔板节流装置处的气量 Q_{20} 和泵吸入压力测点处的气量 Q_{s20}。Q_{20} 可根据 Q 计算得到,Q_{s20} 可根据 Q_{20} 计算得到。

规定条件是指水环真空泵的技术标准所规定的工作条件。评价泵的性能是否合格也是指泵在规定条件下的性能指标是否达到要求。规定条件包括规定进气条件(即大气压为 1013.25 hPa、气体温度为 20 ℃、气体相对湿度为 70%)、泵的转速为规定转速、工作水温度为 15 ℃ 三个条件。

如果泵试验时的实测条件不符合规定条件的要求,就必须将实测结果换算成规定条件下的结果。该条件下的气量为 Q，也是气量测量的最终结果。气量换算的基本步骤是：① 将实测条件下孔板测得的气量 Q 换算成规定进气条件下的气量 Q_{20}；② 由实测条件下孔板测得的气量 Q 计算得到泵入口实测压力、温度条件下的气量 Q_{st}（用于计算等温压缩功率 P_{is}）；③ 由规定进气条件下孔板处的气量 Q_{20} 计算得到规定进气条件下泵入口处（吸入压力测点处）的气量 Q_{s20}；④ 由泵入口处规定进气条件下的气量 Q_{s20} 换算成规定条件下的气量 Q_s，得到泵入口处的气量最终测量结果。图 5-4 表明了水环真空泵试验中上述条件及所对应的气量。

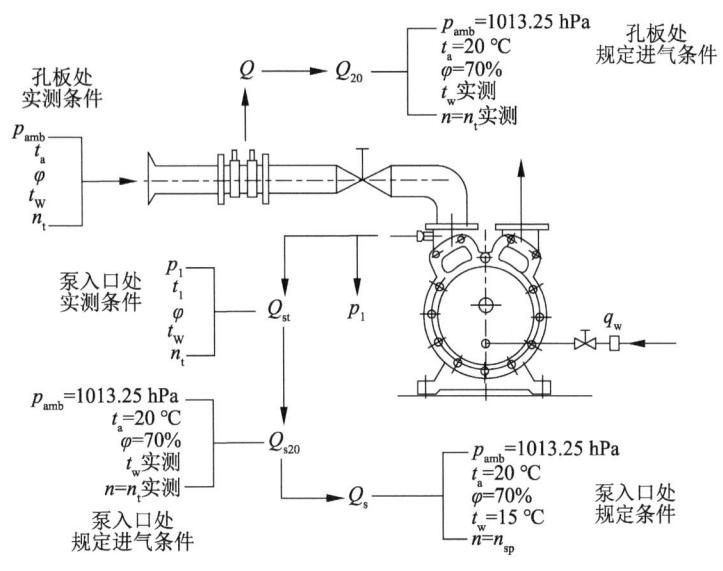

p_{amb}—大气压；t_a—环境空气温度；φ—环境空气湿度；t_w—工作水温度；n_t—实测转速，r/min；

n_{sp}—规定转速，r/min；p_1—入口压力；Q—气量；q_w—工作水流量；t_1—入口温度。

图 5-4 水环真空泵试验的几种测量条件与气量

2. 气量测量

气量测量采用孔板或喷嘴节流装置。孔板可以使用标准孔板或双重孔板（图 5-5），标准孔板可以采取尺寸检查或实流校验方法进行标定，双重孔板则必须用实流校验方法标定后方可使用。节流装置的制造、安装和使用应严格遵守 GB/T 2624.1—2006《用安装在圆形截面管道中的差压装置测量满管流体流量 第 1 部分：一般原理和要求》的规定。当被测气体符合表 5-1 规定的测量范围时，对流量系数 C 和空气膨胀系数 ε 可视为常量，不必修正。但对一些特殊要求认为对空气膨胀系数 ε 必须进行修正的，可以按《用安装在圆形截面管道中的差压装置测量满管流体流量 第 2 部分：孔板》（GB/T 2624.2—2006）中的 5.3.2.2 条计算 ε 值。节流装置可按表 5-1 和表 5-2 规定的参数进行设计和选用，也可按 GB/T 2624.1—2006 的规定另行设计和制造。

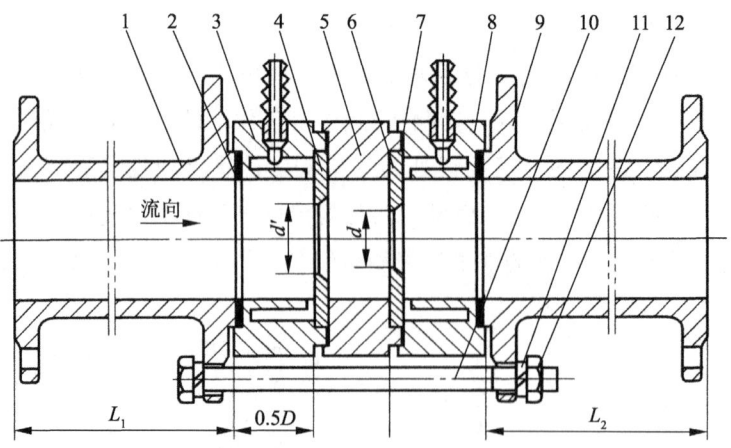

1—前直管;2—垫片;3—前环室;4—辅孔板;5—中间隔环;6—主孔板;

7—垫片;8—后环室;9—后直管;10—螺栓;11—垫圈;12—螺母。

图 5-5 双重孔板节流装置

表 5-2 推荐选用的孔板节流装置

水环泵最大气量		可供选用的孔板节流装置规格
m^3/min	m^3/h	
1.5	90	LK－50
3	180	LK－100、LK－50
6	360	
12	720	LK－150、LK－100、LK－50
20	1200	LK－200、LK－100、LK－50
30	1800	
42	2520	LK－250、LK－150、LK－100、LK－50
60	3600	LK－300、LK－200、LK－100、LK－50
85	5100	
120	7200	LK－400、LK－250、LK－150、LK－100、LK－50
180	10800	
250	15000	LK－500、LK－300、LK－150、LK－100、LK－50
440	26400	LK－600、LK－300、LK－150、LK－100、LK－50
600	36000	LK－700、LK－400、LK－200、LK－150、LK－100、LK－50

随着我国计算机及传感器技术的不断发展,真空泵的自动测试系统中经常采用孔板节流装置配用差压变送器或流量变送器工作,孔板前、后的压差信号直接输给变送器转换成 1~5 V(或 4~20 mA)的直流信号后再送入二次仪表或 A/D 数据采集卡。在这种工作方式下,表 5-1 中给出的流量计算公式就不能直接使用了。表 5-3 简要介绍了孔板与差压变送器或流量变送器配用时,水环真空泵实测气量 Q 的计算方法。

表 5-3 与差压变送器配用时孔板实测气量的计算方法

参数	计算公式	单位	备注
孔板的流量测量 Q_v(GB/T 2624.14—2006 中的基本计算公式)	$Q_v = \dfrac{C}{\sqrt{1-\beta^4}} \varepsilon \dfrac{\pi}{4} d^2 \sqrt{\dfrac{2\Delta p}{\rho}}$	m^3/s	d—孔板孔径,m;Δp—孔板差压,Pa;ρ—试验时孔板上游的空气密度,kg/m^3
孔板系数 C_1	$C_1 = \dfrac{C}{\sqrt{1-\beta^4}} \varepsilon \dfrac{\pi}{4} d^2 \sqrt{\dfrac{2}{\rho_c}}$		ρ_c—厂家计算书使用的空气密度,kg/m^3;C—计算书给出的流出系数;β—计算书给出的孔板直径比;ε—计算书给出的膨胀系数
孔板流量测量值 Q_v	$Q_v = C_1 \sqrt{\Delta p}$	m^3/s	在计算书使用的空气密度条件下测量
测量值	普通差压变送器:$\Delta p = B(V_x - V_0)$ 流量变送器:$\sqrt{\Delta p} = (V_x - V_0)$		V_x—变送器输出信号,V;V_f—变送器满量程时的输出信号,V($V_f = 5$);V_0—变送器零点输出信号,V($V_0 = 1$)
变送器系数 B	普通差压变送器:$B = \dfrac{R}{(V_f - V_0)}$ 流量变送器:$B = \dfrac{\sqrt{R}}{(V_f - V_0)}$		
变送器量程 R		Pa	设定值
孔板实测气量值 Q	普通差压变送器:$Q = 3600 C_1 \sqrt{B(V_x - V_0)} \sqrt{\dfrac{\rho_c}{\rho}}$ 流量变送器:$Q = 3600 C_1 B(V_x - V_0)\sqrt{\dfrac{\rho_c}{\rho}}$	m^3/h	在实测空气密度条件下测量

当缺少孔板的计算书时,对标准孔板配用差压(或流量)变送器也可以将表 5-1 中所提供的计算公式进行适当的变换后使用,如下式:

$$Q = 0.01251 C \varepsilon d^2 \frac{1}{\sqrt{g}} \sqrt{\frac{\Delta p}{\rho}} \tag{5-1}$$

式中,Δp 为实测孔板的压差(可根据表 5-3 中提供的公式计算),Pa;g 为重力加速度,m/s^2;

ρ 为实测空气密度,kg/m^3。

3. 工作水供水系统的测量

供水量 q_w(L/min 或 m^3/h)可用涡轮流量或玻璃转子流量计等测量,流量计的精度等级应不低于 2.5 级。供水压力可用精度等级不低于 2.5 级的弹簧压力计测量。

4. 压力测量

泵的吸入压力在靠近真空泵的进气法兰处测量,当需要测量泵的排出压力时,可在真空泵的排气法兰或气水分离器的排气口法兰附近测量。泵的吸入和排出压力的测点位置和测量方法无特殊要求,可按照《水环真空泵和水环压缩机 试验方法》(GB/T 13929—2010)执行。

5. 温度测量

用精度不低于±0.5 ℃的温度计测量环境空气温度及进气温度、排气温度和工作水进水温度。泵的进气温度应在靠近真空泵的进气法兰处测量。

6. 大气压力及空气湿度测量

大气压力用大气压力计测量,其最大允许误差为±1 hPa,环境空气的相对湿度用干湿球湿度计测量,其精度应不低于 2.5 级。

7. 功率与转速测量

功率与转速测量无特殊要求,可按照 GB/T 13929—2010 或 GB/T 3216—2016 执行。

另外,GB/T 13929—2010 中规定的各测量参数波动的允许范围、变化的允许范围、系统不确定度的允许值及各参数总的测量不确定度的允许值与《潜水电泵 试验方法》(GB/T 12785—2014)中的 3 级相同。

5.1.3 试验方法及特点

水环真空泵振动和噪声测定的方法、过程与其他泵相类似,这里仅介绍性能试验的特点。

性能试验的目的是测量在规定转速下的气量、轴功率、效率等参数随吸入压力(真空度)变化的特性,同时测定泵的极限吸入压力(极限真空度)。极限吸入压力是指真空泵气量为零时的吸入压力。

性能试验应该从吸入侧气量调节阀全开开始(真空度最低),逐渐关小阀门至完全关闭(气量为零),其间测点的数目不少于 12 个,其中应包括环境空气压力点、规定吸入压力点(单级为 400 hPa、两级为 80 hPa)、极限真空度点。在气量曲线发生显著变化的区域,测点可以适当选择得密一些。每个测点应同时测量轴承的温度、环境空气的相对湿度、大气压力、环境空气的温度、泵入口温度与压力、泵出口温度与压力,以及工作水的温度、压力和供水量(图 5-2)。

配有大气喷射器的水环真空泵进行型式试验时,其测点数目可适当增多,除了测量水环真空泵单独工作时的性能外,还需要测量配有大气喷射器时的气量、轴功率和极限真空度。

5.1.4 试验结果的计算与分析

1. 泵性能的计算

（1）泵入口绝对压力 p_1

泵入口绝对压力 p_1 的计算公式为

$$p_1 = p_{amb} + p_e \tag{5-2}$$

式中，p_{amb} 为孔板上游环境大气压力实测值，hPa；p_e 为泵入口压力表实测表压值（为负值），hPa。

（2）实测条件下泵的气量

1）通过孔板的气量

按表 5-1 或表 5-3 及式（5-1）中给出的实测气量 Q 的计算公式计算。公式中的湿空气密度 ρ 为

$$\rho = 0.3484 \times \frac{p_{amb} - 0.378\varphi p_v}{T} \tag{5-3}$$

式中，p_{amb} 为孔板上游环境大气压力实测值，hPa；T 为实测条件下的环境空气绝对温度，K；φ 为实测条件下的空气相对湿度；p_v 为对应温度 T 时水的饱和蒸气压，hPa，可根据实测温度（℃）查表得到。

2）泵入口处的气量 Q_{st}

泵入口处的气量 Q_{st} 的计算公式为

$$Q_{st} = \frac{Q}{60} \frac{p_{amb}}{p_1} \tag{5-4}$$

式中，Q_{st} 为实测条件下真空泵入口压力为 p_1 时泵吸入的气量，m^3/min。

（3）规定进气条件下的气量

1）通过孔板的气量 Q_{20}

通过孔板的气量 Q_{20} 的计算公式为

$$Q_{20} = Q \frac{\rho}{\rho_{20}} \tag{5-5}$$

式中，ρ_{20} 为规定进气条件下的空气密度，$\rho_{20} = 1.1975 \ kg/m^3$。

2）泵入口处的气量 Q_{s20}

泵入口处的气量 Q_{s20} 的计算公式为

$$Q_{s20} = \frac{Q_{20}}{60} \times \frac{1013.25}{p_1} \tag{5-6}$$

式中，Q_{s20} 为规定进气条件下真空泵吸入压力为 p_1 时泵吸入的气量，m^3/min。

（4）泵轴功率

泵轴功率与叶片泵试验时的计算公式相同。用电动机输入功率计算泵轴功率的计算公式为

$$P_a = P_{gr} \eta_{mot} \eta_{int} \qquad (5-7)$$

式中，P_a 为泵轴功率，kW；P_{gr} 为电动机输入功率，kW；η_{mot} 为电动机效率；η_{int} 为传动效率，直接传动时 $\eta_{int} = 1$，带传动时 $\eta_{int} = 0.95$，减速机传动时 $\eta_{int} = 0.98$。

（5）等温压缩功率 P_{is}

等温压缩功率 P_{is} 的计算公式为

$$P_{is} = 38.37 p_1 Q_{st} \lg \frac{p_2}{p_1} \qquad (5-8)$$

式中，p_1 为泵入口处气体绝对压力，MPa；p_2 为泵出口处气体绝对压力，MPa；Q_{st} 为实测条件下真空泵入口压力为 p_1 时泵吸入的气量，m^3/min。

（6）等温压缩效率 η

等温压缩效率 η 的计算公式为

$$\eta = \frac{P_{is}}{P_a} \times 100\% \qquad (5-9)$$

2. 换算到泵规定条件下的性能

（1）气量 Q_s 的换算

气量 Q_s 的换算公式为

$$Q_s = K_1 K_2 Q_{s20} \qquad (5-10)$$

$$K_1 = \frac{n_{sp}}{n_t}$$

$$K_2 = \frac{p_1 - p_{v15}}{p_1 - p_{vt}}$$

式中，K_1 为转速换算系数；K_2 为水温换算系数；n_{sp} 为规定转速，r/min；n_t 为实测转速，r/min；p_{v15} 为水温 15 ℃时的饱和蒸气压，hPa；p_{vt} 为实测条件下，进水温度为 t（℃）时的饱和蒸气压，hPa。

（2）极限真空度的换算

极限真空度的换算公式为

$$p_{1min15} \approx p_{1mint} - (p_{vt} - p_{v15}) \qquad (5-11)$$

式中，p_{1mint} 为实测条件下，进水温度为 t（℃）时的极限真空度，hPa；p_{1min15} 为进水温度为 15 ℃时的极限真空度，hPa。

（3）泵轴功率的换算

泵轴功率的换算公式为

$$P = K_1^2 P_a \qquad (5-12)$$

3. 特性曲线

应根据换算到规定条件下的水环真空泵的性能试验结果绘制成特性曲线，如图 5-6 所示。一般应绘制 $Q_s - p_1$、$P - p_1$ 曲线，需要时还可绘制 $\eta - p_1$、$q_w - p_1$ 曲线。

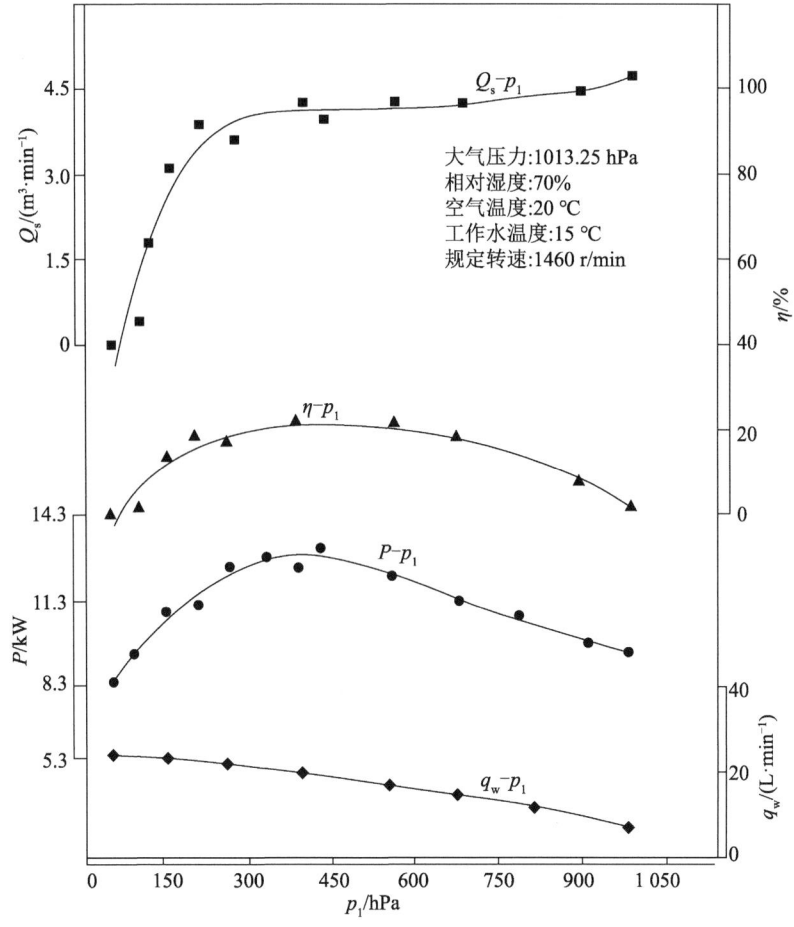

图 5-6　水环真空泵特性曲线

4. 泵性能的评价

由特性曲线查找泵的性能,并与规定性能相比较,其允差若符合以下规定,则泵的性能合格。

① 规定吸入压力点(单级泵为 400 hPa、两级泵为 80 hPa)的气量偏差不得超过 ±10%。

② 在规定的工作性能范围内(包括边界不得少于三点),最大轴功率的上偏差不得超过 10%,并且不得超过驱动机的额定功率。

③ 极限真空度不得低于规定值。

5.2　螺杆泵的试验

螺杆泵是容积泵的一种,由螺杆、泵体、前后泵盖等主要零件组成,螺杆与泵体构成密封腔,由密闭空间的容积变化完成吸液和压液。工作时螺杆在泵体内绕螺杆轴线旋转,密封容积便沿轴向移动。每转一周,密封容积就完成一个工作过程,并在吸液腔一端逐渐增大,在压液腔一端逐渐缩小。螺杆泵的主要优点是结构紧凑、流量均匀、传动平稳、噪声小。螺杆泵可以输送水、润滑油、燃油等各种油类和高分子聚合物及黏稠液体。

试验中依据的标准主要有 JB/T 8091—2014《螺杆泵试验方法》、GB/T 11705—2009《船用电动三螺杆泵试验方法》等。型式试验项目主要有运转试验、性能试验、汽蚀试验、振动与噪声的测定、安全阀试验等。

从试验角度来看,螺杆泵在测量参数、试验装置、测试仪器及试验过程等方面与叶片泵基本相同,本节着重介绍螺杆泵的试验特点,其他内容请参见本书的相关章节。

5.2.1　试验条件与试验装置

1. 试验条件

螺杆泵可以用水或油作试验介质。用油作试验介质时,其运动黏度值规定为 $3 \times 10^{-5} \sim 1.5 \times 10^{-3}$ m^2/s。试验介质的运动黏度应定期按《石油产品运动粘度测定法和动力粘度计算法》(GB/T 265—1988)的规定进行测定,并绘制黏度-温度特性曲线。当试验介质的密度未知时,应按《原油和液体石油产品密度实验室测定法(密度计法)》(GB/T 1884—2000)的规定进行测定。当试验介质黏度与规定黏度不同或由介质温度变化引起其黏度改变时,需要将实测黏度下的泵性能换算为规定黏度下的泵性能。

螺杆泵的试验应在规定转速的 $\pm 5\%$ 的范围内进行。当试验转速与规定转速不同时,需要将试验转速下的泵性能换算为规定转速下的泵性能。

2. 试验装置与设备

用水作试验介质时,螺杆泵与叶片泵的试验装置原则上相同,可按 JB/T 8091—2014 或参照 GB/T 3216—2016 的规定对试验管路、测压部件结构、稳流装置等进行设计。用油作试验介质时,螺杆泵的试验装置如图 5-7 所示,其中图 5-7a 为采用定量容器,图 5-7b 为采用流量计。

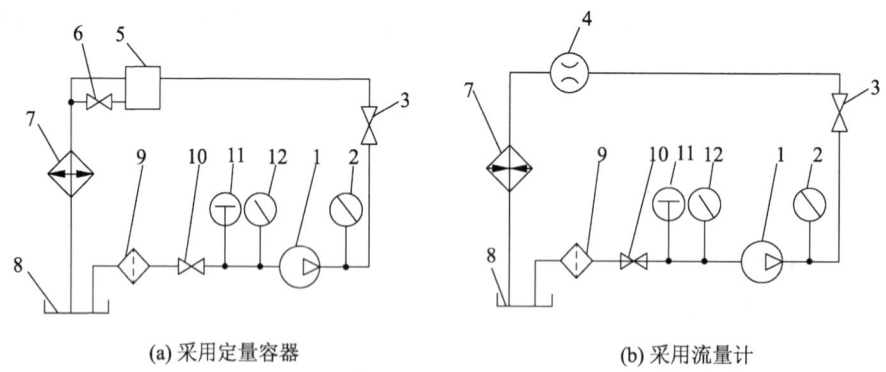

(a) 采用定量容器　　　　　　　　　　　　(b) 采用流量计

1—试验泵;2—出口压力表;3—出口压力调节阀;4—流量计;5—定量容器;6—阀门;
7—油温调节器;8—油箱;9—过滤器;10—进口压力调节阀;11—温度计;12—真空表。

图 5-7　螺杆泵的试验装置示意图

为了使在压力测量截面的液流具有最佳测量条件,即使测量截面的液流呈轴对称分布、等静压分布,以及无装置引起的旋涡,在泵的进、出口也应保证离测量截面 12D 和 4D 距离(D 为测压截面直径)内为一段直管,不应有任何弯头或弯头组合、锥管或截面突变等,这样可以防止测压截面的液流出现不良的速度分布或旋涡。当使用流量计测量流量时,测流管线与流量计进、出口内径应保持一致,流量计上、下游直管段长度应与所选用的流量计类型有关。

3. 测试系统

测试系统的基本构成与一般的叶片泵的测试系统相同,但应注意以下各点:

① JB/T 8091—2014 规定的测量系统不确定度的允许值见表 5-4,总的测量不确定度的允许值见表 5-5。

表 5-4　测量系统不确定度的允许值

测量参数	测量系统不确定度的最大允许值(在保证点)/%	
	1 级	2 级
流量	±1.5	±2.5
压力	±1.0	±2.5
泵输入功率	±1.0	±2.5
电动机输入功率	±1.0	±2.0
转速	±0.2	±1.0

表 5-5　总的测量不确定度的允许值

测量参数	总的测量不确定度的允许值/%	
	1 级	2 级
流量	±2.0	±3.5
压力	±1.5	±3.5
泵输入功率	±1.0	±3.5
电动机输入功率	±1.5	±3.5
转速	±0.4	±1.8
泵效率	±2.8	±5.0
总(机组)效率	±2.5	±4.5

② 当试验介质为油时,建议最好采用容积法或容积式流量计,如椭圆齿轮流量计、滑片式流量计等,尽可能避免采用速度式流量计或节流装置测量流量。

③ 应在离开泵 1～2 m 且无辐射和偶然流动的冷热风处测量环境温度。

④ 应在距离进口平直管段不小于 4D 的管路内测量试验介质的温度,温度计应与管路内流体成 45°角逆流安装,且感温部分应全部置于介质中。

5.2.2 试验方法及特点

螺杆泵的试验方法、过程及测量参数与叶片泵相似,可参见本书的相关章节。这里仅介绍与叶片泵试验的不同之处。

1. 运转试验

运转试验是对泵和泵机组装配质量的检查。泵起动前,泵内应充满试验介质,试验装置的进、出口压力调节阀门处于全开状态,安全阀处于关闭状态。泵起动后,逐渐升压到规定压力后进行运转试验。泵在规定转速和规定压力下运行时间应不少于 30 min。其间检查泵在运行中是否有异常声响及振动,检查各接合面是否有介质外泄,观察泵轴承部位和轴封处的温升、泄漏量是否正常,等等。

2. 性能试验

螺杆泵的流量只与泵的转速和泵内形成的密闭空腔的大小有关,在泵的转速和结构已定的情况下,理论上流量应保持不变,与压力无关。但由于螺杆和泵体之间存在一定的间隙,液体从高压腔向低压腔的泄漏(容积损失)会随压力的增大而增加,所以流量会随压力的增大而减小。轴功率却随压力的增加而上升,在零压力时功率消耗最小。因此,螺杆泵的试验应从零压力(阀门全开)开始,逐渐关小阀门,直至泵的额定压力点。从零压力到额定压力的范围内,压力测点应均布且测点数应不少于 6 个(含零压力点)。每个测点应同时读取进出口的压力、流量、转速、轴功率、介质温度等值,每个测点应测量三次,取其算术平均值作为测量结果。

实际试验时不可能做到真正的零压力,JB/T 8091—2014 中对零压力做了定义:若进、出口压力调节阀全敞开,进口压力示值为 $-0.05 \sim 0.03$ MPa 或者出口压力示值不大于 0.05 MPa,则视为零压力(进、出口压力示值均视为零)。

3. 安全阀试验

螺杆泵和其他容积泵一样,当出口端受阻或完全封闭时,泵内的压力会骤然升高,以至于超过预定的压力值,使泵受到损坏或造成电动机过载。所以,一般要在螺杆泵出口处安装安全阀。

安全阀试验应在规定工况下逐渐关闭出口压力调节阀,测试安全阀全回流压力。安全阀全回流压力的调整按表 5-6 的规定进行,当出口压力回到规定压力时,流量不应小于规定流量。

表 5-6 安全阀全回流压力

出口规定压力 p/MPa	安全阀全回流压力 p_k/MPa	出口规定压力 p/MPa	安全阀全回流压力 p_k/MPa
$\leqslant 0.5$	$p+0.25$	$>6.0 \sim 10.0$	$1.2p$
$>0.5 \sim 1.6$	$1.5p$	>10.0	$1.15p$
$>1.6 \sim 6.0$	$1.3p$		

5.2.3　试验结果的计算与分析

1. 泵性能计算

（1）泵的流量 Q

Q 为流量实测结果，当采用容积法时，其计算公式为

$$Q = 3600\frac{V}{t} \tag{5-13}$$

式中，V 为定量容器的体积，m^3；t 为充满定量容器的体积 V 所需的时间，s。

（2）出口压力 p_d

出口压力 p_d 的计算公式为

$$p_d = G_d + \rho g z_d \times 10^{-6} \tag{5-14}$$

式中，G_d 为出口压力表示值，MPa；z_d 为出口压力表中心至泵基准面的垂直距离（当压力表中心低于泵基准面时为负值），m；ρ 为试验介质的密度，kg/m^3。

（3）进口压力 p_s

进口压力 p_s 的计算公式为

$$p_s = G_s + \rho g z_s \times 10^{-6} \tag{5-15}$$

式中，G_s 为进口压力表示值，MPa；z_s 为进口压力表中心至泵基准面的垂直距离（当压力表中心低于泵基准面时为负值），m；其他符号意义同前。

（4）全压力 p

全压力 p 的计算公式为

$$p = p_d - p_s = (G_d - G_s) + \rho g(z_d - z_s) \times 10^{-6} \tag{5-16}$$

如果 $\rho g(z_d - z_s) \times 10^{-6} < \dfrac{p}{100}$（$p$ 为泵出口规定压力），那么 $\rho g(z_d - z_s) \times 10^{-6}$ 项可忽略不计，式（5-16）可改写为

$$p = G_d - G_s \tag{5-17}$$

（5）轴功率 P

实测轴功率 P 与叶片泵试验时泵轴功率的计算公式相同。

（6）换算到规定转速、规定黏度时的流量 Q_T 和轴功率 P_T

1）零压力点规定转速下的流量

$$Q_0 = Q_{0n}\frac{n_{sp}}{n_0} \tag{5-18}$$

式中，Q_0 为零压力点时规定转速下的流量，m^3/h；Q_{0n} 为零压力点时的实测流量，m^3/h；n_{sp} 为规定转速，r/min；n_0 为零压点时的实测转速，r/min。其中，

$$Q_{0n} = 3600\frac{V_0}{t_0}$$

式中，V_0 为零压点时的计量容积，m^3；t_0 为零压点时的流量计量时间，s。

2）规定转速下的泵液力功率

$$P_0 = Q_{0n} p \frac{n_{sp}}{3.6n} \tag{5-19}$$

式中，P_0 为规定转速下的泵液力功率，kW；p 为实测全压力，MPa；n_{sp} 为规定转速，r/min；n 为实测转速，r/min。

3）各测点规定转速和黏度下的流量

① 单螺杆泵：

$$Q_T = Q_{0n} \frac{n_{sp}}{n_0} - (Q_{0n} - Q) K_Q \tag{5-20}$$

式中，Q_T 为各测点规定转速和黏度下的流量，m^3/h；Q 为各测点的实测流量，m^3/h，$Q = 3600 \frac{V}{t}$；K_Q 为黏度影响泄漏系数。当 $\nu < 2 \times 10^{-3}$ m^2/s 时，$K_Q = 1$；当 2×10^{-3} $m^2/s \leqslant \nu < 4 \times 10^{-3}$ m^2/s 时，$K_Q = 0.7$；当 4×10^{-3} $m^2/s \leqslant \nu < 2 \times 10^{-2}$ m^2/s 时，$K_Q = 0.4$；当 2×10^{-2} $m^2/s \leqslant \nu < 5 \times 10^{-1}$ m^2/s 时，$K_Q = 0.2$；当 $\nu \geqslant 5 \times 10^{-1}$ m^2/s 时，$K_Q = 0.1$。

② 双螺杆泵、三螺杆泵、五螺杆泵：

$$Q_T = Q_{0n} \frac{n_{sp}}{n_0} - (Q_{0n} - Q) \left(\frac{\nu}{\nu_{sp}} \right)^m \tag{5-21}$$

式中，ν 为试验温度下介质的运动黏度，m^2/s；ν_{sp} 为规定的运动黏度，m^2/s。对于双螺杆泵和五螺杆泵，$m = 1/3$；对于三螺杆泵，$m = 1/2$。

4）各测点规定转速和黏度下的轴功率

① 单螺杆泵：

$$P_T = P_0 + (P_{n_{sp}} - P_0) K_P \tag{5-22}$$

式中，P_T 为各测点换算至规定转速和黏度下的轴功率，kW；$P_{n_{sp}}$ 为各测点换算至规定转速下的轴功率，kW，$P_{n_{sp}} = P \frac{n_{sp}}{n}$；$K_P$ 为黏度影响摩擦力系数。当 $\nu < 7 \times 10^{-3}$ m^2/s 时，$K_P = 1$；当 7×10^{-3} $m^2/s \leqslant \nu < 1.5 \times 10^{-2}$ m^2/s 时，$K_P = 1.1$；当 1.5×10^{-2} $m^2/s \leqslant \nu < 4 \times 10^{-2}$ m^2/s 时，$K_P = 1.5$；当 4×10^{-2} $m^2/s \leqslant \nu < 1 \times 10^{-1}$ m^2/s 时，$K_P = 2$；当 1×10^{-1} $m^2/s \leqslant \nu < 6 \times 10^{-1}$ m^2/s 时，$K_P = 3$；当 $\nu \geqslant 6 \times 10^{-1}$ m^2/s 时，$K_P = 4$。

② 双螺杆泵、三螺杆泵、五螺杆泵：

$$P_T = P_0 + (P - P_{0n}) \left(\frac{\nu_{sp}}{\nu} \right)^m \left(\frac{n_{sp}}{n} \right)^n \tag{5-23}$$

式中，P_{0n} 为各测点实测转速下的泵液力功率，kW，$P_{0n} = P_0 \frac{n}{n_{sp}}$。对于双螺杆泵和五螺杆泵，$m = 1/3$，$n = 4/3$；对于三螺杆泵，$m = 1/2$，$n = 2$。

（7）泵输出功率 P_u

$$P_u = \frac{1}{3.6} p Q_T \tag{5-24}$$

（8）泵的容积效率 η_V

$$\eta_V = \frac{Q_T}{Q_0} \times 100\%$$

(5-25)

（9）泵效率

$$\eta = \frac{P_u}{P_T} \times 100\%$$

(5-26)

2. 泵的评价

① 将测试结果转换为额定工况的数据后，分别绘出流量 Q_T、泵轴功率 P_T、泵效率 η 对全压力 p 的最佳拟合曲线。

② 泵性能的容差。在规定压力、转速下，流量和泵轴功率的允差按表 5-7 和表 5-8 的规定分为 1 级和 2 级。根据试验的要求，一般 2 级精度可满足。只有当要求精度更高或电动机输出功率大于 100 kW 时才选 1 级精度。

在规定压力下规定点的泵效率指标，在满足表 5-7 和表 5-8 的条件下，其下降值不得超过规定值的 5%。

表 5-7　流量的允差

保证流量 Q_G/($m^3 \cdot h^{-1}$)	流量允差/%	
	1 级	2 级
$Q_G \leqslant 0.1$	± 10	$+20$ -10
$0.1 < Q_G \leqslant 10$	± 5	± 10
$Q_G > 10$	± 5	$+10$ -5

表 5-8　泵轴功率的允差

保证轴功率	轴功率允差/%	
	1 级	2 级
$P_G \leqslant 5$	$+25$	$+25$
$5 < P_G \leqslant 10$	$+15$	$+20$
$10 < P_G \leqslant 50$	$+10$	$+15$
$P_G > 50$	$+5$	$+10$

③ 泵在规定压力点的实测性能偏差的计算。从性能曲线图上查出泵在规定压力点的流量 Q_T、轴功率 P_T，并按式（5-27）和式（5-28）计算相对于保证流量 Q_G、保证轴功率 P_G 的流量和轴功率，偏差值应不超过表 5-7、表 5-8 规定的允差范围。

流量偏差

$$\Delta Q = \left(\frac{Q_T}{Q_G} - 1\right) \times 100\%$$

(5-27)

轴功率偏差 $$\Delta P=\left(\frac{P_{\mathrm{T}}}{P_{\mathrm{G}}}-1\right)\times100\%\qquad(5\text{-}28)$$

式(5-27)与 JB/T 8091—2014 中的式(C.18)不同,编者认为式(C.18)得出的计算结果与常规的偏差定义正好相反,故纠正之。

5.3 机动往复泵的试验

机动往复泵属于容积泵,由活塞、泵缸、工作室、吸入阀、排出阀、活塞杆及曲柄连杆机构等组成。它是通过工作腔内元件(活塞、柱塞、隔膜、波纹)的往复位移来改变工作腔的容积,从而使被输送流体按确定流量排出的一种流体机械。活塞在泵缸中的往复运动使泵缸工作腔内产生压力,从而将液体压送出去。由于活塞运动的加速度和液体排出的间断性使往复泵特别是单作用泵的流量和压力产生较大的脉动,因此,通常需要在排出管路上(有时还有吸入管路)设置空气室来改善其流动的不均匀性。若采用双作用泵或多缸泵,则可显著改善流量的不均匀性。往复泵可输送液气混合物,特殊设计的往复泵还能输送泥浆、混凝土等,常用在抽送污水、钻井泥浆、河泥等场合。

试验中依据的标准主要有《机动往复泵试验方法》(GB/T 7784—2018)、《煤矿用乳化液泵站 乳化液泵》(MT/T 188.2—2000)等,型式试验项目主要有运转试验,性能试验,调节性能试验,汽蚀试验,振动与噪声的测定,安全阀、溢流阀、调压阀试验等。

机动往复泵的试验无论测量参数、试验装置、测试仪器还是试验过程,都与其他容积泵基本相同,本节着重介绍试验的特点,其他请参见本书的相关章节。

5.3.1 试验条件与试验装置

1. 试验条件

机动往复泵对试验介质无特殊规定,通常可以用 0~50 ℃的清水或乳化液作为试验介质。在不宜用水或乳化液时,也可以按设计要求采用相应的介质或矿物油做试验。

机动往复泵的试验应在规定转速的±5%的范围内进行。当实测转速与规定转速不同时,需要将实测转速下的泵性能换算为规定转速下的泵性能。

2. 试验装置与设备

机动往复泵与叶片泵的试验装置原则上相同,可按 GB/T 7784—2018、MT/T 188.2—2000 或参照 GB/T 3216—2016 对试验管路、测压部件结构、稳流装置等进行设计。图 5-8 所示是往复泵的试验装置示意图。由于往复泵的压力较高,且流量和压力脉动较大,因此设计机动往复泵的试验装置时应注意以下几点。

① 泵的排出管路上应设置安全阀或其他超压保护装置。

② 管路上应设置足够大的空气室或其他脉动吸收装置,以保证压力和流量的波动与变化在允许的范围内。

③ 汽蚀试验中,当吸入管路为负压时,吸入管路上应设置足够大的真空容器或在指定的吸入高度下进行试验。若采用调节入口节流阀的方法改变泵入口的真空度,则入口

节流阀到泵入口间的直管路长度应不小于吸入管通径的 12 倍。

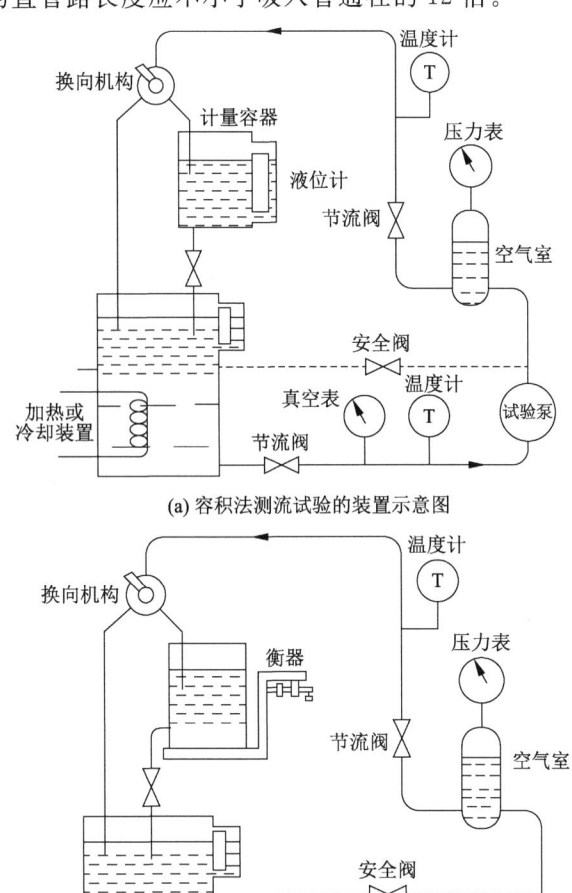

(a) 容积法测流试验的装置示意图

(b) 质量法测流试验的装置示意图

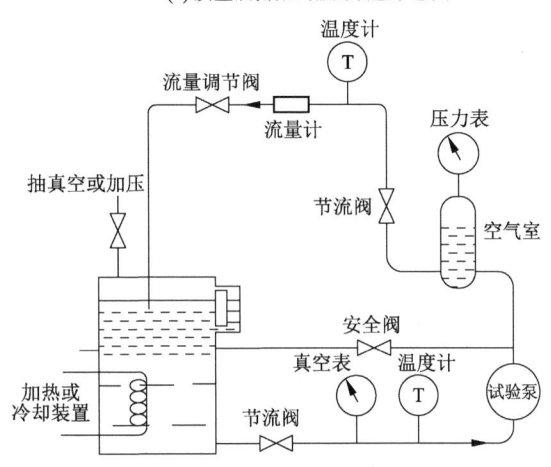

(c) 流量计测流试验的装置示意图

图 5-8　往复泵试验装置示意图

3．测试系统

测试系统的基本构成与叶片泵的测试系统相似(参见本书相关章节)，但应注意以下几点。

① GB/T 7784—2018 规定的试验中测量参数的允许波动范围见表 5-9，各参数总的测量不确定度的允许值见表 5-10。

表 5-9　测量参数的允许波动范围

测量参数	允许波动范围		测量参数	允许波动范围	
	1 级	2 级		1 级	2 级
排除压力 p_d	±5%	±10%	泵输入功率 P_{in}	±2%	±4%
吸入压力 p_s	±6%	±12%	原动机输入功率 P_{dr}		
流量 Q	±1%	±2%	泵速或转速 n	±1%	±2%

注：当采用累计测量往复次数或旋转次数计算泵速或转速时可不受此限制。

表 5-10　各参数总的测量不确定度的允许值

测量参数	最大允许极限/%	
	型式试验和抽查试验	出厂检查试验
转速	±1.0	±2.0
压力	±1.5	±3.5
流量	±2.0	±3.0
泵输入功率	±2.0	±3.5
泵效率	±3.0	±5.0
计算泵流量	±0.25	±0.5
温度	±2.0	±3.0

② 采用容积法(即测量一定时间间隔内注入容器内的液体体积)测量流量时，容器上应标有刻度，每一次注水前后的液位之差应不低于 200 mm，流量测量系统的不确定度应不大于±0.5%，每一次注水时间应不少于 20 s。

③ 当试验介质中的气体难以排出时，宜采用质量法(即测量一定时间间隔内注入容器内的液体质量)测量流量。测量时，衡器感量应小于所测液体质量的±0.5%，注水时间应不少于 20 s。

④ 采用流量计测量时，流量测量系统不确定度应不低于±1.0%，出厂检查试验应不低于±1.5%。当试验介质为黏性或易挥发性液体时，宜采用容积式流量计测量。

⑤ 测量试验介质温度的温度计应与管路内液体流动方向成 45°逆流安装，且温度计的感温部分插入试验管内应不少于管径的 1/8。

⑥ 往复泵的泵速是指泵的活塞每分钟往复的次数。泵速测量仪表的不确定度应不

低于±0.2%,出厂检查试验应不低于±0.5%。泵速的测量方法如下:先测出一段时间间隔内(通常应与流量测量的时间间隔一致)泵的活塞累计往复的次数,然后求其平均值,即为泵速。最后测量电动机(或其他原动机)的转速后再换算成泵速。

5.3.2 试验项目及方法

1. 试验项目

GB/T 9234—2018 规定的往复泵的试验类型及试验项目见表 5-11。

表 5-11 往复泵的试验类型及试验项目

检验类型	试验项目								
	运转试验	负荷运转试验	连续运转试验	性能试验	调节性能试验	汽蚀性能试验	额定工况点性能检查	安全泄压装置(安全阀、溢流阀、调压阀)试验	噪声试验
型式检验	√	√	√	√	○	√	×	√	√
抽样检验	√	×	×	√	○	○	×	×	√
出厂检验	√	×	×	√	×	○	○	×	○

注:√表示应进行试验;×表示不进行试验;○表示按需要进行试验。

2. 性能试验

性能试验应确定泵的流量、功率、效率、泵速与压差的关系,并绘出性能曲线。

性能试验应在额定吸入压力和最大泵速(即额定转速)下进行,如果额定吸入压力不能保证泵内部不发生汽蚀,或额定吸入压力远远大于试验液体的汽化压力,或试验装置不能适应泵的额定吸入压力的要求,就允许提高或降低吸入压力进行性能试验,但此时排出压力的值也应做相应调整,以保证进、出口压差为泵的额定值。

试验转速相对于额定泵速的偏差不应大于±5%。试验应从出口调节阀全开开始(排出压力最小),到泵的额定压力为止,其间用额定压力的 25%、50%、75%、100%作为试验工况点进行试验。每个工况点应测量排出压力、吸入压力、流量、功率、介质温度和泵速,每个测点应测量三次,取其算术平均值作为测量结果。

3. 调节性能试验

调节性能试验应确定泵的流量、功率和效率与泵速的关系。试验应在泵的额定压力(额定吸入压力和额定排出压力)下进行。试验应从最低泵速开始,到最大泵速为止,均匀测取五个泵速点(包括最小和最大泵速)。每个泵速点应测量排出压力、吸入压力、流量和功率。

4. 汽蚀性能试验

汽蚀性能试验是要通过试验确定泵的必需汽蚀余量 NPSHR,汽蚀性能试验应在最大泵速和额定压差下进行。在保持压差不低于额定压差的情况下逐渐降低吸入压力,直到流量下降 5%~10%。GB/T 7784—2006 规定泵的流量下降 3%时的 NPSH 值即为泵的 NPSHR。

5. 安全泄压装置(安全阀、溢流阀、调压阀)试验

往复泵和其他容积泵一样,为安全起见,在泵的排出口处必须设置安全泄压装置(安全阀、溢流阀或调压阀)。

安全泄压装置应在泵运转情况下进行试验,逐渐关小出口管路上的压力调节阀,当排出压力为 GB/T 9234—2018 规定的起跳压力时(可在额定值的 1.05～1.25 倍范围内调整),安全泄压装置应正确动作。试验次数不得少于三次,试验调整好后应铅封。当出口压力调节阀全关闭时,排出压力(即安全阀、溢流阀、调压阀的排放压力)应符合 GB/T 9234—2018 的规定,即最高开启压力不应大于《容积泵零部件液压与渗漏试验》(JB/T 9090—2014)规定的试验泵的液压试验压力(见表 5-12)或安全阀排放压力的 1.05 倍,取两者之中的较大值。

表 5-12   容积泵液压试验压力

泵额定排除压力 p/MPa	试验压力/MPa	保压允许下降率/%
≤31.5	≥1.5p	5
31.5<p≤50	1.3p 且不低于 48 MPa	4
50<p≤100	1.25p 且不低于 65 MPa	3
>100	1.2p 且不低于 125 MPa	3

5.4 屏蔽电泵的试验

屏蔽电泵主要用于输送对人体有毒有害、污染环境、易燃易爆、腐蚀性强、贵重及有放射性介质的场合。由于抽送介质特殊,被抽送的介质不允许有任何泄漏,因此泵与电动机通常做成密闭式整体结构。电动机的转子与泵的叶轮安装在同一个轴上,转轴不外露。电动机的定子内表面与转子外表面使用非磁性、耐腐蚀金属薄板封焊成屏蔽套,因此而得名。作为整机,屏蔽电泵的电动机和泵的特性都需要进行测试,它在测试项目、方法、设备和仪器等方面与潜水电泵相似,而其试验装置、管路系统却与普通离心泵的相同。

目前还没有专门针对这类泵的测试方法制定的国家标准或行业标准,行业内普遍都是参照泵和电动机通用的试验方法标准 ISO 9906—2012、GB/T 3216—2016、GB/T 1032—2012 或 GB/T 12785—2014 等。泵和电动机的试验项目主要有:电动机的空载试验;电动机的负载试验;电动机的热试验;电动机的堵转试验;电动机最大转矩的测定;泵的性能试验;泵的汽蚀试验;振动和噪声的测定。

按照 GB/T 3216—2016、ISO 9906—2012 或 GB/T 12785—2014 的要求,试验介质为清洁冷水,但屏蔽电泵实际抽送的介质在密度和黏度上与清洁冷水有所不同,因此需要根据抽送介质的种类对其试验结果进行黏度和密度的换算。

5.4.1　试验条件与试验装置

1. 试验条件

试验用液体为清洁冷水或性质与清洁冷水相同的液体。

电动机的性能不仅与电源电压和频率的数值有关,而且与电压波形、电压系统的对称性、频率的偏差和稳定性有关。只有使用符合要求的电源且仔细正确地测量,才能求得准确的试验数据。

除了堵转试验和耐电压试验外,其他试验项目与潜水电泵的相同,均要求系统运转稳定及电动机处于热稳定状态才能开始进行试验。

2. 试验装置、设备与仪器

屏蔽电泵试验台的管路系统一般无特殊要求,可按 GB/T 3216—2016 进行设计。由于要对电动机的特性进行测试,试验室应配置感应调压器和仪用互感器。所需要的测量仪表及其准确度可参照 GB/T 1032—2012 或 GB/T 12785—2014 的规定。

5.4.2　试验内容及方法

屏蔽电泵的试验内容包括电动机的型式试验、泵的性能试验和汽蚀试验、振动和噪声的测定、屏蔽电泵的整机性能检查试验。其中,振动和噪声的测定与其他叶片泵相同。

1. 电动机的型式试验

通常,电动机的型式试验是在有下列情况之一时才进行的:新产品试制、定型产品转厂生产;批量生产的产品定期检查;定型产品在结构、材料、工艺等方面的改变影响到产品的性能;产品长期停产后恢复生产;检查试验不合格;产品质量监督检验机构进行质量抽查,以及需要分别知道电动机和泵性能时。如果因只对电动机做试验而拆掉泵的叶轮,就要为电动机外接一套供水系统,保证试验过程中电动机的内腔始终有清洁冷水循环,以冷却电动机和润滑轴承。试验方法参照 GB/T 1032—2012 或 GB/T 12785—2014 的规定。

2. 泵的性能试验和汽蚀试验

泵性能试验和汽蚀试验的试验过程、步骤与普通离心泵的相同。试验方法参照 GB/T 3216—2016 和 GB/T 12785—2014 的规定。需要指出的是:

① 试验前,应预先知道电动机的机械损耗和铁损耗,否则应做电动机的空载试验。

② 试验时,电泵应预运转足够的时间以保证系统的运转稳定性和电动机的热稳定性达到要求。

③ 每个工况点应在额定电压和额定频率下读取数据,所测参数为流量、进口压力、出口压力、转差(或转速)、水温、电动机输入功率、电流、电压、工频及试验结束时电动机绕组的直流电阻。

④ 屏蔽电泵的轴功率只能通过电测功法确定,即实测电动机输入功率,通过损耗分析法求出泵轴功率。

⑤ 电泵转速的测量只能用感应线圈法或振动测速法。

⑥ 试验结束停机后应立即测量电动机出线端的绕组直流电阻。

3. 整机性能检查试验

屏蔽电泵的整机性能检查试验是目前制造厂做得最多的试验,它不仅要进行整机性能试验,还包括对电动机的出厂检查等内容(其中包括电动机额定电压点的空载输入功率和电流,以及电动机额定电流点的堵转功率和电流)。整机性能检查试验的方法和过程与泵的性能试验的相同,可以不做电动机的空载试验,但必须在试验前准确测定电动机空载时在额定电压点的输入功率和电流。整机性能试验也应在额定电压和额定频率下进行,采用基于损耗分析法的经验公式计算泵轴功率。试验的具体操作步骤与潜水电泵机组成套试验相似,可参考本书相关章节的内容。

5.4.3 试验结果的计算与分析

屏蔽电泵试验结果的计算与分析包括:① 电动机型式试验;② 泵性能和汽蚀试验;③ 整机性能检查试验;④ 试验结果的密度、黏度修正计算。本节着重介绍针对不同工作介质的密度和黏度,屏蔽电泵的性能试验结果的修正方法及特点。

1. 一般离心泵抽送黏性液体时的性能修正

(1)采用图表法对抽送黏性液体时的泵性能进行修正

当用普通离心泵抽送黏性液体时(液体的黏度大于水),由于液体的黏性较大,增加了液体与叶轮和泵壳过流表面的摩擦阻力,使泵的流量、扬程较抽送清洁冷水时有所下降,泵效率也会随之下降,轴功率上升,如图 5-9 所示。

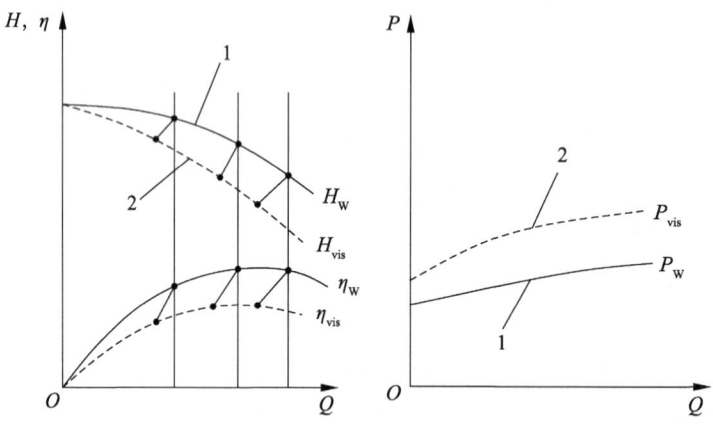

1—抽水;2—抽黏性液体。

图 5-9 黏性液体对泵性能的影响

目前无论是国际标准化组织(ISO)还是各国的离心泵试验标准,一般都采用清洁冷水做试验。如何用泵抽送清洁冷水的性能预测输送黏性液体时的性能是石化等许多行业必须涉及的问题。国内外采用的方法大多是由美国水力学会早期发布的黏性液体对离心泵性能影响的修正图表。为了使用方便,各国根据不同的单位制对该图进行了相应的转化。图 5-10 摘自 GB/T 3216—2016 中的图1.1。该图基于 1985 年版的美国水力学会标准（HIS）、图中示值是根据对口径 DN50～DN200 的普通单级离心泵输送石油的试验得出的平均值。图上部的流量、扬程、效率的修正系数曲线是用于对泵在抽送清水时的性能的修正。

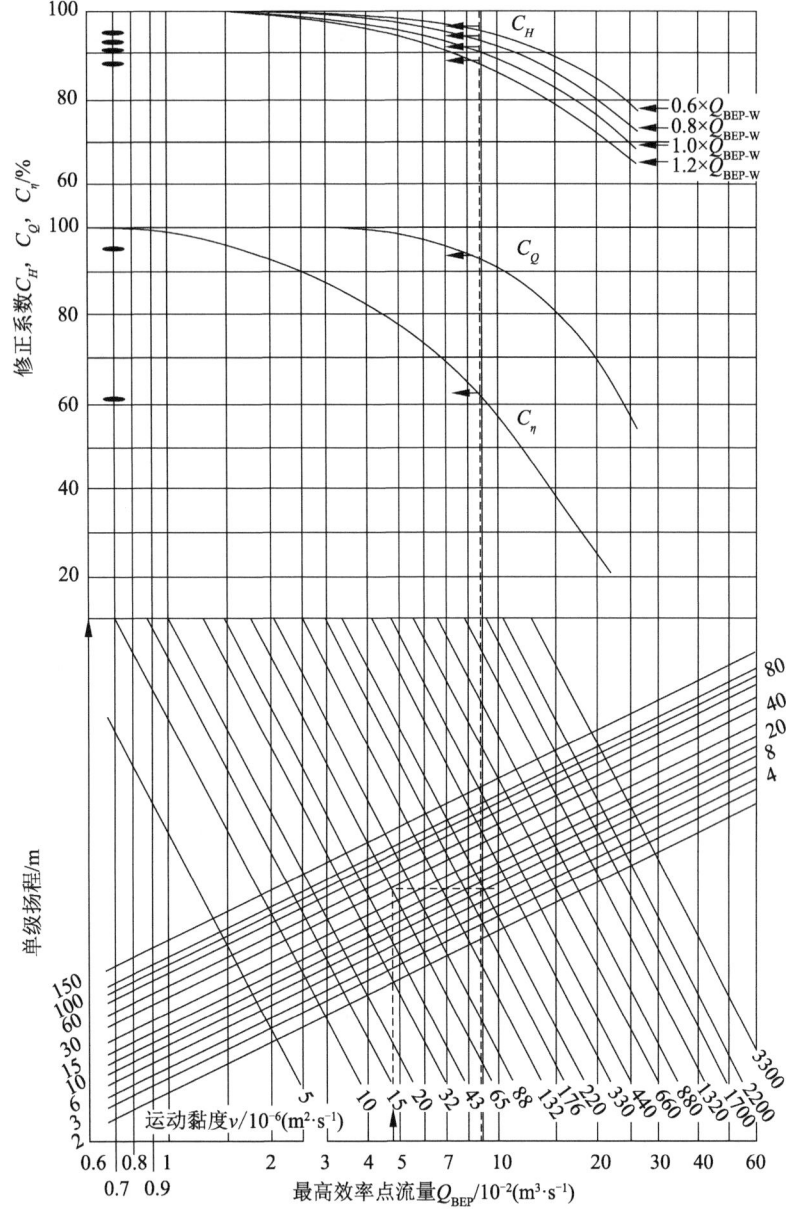

图 5-10 抽送黏性液体对 $Q_{BEP} > 20\ m^3/h$ 的泵性能的修正计算图

横坐标表示的流量 Q_{BEP} 是指从已知的泵抽送清水时的性能曲线上查出的最高效率点所对应的流量。对于流量 $Q_{BEP} < 20\ m^3/h$ 的泵，可以使用 1983 年第 14 版美国水力学会标准提供的另一张表图（图 5-11）。

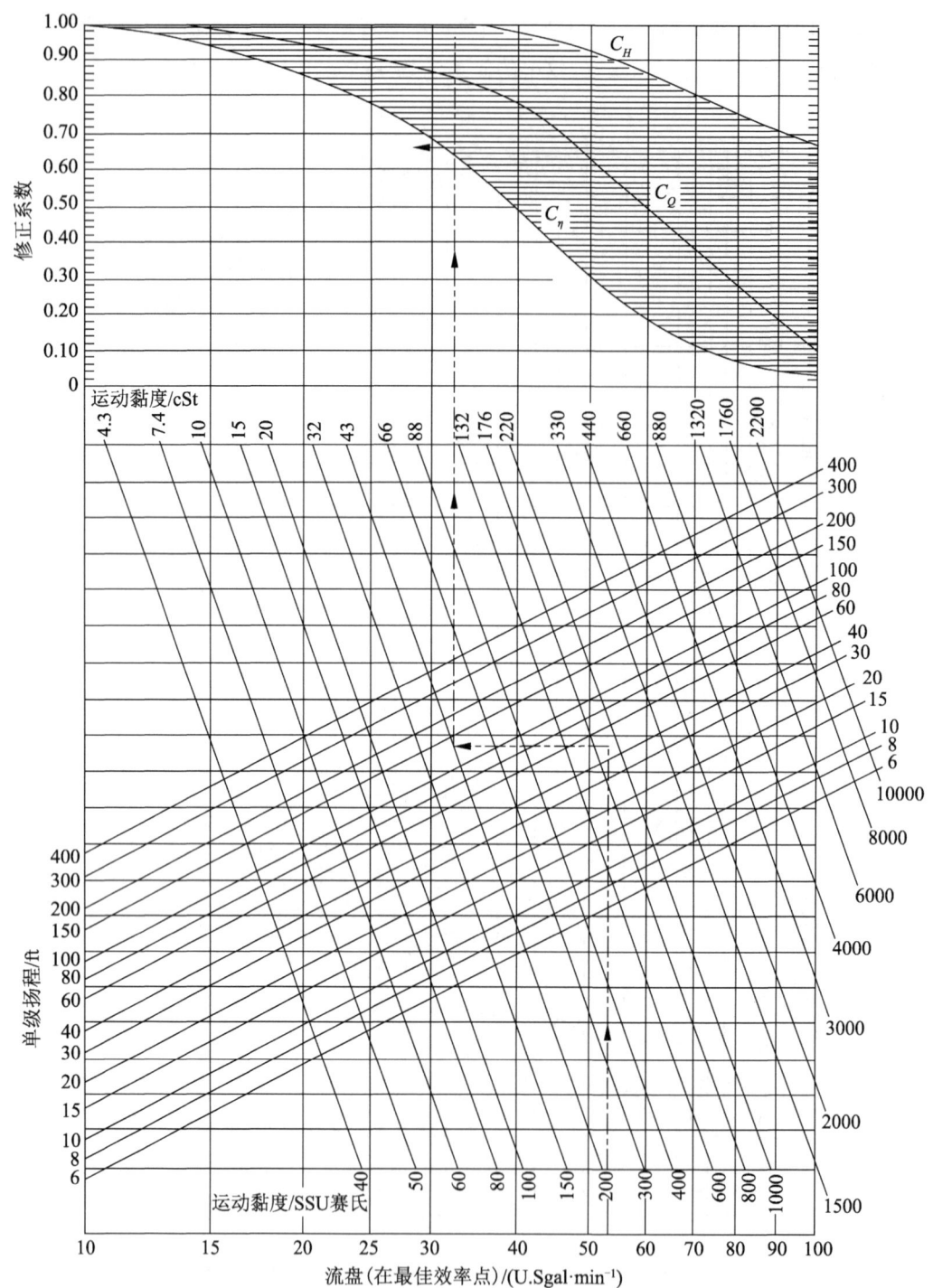

图 5-11　抽送黏性液体对 $Q_{\text{BEP}} < 100$ U.Sgal/min 的泵性能的修正计算图

　　由于图 5-10 和图 5-11 是基于大量试验数据的统计而得出的,所以其使用受到限制。标准不推荐使用外推法,因为这样会超出图表所依据的试验数据范围,增加修正结果的不确定度。该修正图表仅适合采用常规水力设计的开式或闭式叶轮,以及在正常工作范围内抽送牛顿液体(水和油)的泵。混流泵、轴流泵或专为抽送黏性或非均匀质液体(非牛顿液体)而设计的泵都不可以使用这些图表。因为抽送胶体、泥浆、纸浆和其他非均质液体时,可能会使结果大大改变。

以下简要介绍使用图 5-10 和图 5-11 对已知抽送清洁冷水性能的离心泵在抽送黏性液体时的性能的修正方法与步骤。

① 泵输送黏性液体时性能的计算公式。

当已知泵输送水的性能时,可以使用式(5-29)至式(5-32)确定泵输送黏性液体时的性能,即

$$Q_{vis} = C_Q Q_W \tag{5-29}$$

$$H_{vis} = C_H H_W \tag{5-30}$$

$$\eta_{vis} = C_\eta \eta_W \tag{5-31}$$

$$P_{vis} = \frac{Q_{vis} H_{vis} \rho_{vis} g}{\eta_{vis}} \tag{5-32}$$

式中,C_Q、C_H、C_η 分别是根据图 5-10 或图 5-11 确定的抽送黏性液体的流量、扬程和效率的修正系数;Q_W、H_W、η_W 为泵抽送清洁冷水时的性能参数;ρ_{vis} 为黏性液体的密度;g 为重力加速度。

② 确定黏度修正系数的方法与步骤。

确定流量、扬程和泵效率的黏度修正系数的步骤如图 5-10 中虚线箭头所示:在抽送清洁冷水的泵性能曲线的横坐标上找出最高效率点(BEP)的流量 Q_{BEP-W},以该流量点 Q_{BEP-W} 作垂线,与图中单级扬程 H 的斜线相交,自交点向右(或左)作水平线,与拟输送流体的运动黏度 ν 的斜线相交,自交点再作垂线与图上部的各修正系数曲线相交,各交点纵坐标的值就是分别求得的修正系数 C_Q、C_H、C_η。将这些系数代入式(5-29)至式(5-32),即可求得泵在抽送黏性液体时的性能。

③ 注意事项。

使用图表法时需要注意以下几点:

a. 图 5-10 中的扬程黏度修正系数曲线有四条,即 $C_{H0.6}$、$C_{H0.8}$、$C_{H1.0}$、$C_{H1.2}$,分别代表 $0.6Q_{BEP-W}$、$0.8Q_{BEP-W}$、$1.0Q_{BEP-W}$、$1.2Q_{BEP-W}$ 工况点所对应的扬程修正系数。对于其他工况点(如 $0.7Q_{BEP-W}$、$0.9Q_{BEP-W}$ 等),扬程修正系数可通过计算机编程采取二维插值的方法得到。

b. 图 5-10 中下部的扬程斜线是指泵的单级扬程。

c. 如果泵的单级扬程值 H 或抽送液体的黏度值 ν 不是正好在图下部的斜线上,而是在两相邻斜线的中间,也可以用计算机编程采取二维插值的方法得到修正系数。

d. 图 5-10 的适用范围是流量 $22 \sim 2160 \ m^3/h$、单级扬程 $2 \sim 150 \ m$、液体运动黏度 $5 \sim 3300 \ mm^2/s$。对于流量小于 $22 \ m^3/h$(相当于 100 U.Sgal/min)的泵,可以从图 5-11 查得。该图的用法同图 5-10,只是需要注意图中的单位采用的是英制,若采用米制单位,

则应将参数单位转换成相应英制单位后再去查询,转换公式如下:

扬程　　1 m = 3.2808 ft(英尺)

体积　　1 m² = 264.172 U.Sgal(美加仑)

流量　　1 m³/h = 4.4028 U.Sgal/min(美加仑/分钟)

运动黏度　1 m²/s = 1×10⁶ cSt(厘斯)

　　　　1 mm²/s = 1 cSt(厘斯)

（2）采用数学公式的方法对抽送黏性液体时的泵性能进行修正

近年来随着计算机技术的迅速发展,国内外的专家、学者及相关的研究机构和公司一直在研究和寻找关于确定黏度修正系数的数学模型和计算机编程方法。如美国水力学会（HI）在 2004 年发布的关于液体黏度对叶片泵性能影响的标准 ANSI/HI 9.6.7 *Effects of Liquid Viscosity on Rotodynamic(Centrifugal and Vertical)Pump Performance*,该标准在 2010 年进行了修订。

美国水力学会研发的预测叶片泵对于抽送黏度大于水的牛顿液体性能的普遍方法是一种建立在从世界各地搜集到的测试数据基础上的经验方法（以下简称 HI 方法）。针对绝大多数实际目的,它提供了一种具有足够精度的预测液体黏度对泵性能影响的方法。当已知一台叶片泵抽送水的性能时,HI 方法能够让泵的使用者和设计者估算该泵抽送已知黏度液体时的性能,也可以用该方法求出一台适合抽送某种黏性液体的泵的性能参数。

HI 方法仅是近似的性能估算。对一台特定的泵来说,这种方法还有很多影响因素（如泵的几何形状和流动条件）未考虑。但是当泵可用的数据有限而又需要估算时,它仍是一种可靠的计算方法。

比 ANSI/HI 9.6.7 标准更早的美国水力学会标准中给出的图表所依据的试验数据截至 1960 年,ANSI/HI 9.6.7 中所依据的数据已扩展至 1999 年,并对流量、扬程和功率修正系数做了修改。更新后的修正系数受泵的大小、转速和比转数的影响。总的来说,扬程和流量具有增加的修正,而功率（效率）的修正则较小。修正系数最显著的改变发生在流量 Q_{BEP-W} < 25 m³/h 和比转速 n_s < 55 的范围内。

国际标准化组织（ISO）在 2005 年发布了关于离心泵抽送黏性液体性能修正的技术报告——ISO/TR 17766:2005 *Centrifugal pumps handling viscous liquids—Performance corrections*。该报告中所采用的基于试验数据的修正方法与 HI 方法类似。我国的指导性技术文件《输送黏性液体的离心泵 性能修正》（GB/Z 32458—2015）使用翻译法等同采用 ISO/TR 17766:2005。

ISO/TR 17766 和 ANSI/HI 9.6.7 既对 HI 方法做了介绍,也给出了 HI 方法中修正系数的确定方法和对泵性能进行修正的具体过程。同时指出对任何试图采用 HI 方法的使用者来说重要的是了解以下事实:① 所采用的试验数据都是针对所试验的个体泵,因而不是普遍适用的;② 所采用的试验数据是在泵的大小和液体的黏度两方面都被限制在相对范围之内得到的;③ 所有现存的预测黏度对泵性能影响的方法都显示与所采用的有限的试验数据存在差异;④ 文件中所表述的 HI 方法是在对各种可能的修正过程进行统计比较的基础上选出来的,其计算结果和实际数据之间产生的差异最小。基于以上考虑,必须认识到该方法不能用作理论上的严密计算去很精确地预测性能修正因素。

上述文件还提到了采用分析泵内的水力损失的理论方法。通过确定这些损失量,可从理论上计算出液体黏度的影响。特别是对于具有某些特点和几何形状的泵来说,损失分析方法可能会比 HI 方法更精确。用该理论方法可以预测抽送黏性液体的 NPSHR,详细内容可参阅 ISO/TR 17766 和 ANSI/HI 9.6.7。本书仅简要介绍 HI 方法,即依据试验数据的修正方法。该方法可以通过对已知的泵在抽水时性能的修正来预测泵在抽黏性液体时的性能。

① HI 方法的适用范围。

该方法的基本适用范围也就是方法所依据的试验数据的参数范围如下:

a. 叶轮形式为开式、闭式和半开式,$n_s \leqslant 219$ 的单级或多级离心泵。不适合轴流泵或特殊水力设计的泵。

b. 抽送液体为牛顿液体,黏度为 1~3000 cSt。

c. 最高效率点的流量 $Q_{BEP\text{-}w}$ 为 3~410 m^3/h。

d. 最高效率点的单级扬程 $H_{BEP\text{-}w}$ 为 6~130 m。

如果在参数超过上述范围的情况下使用该方法,就会增加性能预测的不确定度。上述规定除了黏度上限可提高到 4000 cSt 外,其他参数一般不推荐超范围使用。

② 确定抽送黏性液体时泵性能的过程与步骤。

HI 方法在黏度修正过程中使用了参数 B,它是与比转速相适应的泵雷诺数,由式(5-33)计算得出。各修正系数与参数 B 的关系如图 5-12 和图 5-13 所示。图中横坐标为参数 B,纵坐标为各参数的修正系数。

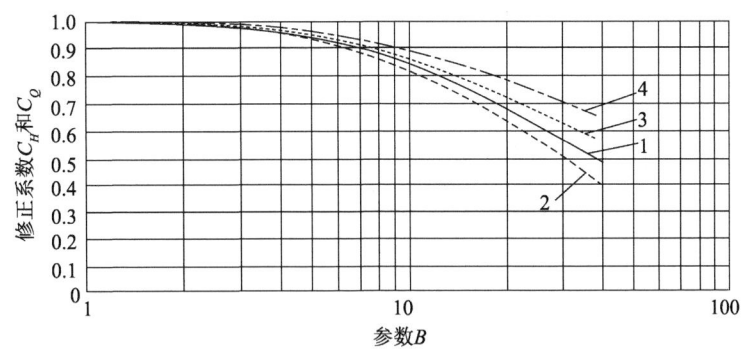

1—最高效率点($Q_{BEP\text{-}w}$)的 C_Q - B、C_H - B 曲线;2—1.2×($Q_{BEP\text{-}w}$)的 C_H - B 曲线;
3—0.8×($Q_{BEP\text{-}w}$)的 C_H - B 曲线;4—0.6×($Q_{BEP\text{-}w}$)的 C_H - B 曲线。

图 5-12　流量、扬程黏度修正系数

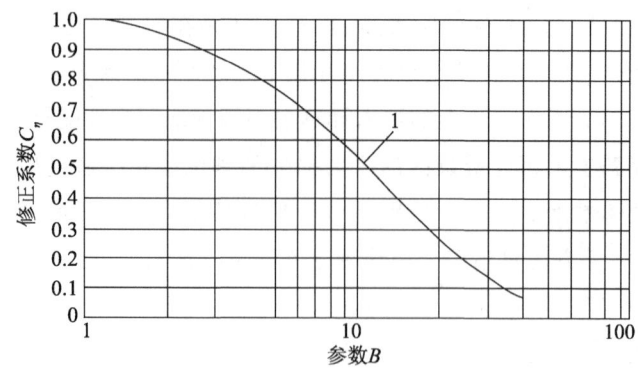

图 5-13　效率黏度修正系数

性能修正的具体过程与步骤如下：

a. 确定需要计算的泵参数和抽送液体是否符合上面所提到的适用范围，否则不宜用此方法。

b. 根据泵抽水时的性能曲线找到最高效率点的性能 $Q_{\text{BEP-W}}$、$H_{\text{BEP-W}}$、$\eta_{\text{BEP-W}}$。

c. 根据泵抽水时最高效率点的性能和拟抽送黏性液体的黏度计算参数 B，即

$$B = K\,\frac{\nu_{\text{vis}}^{0.5} H_{\text{BEP-W}}^{0.0625}}{Q_{\text{BEP-W}}^{0.375} n^{0.25}} \tag{5-33}$$

式中，B 为黏度修正过程中使用的参数，该参数用作规范化的泵雷诺数，并为适应泵的比转数做了修正；K 为常数，米制单位时取 $K=16.5$，英制单位时取 $K=26.6$；$Q_{\text{BEP-W}}$ 为泵抽送水时在最高效率点的流量，米制单位时为 m^3/h，英制单位时为 USgal/min；$H_{\text{BEP-W}}$ 为泵抽送水时在最高效率点的单级扬程，米制单位时为 m，英制单位时为 ft；ν_{vis} 为抽送黏性液体的运动黏度，cSt；n 为泵的转速，r/min。

对式（5-33）的计算结果的分析如下：

若 $1.0<B<40$，则泵的参数在公式的适用范围内，可继续计算各参数的修正系数。

若 $B\leqslant1.0$，则修正系数 $C_Q=1.0$，$C_H=1.0$。

若 $B\geqslant40$，则用公式计算得到的修正系数具有高度不确定性，应避免使用这种方法，而应该用上述文件中提出的水力损失分析的理论方法。

d. 计算流量修正系数 C_Q。用式（5-34）计算泵抽水时最高效率点流量（$Q_{\text{BEP-W}}$）的修正系数 C_Q，它也适用于其他流量点。

$$C_Q = (2.71)^{-0.165\times(\lg B)^{3.15}} \tag{5-34}$$

e. 计算扬程修正系数 C_H。图 5-14 所示为泵的相对特性曲线，图中的实线是常规的抽送水时各工况点（Q_{w}、H_{w}）相对于最高效率工况点（$Q_{\text{BEP-W}}$、$H_{\text{BEP-W}}$）的相对特性曲线，则最高效率工况点的系数 C_H 和 C_Q 能直接从图中读出（$C_H=1$，$C_Q=1$）。最高效率工况点和曲线原点（$Q=0$，$H=0$）之间的直线称为涡旋或扩散特性曲线。一些参考文献中所报告的数据表明，抽送黏性液体的最高效率工况点的走向是沿着扩散或涡旋特性曲线的。

分析 HI 方法从世界各地搜集到的试验数据,也证实了这个观察结果。泵抽水时最高效率点的流量($Q_{BEP\text{-}W}$)与所对应的扬程($H_{BEP\text{-}W}$)的系数 $C_Q = C_H = 1$,由此可以近似地认为抽送黏性液体时在其最高效率工况点的扬程修正系数 $C_{BEP\text{-}H}$ 也等于抽送黏性液体时在其最高效率工况点的流量修正系数 C_Q。其他工况点(Q_W,H_W)的扬程修正系数 C_H 的计算公式为

$$C_{BEP\text{-}H} = C_Q$$

$$C_H = 1 - (1 - C_{BEP\text{-}H})\left(\frac{Q_W}{Q_{BEP\text{-}W}}\right)^{0.75} \tag{5-35}$$

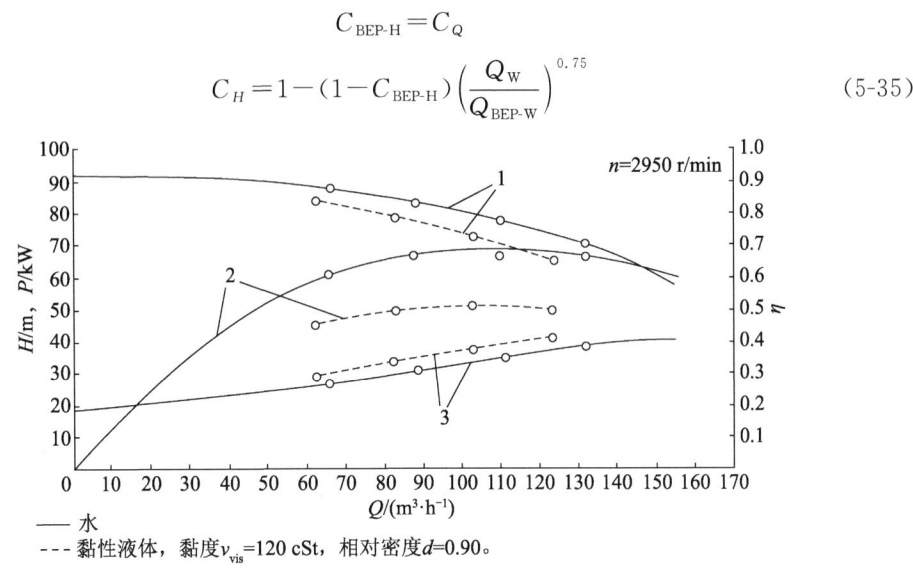

1—H-Q 曲线;2—η-Q 曲线;3—P-Q 曲线。

图 5-14　黏度修正前后泵的性能曲线图

f. 计算效率修正系数 C_η。效率修正系数 C_η 按式(5-36)和式(5-37)计算:

1.0＜B＜40 时,

$$C_\eta = B^{-(0.0547 \times B^{0.69})} \tag{5-36}$$

$B \leqslant 1.0$ 时,

$$C_\eta = \frac{1 - (1 - \eta_{BEP\text{-}W})\left(\dfrac{\nu_{vis}}{\nu_W}\right)^{0.07}}{\eta_{BEP\text{-}W}} \tag{5-37}$$

在 ANSI/HI 9.6.7:2010 中,式(5-37)已被替代:若 $B \leqslant 1.0$,则 $C_\eta = 1.0$。

g. 用式(5-29)至式(5-31)计算泵在抽送黏性液体时的性能 Q_{vis}、H_{vis}、η_{vis}。

h. 已知黏性液体的相对密度时,可用式(5-38)计算泵在抽送黏性液体时的轴功率 P_{vis}(kW),即

$$P_{vis} = \frac{Q_{vis} H_{vis} d}{367 \times \eta_{vis}} \tag{5-38}$$

式中,d 为黏性液体的相对密度,即黏性液体的密度与水在 20 ℃时的密度的比值;Q_{vis} 为黏性液体的流量,m^3/h;H_{vis} 为黏性液体的扬程,m。

③ 计算实例。

计算实例的数据见表 5-13,曲线图如图 5-14 所示,计算结果见表 5-14。

a. 计算参数 B：$B = 16.5 \times \dfrac{(120)^{0.5} \times (77)^{0.0625}}{(110)^{0.375} \times (2950)^{0.25}} \approx 5.52$。

b. 计算流量修正系数：$C_Q = (2.71)^{-0.165 \times (\lg 5.52)^{3.15}} \approx 0.938$。

c. 计算扬程修正系数(以最高效率点流量 Q_{BEP-W} 和 $60\% Q_{BEP-W}$ 为例,下同)：在最高效率点流量 Q_{BEP-W} 处,$C_{BEP-H} = C_Q = 0.938$。

表 5-13　计算实例数据表

参数	来源	参数值			
抽送黏性液体的黏度 ν_{vis}/cSt	图 5-14	120			
黏性液体的相对密度 d	图 5-14	0.9			
泵转速 n/(r·min^{-1})	图 5-14	2950			
泵抽水时最高效率点流量 Q_{BEP-W}/(m³·h^{-1})	图 5-14	110			
流量与最高效率点流量的比值 Q_W/Q_{BEP-W}	—	0.6	0.8	1.0	1.2
泵抽水时的流量 Q_W 或 Q_{BEP-W}/(m³·h^{-1})	图 5-14	66.0	88.0	110.0	132.0
泵抽水时的单极扬程 H_W 或 H_{BEP-W}/m	图 5-14	87.3	83.0	77.0	69.7
泵抽水时的效率 η	图 5-14	0.60	0.66	0.68	0.66

表 5-14　计算结果

序号	计算项目	计算公式	计算结果			
1	参数 B	式(5-33)	5.52			
2	流量修正系数 C_Q	式(5-34)	0.938			
3	扬程修正系数 C_H	式(5-35)	0.958	0.947	0.938	0.929
4	效率修正系数 C_η	式(5-36)	0.738			
5	修正后的流量 Q_{vis}/(m³·h^{-1})	式(5-29)	61.9	82.5	103.2	123.8
6	修正后的单极扬程 H_{vis}/m	式(5-30)	83.6	78.6	72.2	64.8
7	修正后的效率 η_{vis}	式(5-31)	0.44	0.49	0.50	0.49
8	抽黏性液体时的轴功率 P_{vis}/kW	式(5-38)	28.6	32.6	36.4	40.4

在 $60\% Q_{BEP-W}$ 处,$C_{H0.6} = 1 - (1 - 0.938) \times (0.6)^{0.75} \approx 0.958$。

d. 计算效率修正系数：$C_\eta = 5.52^{-(0.0547 \times 5.52^{0.69})} \approx 0.738$。

e. 计算泵抽送黏性液体时的性能。

修正后的流量在 Q_{BEP-W} 点,

$$Q_{vis} = C_Q Q_{BEP-W} = 0.938 \times 110 \text{ m}^3/\text{h} \approx 103.2 \text{ m}^3/\text{h}$$

修正后的流量在 $60\%Q_{\text{BEP-w}}$ 点，

$$Q_{\text{vis0.6}} = 0.6 \times C_Q Q_{\text{BEP-w}} = 0.6 \times 0.938 \times 110 \text{ m}^3/\text{h} \approx 61.9 \text{ m}^3/\text{h}$$

修正后的扬程在 $Q_{\text{BEP-w}}$ 点，

$$H_{\text{vis}} = C_{\text{HBEP}} H_{\text{BEP-w}} = 0.938 \times 77 \text{ m} \approx 72.2 \text{ m}$$

修正后的扬程在 $60\%Q_{\text{BEP-w}}$ 点，

$$H_{\text{vis0.6}} = C_{H0.6} H_{\text{w}} = 0.958 \times 87.3 \text{ m} \approx 83.6 \text{ m}$$

修正后的效率在 $Q_{\text{BEP-w}}$ 点，

$$\eta_{\text{vis}} = C_\eta \eta_{\text{BEP-w}} = 0.738 \times 0.68 \approx 0.502$$

修正后的效率在 $60\%Q_{\text{BEP-w}}$ 点，

$$\eta_{\text{vis0.6}} = C_\eta \eta_{\text{w}} = 0.738 \times 0.60 \approx 0.443$$

抽送黏性液体时的轴功率在 $Q_{\text{BEP-w}}$ 点，

$$P_{\text{vis}} = \frac{103.2 \times 72.2 \times 0.9}{367 \times 0.502} \text{kW} \approx 36.4 \text{ kW}$$

抽送黏性液体时的轴功率在 $60\%Q_{\text{BEP-w}}$ 点，

$$P_{\text{vis0.6}} = \frac{61.9 \times 83.6 \times 0.9}{367 \times 0.443} \text{kW} \approx 28.6 \text{ kW}$$

2. 屏蔽电泵的性能试验结果的密度、黏度的修正方法及特点

如前所述，屏蔽电泵的电动机与泵为密闭式整体式结构，电动机的转子和轴承都浸泡在被抽送的液体中。而屏蔽电泵试验时一般都用清洁冷水为介质，因此当屏蔽电泵抽送黏度与水不同的液体时，应对屏蔽电泵的清水性能进行修正。修正时，不仅要考虑泵受黏度的影响，还要考虑电动机受黏度的影响，以及泵和电动机因转速发生变化后的相互影响。首先，由于液体的黏性增大，增加了电动机转子表面的摩擦损失，从而增加了电动机内部的功率损耗，电动机的转速也因阻力的增加而下降。随着电动机在运转过程中温度的升高，液体黏度及其引起的损耗也发生变化。其次，在抽送黏性液体时，由于黏度和密度的改变，泵轴功率(电动机的负荷)增加。对交流异步电动机来说，负荷增加会使其转速有所下降，而转速的下降又会造成泵性能的下降，使泵轴功率降下来，从而导致转速回升。这样反复的相互作用使电泵在抽送黏性液体的过程中总会在一个新的转速平衡点上运行。因此，目前对屏蔽电泵进行黏度修正计算时除了按一般离心泵的方法对黏度进行修正外，还需要考虑由黏度和密度引起的功率消耗导致的电动机转子表面摩擦损失的增量，以及电泵抽送黏性液体时在新的转速平衡点下的泵性能。至于电动机运行时温度变化所造成的影响，由于屏蔽电泵的品种和类型较多，包括带冷却循环系统和不带冷却循环系统的，因此情况比较复杂。如果需要特殊考虑这方面的影响，试验时只要保证电动机处于热稳定状态(温度基本不变)，并能确定电动机的温度，进而通过液体性质的相关资料确定此温度下液体的黏度和密度，再用此黏度和密度对电动机进行修正计算即可。

(1) 屏蔽电泵在抽送黏性液体时电动机转子表面的摩擦损失

图 5-15 所示为抽送黏性液体时电动机的功率平衡图，与抽送水时相比有两项增量。

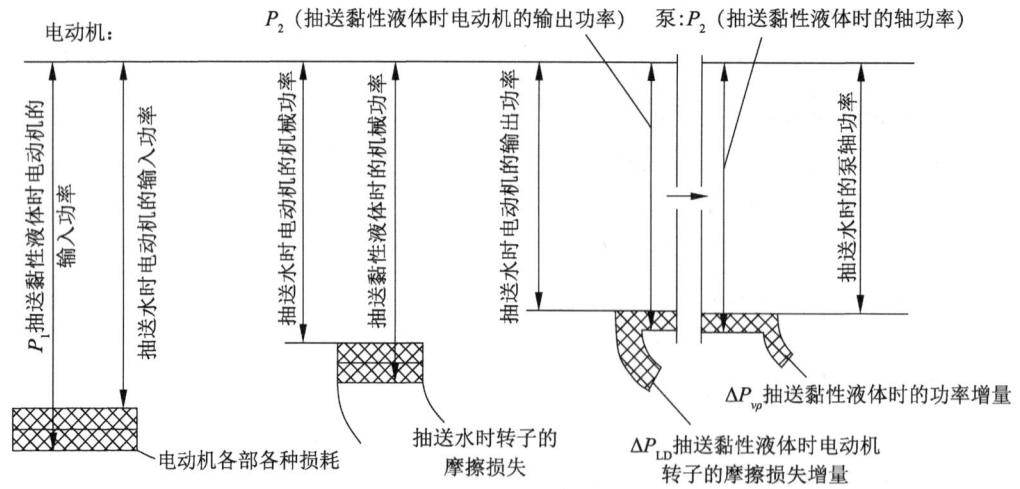

图 5-15　抽送黏性液体时电动机的功率平衡图

1) 泵轴功率增量 $\Delta P_{\nu\rho}$

按一般离心泵抽送黏性液体时的性能修正方法进行。泵轴功率增量的计算公式为

$$\Delta P_{\nu\rho}=P_{\nu\rho}-P_{\mathrm{W}} \tag{5-39}$$

式中，$P_{\nu\rho}$ 为泵抽送黏性液体时的泵轴功率，按式(5-32)或式(5-38)计算；P_{W} 为泵抽送水时的泵轴功率，取试验实测数据。

2) 电动机转子表面摩擦损失的增量 ΔP_{LD}

查森编著的《离心式和轴流式水泵》中给出的圆盘在箱体内运动的圆盘摩擦损失功率的普适公式如式(5-40)所示，该公式包含了两个端面和一个圆柱表面上的摩擦损失，如图 5-16 所示。丹麦著名的格兰富(GRUNDFOS)公司编写的书籍 *The Centrifugal Pumps* 采用了 C. 普夫莱德尔(C. Pfleiderer)和 H. 普特曼(H. Ptermann)所提出的确定系数 K 的计算公式，如公式(5-41)所示。

$$P=K\rho u_2^3 D_2(D_2+5e) \tag{5-40}$$

$$K=7.3\times10^{-4}\times\left(\frac{2\nu\times10^6}{u_2 D_2}\right)^m \tag{5-41}$$

图 5-16　圆盘(柱)在箱体内的移动

式中，ρ 为抽送液体的密度，$\mathrm{kg/m^3}$；u_2 为圆盘外径处的圆周速度，$\mathrm{m/s}$；D_2 为圆盘外径，m；e 为圆盘外圆表面的长度，m；ν 为抽送液体的黏度，$\mathrm{m^2/s}$；m 为系数，光滑表面 $m=1/6\approx0.2$，粗糙表面 $m=1/9\sim1/7$。

根据式(5-40)和式(5-41)可导出近似计算电动机转子表面摩擦损失 P_{LD} 的公式如式(5-42)所示(系数 m 取 0.2)，这也是目前我国生产屏蔽电泵的大多数企业通常使用的计算公式。

$$P_{LD}=2.17\times10^{-7}\rho\nu^{0.2}n^{2.8}D^{3.6}(D+5L) \tag{5-42}$$

式中，ρ 为抽送液体的密度，kg/m^3；ν 为抽送液体的黏度，mm^2/s；n 为泵的转速，r/min；D 为电动机转子的外径，m，与式(5-40)中的参数 D_2 的含义相同；L 与式(5-40)中的参数 e 的含义相同，为电动机转子铁心长度，m。

抽送黏性液体时，假设泵的转速不变，转子表面摩擦损失的增量 ΔP_{LD} 的计算公式为

$$\Delta P_{LD}=P_{LDW}\left[\frac{\rho_v}{\rho_W}\left(\frac{\nu_v}{\nu_W}\right)^{0.2}-1\right] \tag{5-43}$$

式中，P_{LDW} 为抽送水时转子表面摩擦损失，W；ρ_v 为黏性液体的密度，kg/m^3；ρ_W 为水的密度，kg/m^3。

这部分损耗虽然发生在电动机内部，但其增量仍属于因抽送黏性液体而引起的电动机的总机械功率消耗的增量，这也将导致电动机的转速发生变化。

假设泵抽送水时电动机转子的表面摩擦损失为 P_{LDW}。如前所述，抽送黏性液体时电动机会在一个新的转速平衡点上运行。在新转速 $n_{tv\rho}$ 下抽送黏性液体时的电动机转子表面摩擦损失为 P_{LDn}，其增量为 ΔP_{LDn}。由式(5-42)可知，当其他参数不变时，P_{LDn} 与转速的关系为

$$P_{LDn}=P_{LD}\left(\frac{n_{tv\rho}}{n_t}\right)^{2.8}=(\Delta P_{LD}+P_{LDW})\left(\frac{n_{tv\rho}}{n_t}\right)^{2.8}$$

则

$$\Delta P_{LDn}=P_{LDn}-P_{LDW}=\Delta P_{LD}\left(\frac{n_{tv\rho}}{n_t}\right)^{2.8}+P_{LDW}\left(\frac{n_{tv\rho}}{n_t}\right)^{2.8}-P_{LDW}$$

$$\Delta P_{LDn}=\Delta P_{LD}\left(\frac{n_{tv\rho}}{n_t}\right)^{2.8}+P_{LDW}\left[\left(\frac{n_{tv\rho}}{n_t}\right)^{2.8}-1\right] \tag{5-44}$$

屏蔽电泵在抽送黏性液体时的新转速 $n_{tv\rho}$ 实际上是未知的，可采用计算机编程用逐渐逼近的算法来求取新转速平衡点 $n_{tv\rho}$。经研究验证，其计算过程收敛速度很快，完全可以满足屏蔽电泵测试程序的使用要求。

(2) 对屏蔽电泵抽送常温清水的性能测试结果的密度、黏度的修正

① 通过试验测得泵在抽送常温清水、实测转速 n_t 时的性能 Q_t、H_t、P_t。

② 用式(5-42)计算常温清水下泵实测工况点的电动机转子表面的摩擦损失 P_{LDW}。公式中的黏度和密度为常温清水的黏度 ν_W 和密度 ρ_W，转速为实测转速 n_t。

③ 用式(5-29)至式(5-31)及式(5-32)或式(5-38)进行在实测转速 n_t 时的黏度、密度对泵的性能影响的修正计算。黏度修正系数按普通离心泵的修正方法求得(图表或公式计算均可)。需要注意的是，如果仅仅是液体密度的改变，就只会影响泵轴功率。

④ 用式(5-43)计算泵抽送黏性液体、实测转速 n_t 时的电动机转子表面摩擦损失的增量 ΔP_{LD}。公式中的黏度和密度为黏性液体的黏度 ν_v 和密度 ρ_v。

⑤ 计算在实测转速 n_t 下抽送黏性液体时的电动机机械功率 $P_{v\rho}$(指与转速有关的机械功率，即电动机转子表面摩擦损失的增量和泵轴功率之和)，可以近似地认为它与电动

机转速成三次方的变化关系,因而可以利用泵轴功率与转速的变化曲线找出电动机机械功率为 $P_{v\rho}$ 时的新转速 $n_{tv\rho}$。

⑥ 再将泵抽送黏性液体的性能(③的计算结果)按泵的相似换算原则换算到新转速 $n_{tv\rho}$ 时的性能,用式(5-44)计算在新转速 $n_{tv\rho}$ 下抽送黏性液体时的电动机转子表面摩擦损失的增量 $\Delta P_{\mathrm{LD}n}$,以及电动机在新转速下的电动机机械功率 $P_{v\rho 1}$。

⑦ 计算两次算出的电动机机械功率的差值 $\Delta P = P_{v\rho 1} - P_{v\rho}$。设运算精度为 K,如果不满足条件 $\Delta P \leqslant K$,就将 $P_{v\rho 1}$ 作为 $P_{v\rho}$,将 $n_{tv\rho}$ 作为 n_t,返回⑤,再重复⑤~⑦的运算,直至满足条件。此时的转速即为泵在抽送黏性液体时的新的转速点 $n_{tv\rho}$。

⑧ 将转速为 $n_{tv\rho}$ 时泵的性能换算到额定转速时的性能,绘制泵的性能曲线,如图 5-14 所示。

第6章

潜水电泵的电动机试验

潜水电泵由泵与电动机组成,一般由一个厂家设计、制造完成。本章只对潜水电泵的电动机试验做简要的介绍,详细情况可参阅有关标准与资料。

潜水电泵的电动机(简称潜水电动机)试验与普通电动机的基本差不多,但有其特殊性,除了绝缘试验、耐压试验(充水电动机除外)的要求与普通电动机的一致外,其余试验均应浸没在水中进行。

对于潜水电动机,这里介绍几种主要的试验,如绝缘试验、耐压试验、负载试验、温升试验和堵转试验。空载试验在电测功法的损耗分析中已有介绍。

6.1 绝缘试验

绝缘试验实际上就是对绝缘电阻的测定。用绝缘电阻表测量电机绕组对机壳的冷态绝缘电阻,使其达到设计标准值,即为绝缘电阻检查合格。试验完毕,将电动机绕组对地放电。

对额定电压在 500 V 以下的电动机,用 500 V 的绝缘电阻表进行测量;对额定电压为 500 V 及以上的电动机,用 1000 V 的绝缘电阻表进行测量。

6.2 耐压试验

潜水电动机耐压试验的目的是测量电动机绕组与机壳间的耐压能力,测量仪器为耐压试验机。

1. 电动机耐压试验方法

① 耐压试验在电动机静止状态下进行,试验前再测量一次绕组的绝缘电阻,并应在各项试验之后进行。

② 试验时,电压应施于绕组与机壳之间。此时其他不参与试验的绕组均应和铁心及

机壳相连。

③ 试验变压器的容量对每 1 kV 试验电压应不小于 1 kV·A,对单相电动机应不小于 1 kV·A。

④ 试验前应采取切实的安全措施,试验中如发现异常情况应立即断电,并将绕组回路对地放电。

2. 试验电压与试验时间

① 试验电压的数值根据不同产品而定,但对于充水式电动机,应在试验前将其浸没于水中 12 h。

② 试验时,施加电压从电压全值的一半开始,分段增至全值。从半值增到全值的时间应不少于 10 s,全值试验时间应维持 10 min。第二次耐压试验电压值是首次试验电压的 80%。

③ 对功率为 5 kW 及以下的潜水电动机,允许用规定的试验电压数值的 120%,持续 1 s 即可。

④ 电动机绕组匝间冲击耐电压的试验参照相应标准进行。

6.3 负载试验

电动机负载试验的目的是测量电动机的工作特性曲线。试验所用的测量仪表有测量电流、电压、输入功率、功率因数、电源频率和电动机转速等的测量仪表,这些仪表在前面已有介绍。

1. 试验方法

潜水电动机负载试验时,往往把泵看作电动机负载。电动机负载(即电动机输出功率)的改变主要靠改变泵输入功率来实现。泵的试验在前面已有较详细的介绍,这里不再重复。

试验前,在额定电压、规定工况点的流量下,运转电泵 1~2 h,使电动机达到稳定状态。

试验应从功率最小的工况点开始,依次增大功率进行试验。试验的功率尽可能大,一般测量点最好在 13~15 个及以上。

① 若以离心泵为负载,则应从零流量(关死)点开始逐步增大,起码增大到规定(设计)点流量的 150% 以上,并尽可能大一些。

② 若以混流泵或轴流泵为负载,则应从流量调节阀门全开状态开始,流量逐步减少至规定(设计)点流量的 60%~50% 以下,并尽可能小一点。

如果电泵性能试验已达到最大流量点,但相应的电流值尚未达到电动机的额定电流,那么在测试完泵的性能后,应立即逆转电泵,使试验电流达到额定电流,或达到额定电流的 1.25 倍,再测量 2~3 点。

每个工况点应在额定电压下同时测量下列性能参数:

① 对于三相电泵,应测量三相电流、输入功率、电源频率、转差(或转速)、流量、扬程。

② 对于单相电泵,应测量输入功率、定子主绕组的电流、电源频率、转差(或转速)、流量、扬程。

试验结束后,立即在引出电缆端测量定子绕组的热态直流电阻。对于单相电泵,应测量定子主、副绕组的热态直流电阻,并测定在电容器端电压接近额定工作电压时的电容器电流 I_C,以及用低功率因数功率表测量电容器的损耗功率 P_C。

2．电动机特性参数的计算

电动机(包括三相电动机与单相电动机)特性参数包括定子绕组铜损 P_{Cu1}、转子绕组铜损 P_{Cu2}、铁损耗 P_{Fe}、机械损耗 P_{fw}、杂散损耗 P_s。这些参数已在电测功法中详细介绍过,这里不再重复。

功率因数 $\cos\varphi$ 既可以直接用仪表测量得到,也可以用其他电量参数计算得到。

① 三相电动机的功率因数 $\cos\varphi$ 的计算公式为

$$\cos\varphi = \frac{P_1}{\sqrt{3}U_L I_L} \tag{6-1}$$

式中,P_1 为电动机输入功率,W;U_L 为线电压,V;I_L 为定子线电流,A。

② 单相电动机的功率因数 $\cos\varphi$ 的计算公式为

$$\cos\varphi = \frac{P_1}{U_1 I_1} \tag{6-2}$$

式中,U_1 为电压,V;I_1 为定子绕组总电流,A。

3．绘制电动机的工作特性曲线

绘制电动机的工作特性曲线,如图 6-1 所示。

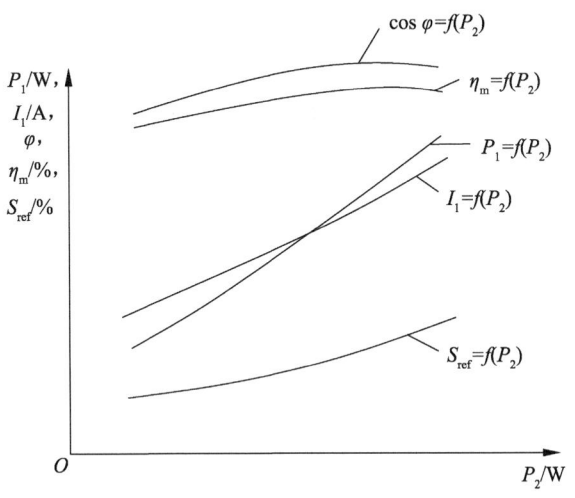

图 6-1　电动机工作特性曲线

6.4　温升试验

电动机的温升试验是测试电动机运行达到热稳定状态后,定子绕组的温度是否在电动机基准工作温度范围内,所用的仪器仪表包括电桥、电流表、功率(瓦特)表和秒表。

1. 试验方法

用电阻法测定子绕组的温升。

① 定子绕组的冷态和热态电阻必须在相同的电缆引出端进行测量。

② 将潜水电泵潜入水中,并在额定电压和额定功率下运行 1.5~4.0 h,直到电动机达到热稳定状态(电流不再变化)。

③ 每隔 15 min 记录一次电压、电流和电动机输入功率,待所有数据稳定后,停机测量。

④ 停机并开始计时,连续测定一定等间隔时间 $t_1, t_2, \cdots, t_n$ 对应的电阻值,直到电阻变化缓慢。

⑤ 测得第一点电阻值的时间应尽可能短,一般不能超过 20 s。

⑥ 采用半对数坐标绘出电阻 R 随时间 t 的变化曲线,如图 6-2 所示。电阻曲线外延与纵坐标的交点即为断电瞬间的电阻值 R_t。

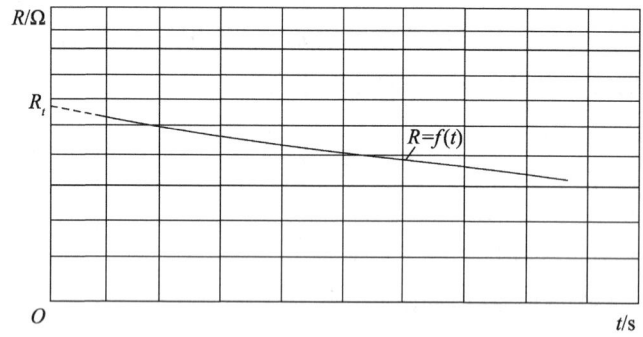

图 6-2 温升试验曲线

⑦ 如果停机后电阻值连续上升,那么应取测得的电阻最大值为断电瞬间的电阻值。

⑧ 对于功率较大的矿用潜水电泵和井用潜水电泵,可模拟现场条件测试。

2. 电动机定子绕组的温升计算

① 电动机定子绕组温升的计算公式为

$$\Delta T = \frac{R_t - R_0}{R_0}(k_u + \theta_0) + \theta_0 - \theta_t \tag{6-3}$$

式中,ΔT 为试验时电动机定子绕组的温升,K;R_t 为试验结束时绕组的电阻,Ω;R_0 为试验开始时绕组的冷态电阻,Ω;k_u 为常数,对铜绕组 $K_u = 235$,对铝绕组 $K_u = 225$;θ_0 为试验开始时绕组的温度(即试验开始时泵周围的水温度),℃;θ_t 为试验结束时电泵周围(0.5 m 以内)的水温,℃。

② 额定功率时绕组温升 ΔT_N 的计算公式如下:

当 $\dfrac{I_t - I_N}{I_N}$ 在 ±(5%~10%)范围内时,

$$\Delta T_{\mathrm{N}} = \Delta T \left(\frac{I_{\mathrm{N}}}{I_t}\right)^2 + \left[1 + \frac{\Delta T \left(\frac{\overline{I_{\mathrm{N}}}}{I_t}\right)^2 - \Delta T}{K_{\mathrm{u}} + \Delta T + \theta_t}\right] \tag{6-4}$$

当 $\dfrac{I_t - I_{\mathrm{N}}}{I_{\mathrm{N}}} < \pm 5\%$ 时，

$$\Delta T_{\mathrm{N}} = \Delta T \left(\frac{I_{\mathrm{N}}}{I_t}\right)^2 \tag{6-5}$$

式中，ΔT_{N} 为额定功率时定子绕组的温升，K；I_{N} 为额定功率时的电流，又称满负载时的电流值，A；I_t 为温升试验时的电流，取在 1/4 时间内按相等时间间隔测得的几个电流的平均值，A；ΔT 为对应于 I_t 时的定子绕组温升，K。

6.5　堵转试验

电动机堵转（就是卡住不转）试验就是测定电动机的堵转特性，即堵转电流、堵转转矩、堵转功率。所用的测量仪表有电流表、电压表、功率（瓦特）表、电桥等。

6.5.1　试验方法

堵转试验在电动机接近实际冷态下进行。试验时将电动机的转子堵住（卡住），卡住的工具要安全可靠，并严防发生对人身和设备有伤害的事故。试验前应事先确定电动机转子的转向，电动机转子的卡住位置以方便可靠为宜。

三相电动机试验时，施加在电动机定子绕组的电压应尽可能从不低于 0.9 倍额定电压开始，逐步降低电压至电流接近额定电流。其间测量 5～7 点的读数值，每点应同时读取三相电压、三相电流、输入功率和转矩。每点连续通电时间不应超过 10 s。对于出厂检查性试验，可仅在接近额定电流值的点测量堵转时的电压、电流和输入功率。如果调压器的容量足够大，也可直接在额定电压下开始测量堵转电流和输入功率。

对功率在 45 kW 以下的电动机，堵转试验时最大电流值应不低于额定电流的 4.5 倍；对功率在 45～100 kW 范围内的电动机，最大电流值应为额定电流的 2.5～4.0 倍；对功率在 100 kW 以上的电动机，最大电流值应为额定电流的 1.5～2.0 倍。

对单相电动机，应先在定子绕组上施加低电压，并使堵转电流接近额定电流；然后保持此电压并使电动机的定子和转子在圆周方向产生相对位移，测出堵转转矩最小的位置和堵转电流最大的位置；分别做好标记后，切断电源，重新调整电动机的位置，使测力计与堵转臂始终保持垂直的条件下，分别在上述两处标记位置上进行堵转试验。

试验时，仅需在接近额定电压值的点测量堵转转矩和堵转电流。每次通电的持续时间不得超过 5 s。两组测量值中，堵转转矩取小者，堵转电流取大者，作为该电动机的堵转转矩值和堵转电流值。

对大功率的电动机，由于试验条件受到限制，测量堵转电流有困难时，可以在额定电压下用示波器拍摄电动机起动电流的方法来测量堵转电流。

若采用圆图计算法求取最大转矩,则其堵转试验应在 2.0～2.5 倍额定电流范围内的某一电流值下进行。

6.5.2　堵转特性的计算

若堵转试验的最大电压在 0.9～1.1 倍额定电压范围内,则堵转电流 I_{KN} 和堵转转矩 T_{KN} 可在堵转特性曲线上直接查得。

若堵转试验最大电压低于 0.9 倍额定电压,则应作 $\lg I_k = f(\lg U_k)$ 曲线,并从最大电流外延曲线,查得堵转电流值 I_{KN},堵转转矩 T_{KN} 可按下式计算:

$$T_{KN} = T_K \left(\frac{I_{KN}}{I_K} \right)^2 \tag{6-6}$$

式中,T_{KN} 为堵转转矩,$N \cdot m$;I_{KN} 为堵转电流,A;T_K 为在最大试验电流 I_K 时测得或计算得到的转矩,$N \cdot m$;I_K 为堵转试验时的各点实测电流,A。

堵转试验时定子绕组的铜损 P_{KCul} 的计算公式为

$$P_{KCul} = 3 I_K^2 R_K \tag{6-7}$$

式中,P_{KCul} 为堵转试验时定子绕组的铜损,W;R_K 为堵转试验时各点实测定子绕组的直流电阻,Ω。

堵转转矩 T_K 的计算公式为

$$T_K = 9\,550 \times \frac{P_K - P_{KCul} - P_{Ks}}{n_0} \tag{6-8}$$

式中,P_K 为堵转时的输入功率,kW;P_{Ks} 为堵转时的杂散损耗(包括铁损),一般情况下 $P_{Ks} = 0.05 P_K$,kW;n_0 为电动机的同步转速,r/min。

6.5.3　电动机的堵转特性曲线

绘制电动机的堵转特性曲线,如图 6-3 和图 6-4 所示。

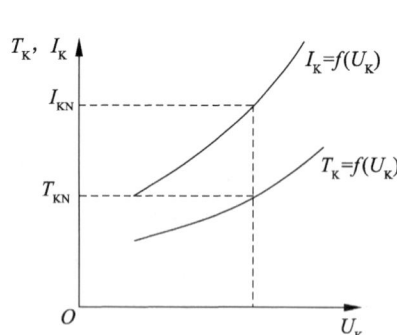

图 6-3　堵转特性曲线 U_{KN}

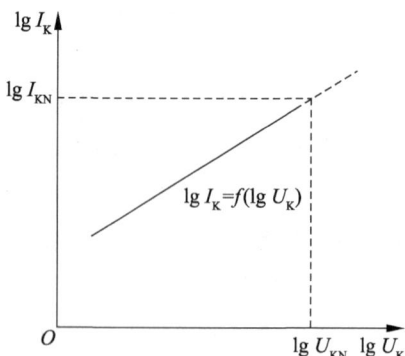

图 6-4　堵转电流、电压对数曲线

第7章

振动与噪声的测量

7.1 振动概述

振动是普遍存在的物理现象,也是评价泵机组是否可靠运行的一个重要指标。除了某些利用振动原理工作的机器外,多数情况下振动对泵机组是有害的。物体的振动除了辐射噪声外,还直接对人体产生危害,特别是频率在 $1\sim20$ Hz 范围的低频振动,对人体的危害更加严重。人体器官的固有频率为 $3\sim14$ Hz,因为这个频段的振动会引起身体的共振,如晕车、晕船就属于全身振动性疾病。

振动对泵的运行危害很大,它可以使泵的零部件损坏、寿命缩短、效率下降、噪声加剧,严重时会与泵房发生共振而导致泵不能开机。所以,在泵运行过程中,应当找出泵发生振动的原因并采取措施,避免发生振动。要评价泵的振动,首先要了解泵振动是如何引起和测量的。

7.1.1 引起振动的原因

泵的振动十分复杂,泵振动的原因很多,主要由电气、水力、机械和水工等方面引起。具体来说,与配套动力、加工制造、机组装配、安装基础、水工建筑及运行工况等有关。

① 电气方面:如电动机内部电磁力不平衡等。

② 水力方面:如泵在偏离设计工况下运行时,流量过大或过小,压力脉动,吸入状态不良,汽蚀、混入异物叶轮堵塞,等等。

③ 机械方面:如机组安装不同心、摆度大、刚性差,叶轮残余不平衡量过大,零部件强度不足,安装基础薄弱。

④ 水工及其他原因:如进水条件不良、淹没深度不够、自振引起的共振等。

当前,泵向高速和大功率方向发展,振动问题尤显突出,所以泵振动的测量与防治更加引起人们的关注。

7.1.2　振动的分类

（1）按产生振动的原因分类

① 自由振动：系统在去掉外加干扰力后出现的振动。

② 被迫振动：系统在激振力持续作用下产生的振动。

③ 自激振动：机械系统因外部能量与系统运动耦合形成振荡激励而产生的振动。

（2）按振动随时间变化的规律分类

① 简谐振动：物体振动参量（位移、速度和加速度）的瞬时值随时间按正弦或余弦函数规律变化的周期性振动。

② 非简谐振动：系统运动量值按一定时间间隔重复出现的振动。

③ 随机振动：对于未来任意给定时刻，物体运动量的瞬时值均不能根据以往的运动历程预先加以确定的振动。

（3）按振动系统的结构参数分类

① 线性振动：系统的惯性力、阻尼力和弹性恢复力分别与加速度、速度和位移的一次方成正比，能用常系数线性微分方程描述的振动。

② 非线性振动：系统的惯性力、阻尼力和弹性恢复力具有非线性特性，只能用非线性微分方程描述的振动。

（4）按振动系统的自由度数目分类

① 单自由度系统的振动：用一个广义坐标就能确定系统在任意瞬时位置的振动。

② 多自由度系统的振动：用两个或两个以上的广义坐标才能确定系统在任意瞬时位置的振动。

③ 连续系统的振动：需要无穷个广义坐标才能确定系统在任意瞬时位置的振动。

（5）按振动形式分类

① 纵向直线振动：振动体上的质点只做沿轴线方向的直线振动。

② 横向直线振动：振动体上的质点只做沿垂直于轴线方向的直线振动。

③ 扭转振动：在振动体垂直轴线的两个平面上，质点相对做绕轴线的回转振动。

④ 摆动：振动体上质点在同一平面做绕垂直平面轴线的回转振动。

上述各类振动都可用微分方程或数理统计的方法加以描述，其中一部分简单振动问题可以获得精确解，或采用数值解法求得近似解。但仍有许多工程振动问题因其弹性系统和振源复杂等而难以从理论上得到满意的解答，泵的振动就属于此类。因此，泵的振动测量就成为解决振动问题和进行振动控制的重要手段。随着科学技术的进步与微电子技术的发展，涌现出很多先进的传感器及测振仪器，使得振动测量的效率和准确度大大提高，从而使振动测量技术更趋于完善。

7.1.3　机械振动的基本参量

机械振动是指在机械设备运动状态下，机器上某观测点的位移绕其平均值或相对基准随时间不断变化的过程,简称振动。描述振动特征的主要参量有三个,即振幅、频率和相位。

1. 振幅

振幅是物体动态运动或振动的幅度,是振动强度和能量水平的标志,也是评判机器运转状态优劣的主要指标。振幅分别采用振动的位移、速度或加速度加以描述和度量。

（1）振动的位移

振动位移的量值为峰峰(pp)值,即正峰与负峰之间的差值,峰峰值是整个振动历程的最大值,用 x 表示,其单位为 μm,其有效值代表振动系统的势能。

（2）振动的速度

振动速度的量值为均方根(rms)值,也称有效值,用 v 表示,单位为 mm/s,其有效值代表振动系统的动能。

（3）振动的加速度

振动加速度的量值是单峰(p)值,单峰值是正峰或负峰的最大值,用 a 表示,其单位为 mm/s^2,其有效值代表振动系统的功率谱密度。

当振动为简谐振动时,上述三者可以通过微分和积分进行换算,其关系见表 7-1。只要测出位移、速度、加速度三者之中的任意一个,就可以利用微分或积分求得另外两个。在测量时,只需要将旋钮转至位移、速度、加速度的位置,就可以在仪表的显示屏上直接读出所需参量的数值。

表 7-1　简谐振动中位移、速度、加速度的换算关系

名称	表达式	量值	单位	幅值比	意义与应用
位移	$x = A\sin(\omega t + \varphi_0)$ 式中,A 为振幅;ω 为角速度;t 为时间;φ_0 为初始相位	峰峰值	μm	$X_p = A$	① 具体地反映配合间隙的大小,为早期大部分机械检测的标准; ② 在低频范围内,振动强度与位移成正比,目前常用于固定型非接触式位移量的测量; ③ 用于监视滑动轴承
速度	$v = \dfrac{dx}{dt}$ $= A\omega\cos(\omega t + \varphi_0)$	均方根值	mm/s	$X_p = 0.707A$	① 振动速度反映能量的大小,在中频范围内,振动强度与速度成正比; ② 表明设备的疲劳程度,广泛应用于各种机械的振动测量; ③ 用于转动机械的振动评定,为 ISO 及国标规定使用的单位
加速度	$a = \dfrac{d^2 x}{dt^2}$ $= -A\omega^2\sin(\omega t + \varphi_0)$	单峰值	mm/s^2	$X_k = A/2$	① 振动加速度反映冲击力的大小; ② 在高频范围内,振动强度与加速度成正比; ③ 高频振动时使用,检视轴承间隙、齿轮间隙,体现冲击能量

2. 频率

对于振动的描述除了采用振幅外,还可以用频率表示。所谓频率 $\left(f = \dfrac{\omega}{2\pi}\right)$ 就是单位

时间内完成全振动的次数,它是描写振动快慢的物理量,是振动特性的标志。周期 $\left(T=\dfrac{1}{f}\right)$ 是完成一次全振动所需要的时间。在振动测量中,由振动传感器接收的信号通常是复杂的时间函数,利用信号处理技术,通过傅里叶变换将时域信号转换成频域信号并加以分析,这种方法称为频谱分析。通过频谱分析可求得振动信号的频率成分和结构,进而分析系统的传递特性。通过频谱分析可以对被测对象进行振动监测和故障诊断。通常用专门的频谱分析仪或频率仪直接测定各次谐波的分量或描绘频谱图。

3. 相位

相位用来描述振动物体在一个周期内所处的不同的运动状态,用三角函数表示的简谐振动方程中的 $(\omega t+\varphi_0)$ 即为相位,φ_0 为初始相位。在振动测量中有时需要测量振动信号的相位,例如转子动平衡试验时,就需要知道振动信号的相位,以便确定不平衡质量的位置。振动信号的相位一般用相位角表示,其单位为弧度(rad)。

振动烈度是描述振动标准的通用术语,是描述一台机器振动状态的特征量。衡量物体的振动烈度的量有三个,即位移、速度和加速度。其中,振动速度可以反映振动的能量,绝大多数机械设备的结构损坏都是振动速度过大引起的。所以,国际标准及我国标准都规定用振动速度的有效值作为振动烈度的度量值。所谓振动烈度,就是指物体振动速度的均方根值(有效值),它反映了包含各次谐波能量的总振动能量的大小,表达式为

$$V_{\mathrm{rms}}=\sqrt{\frac{1}{N}\sum_{N=0}^{N-1}V^2} \tag{7-1}$$

式中,V_{rms} 为振动速度的均方根值,mm/s;V 为振动速度,mm/s。

在振动测量标准中,依据振动速度的均方根值(有效值)将振动分为若干烈度级。同样,烈度级也可以用分贝表示,如式(7-2)所示,单位为分贝(dB),即

$$L_V=20\times\lg\frac{V_{\mathrm{rms}}}{V_0} \tag{7-2}$$

振动烈度以分贝表示时,选 $L_V=10^{-5}$ mm/s 为参考值,即此时振动速度的有效值为零,即振动烈度为 0 dB。

7.2 振动测量系统

7.2.1 振动测量方法的分类

1. 电测法

将被测件的振动量(位移、速度、加速度)通过传感器转化成电量(电流、电压、电荷)或电参量(电阻、电容、电感)的变化,使所输出的电量或电参量与振动的瞬间值之间保持一定的比例关系,然后用电量测试仪测量,通过分析、计算、实时处理等把衡量振动的参数记录或显示出来。这种方法的灵敏度高,频率范围、动态范围和线性范围宽,便于分析和控制,是目前应用最广泛的测量方法,但使用该方法测量时易受电磁干扰。

2．机械法

将被测件的振动量转换成机械信号,再经机械系统将机械信号放大后进行测量和记录,常用的有杠杆式测振仪。该方法抗干扰能力强,但频率范围、动态范围和线性范围窄,测试时会给试件一定的负载效应,影响测试结果,精度不高,使用不便,目前较少使用。该方法主要用于低频率、大振幅及扭转振动的测量。

3．光学法

将工程振动的变化量转换为光学信号,利用读数显微镜、光杠杆和光波干涉原理、激光多普勒效应和光纤等进行测量。该方法不受电磁干扰,测量精度高,适用于对质量和体积较小、不易安装传感器的试件做非接触测量。在精密测量和传感器、测振仪的校准中用得比较多。

7.2.2　振动测量系统的组成

振动测量系统一般由振动传感器、放大器、分析及显示记录设备组成,如图 7-1 所示。传感器也称拾振器,是将振动参数(如速度、位移、加速度)转换成电信号,电信号经前置放大器放大、处理及变换(如由微积分电路变换位移、速度和加速度)后,再送至显示记录设备显示或记录;或通过分析、计算、实时处理等,把衡量振级参数的时间历程、频率谱等以数字或图形的方式显示出来和记录下来。

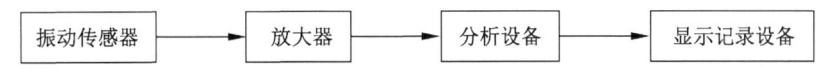

图 7-1　振动测量系统的组成

不同的振动测量系统采用不同的测振方法,上述振动测量方法分类中以电测法应用最为广泛。电测法中常用的振动传感器有压电式加速度传感器、电容式位移传感器、电感式振动传感器、电磁式速度传感器及电涡流式传感器等。

1．振动传感器

(1)振动传感器的类型

1)压电式加速度传感器

压电式加速度传感器主要由压电元件、惯性块、座圈和外壳组成,如图 7-2 所示。测振时将加速度传感器固定在被测物体上,使其随被测物体一起振动。在振动时,压电元件因受到惯性质量对其施加的交变压力而输出交变电荷,其电荷输出量与受力大小成正比,而所受力的大小又与振动加速度成正比。因此,电荷输出量与被测物体的加速度成正比,所以压电式传感器是加速度传感器。压电元件是加速度传感器的核心,通常是由压电陶瓷经人工极化制成的,如人工极化陶瓷、压电石英晶体等。压电元件在一定方向的外作用下或承受变形时,在晶体面或极化面上会有电荷产生,这种从机械能(力、变形)到电能(电荷、电场)的变换称为正压电效应。在图 7-2 中,底座可旋入外壳内以产生必要的预紧力。这个预紧力非常有必要,因为当惯性质量振动时,首先必须保证晶体始终受到压力,其次是晶体的电压和压力之间的关系,在压力很小时这个关系不是线性的,即使晶体表面研磨得很好,也难以保证接触面绝对平整。因此,如果没有足够的压力就不能保证全面均匀接触,致使接触电压在最初接触阶段不是常数,而是随着压力发生变化,从而影响传感器的灵敏度。反之,预应力也不宜过大,否则也将影响传感器的灵敏度。

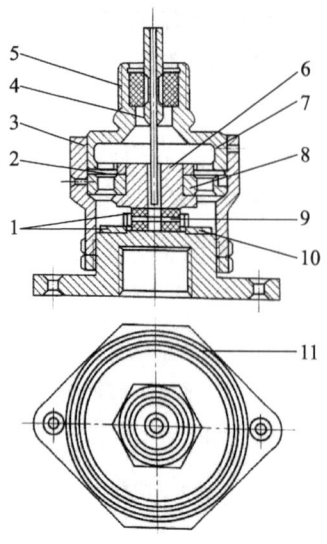

1—钛酸钡晶体;2—弹簧膜片;3—螺母;4—插件;5—绝缘环;6—惯性块;

7—盖子;8—挡圈;10—座圈;11—外壳。

图 7-2 压电式加速度传感器的结构示意图

压电式加速度传感器的结构型式很多,图 7-3 所示为几种典型的压电式加速度传感器。其中,隔离压缩型比较常用;单端压缩型的弹簧与外壳无关,外壳仅起到屏蔽保护作用,消除了瞬变温度对加速度传感器灵敏度的影响;剪切型的压电元件与惯性质量和基座是用黏结剂黏接在一起的,它具有灵敏度高、受外界影响小的优点,但能适用的频率低、加速度小,而且装配工艺复杂、成本高。

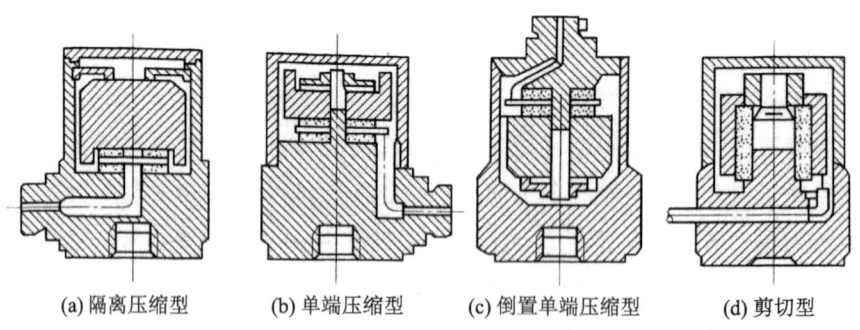

(a) 隔离压缩型   (b) 单端压缩型   (c) 倒置单端压缩型   (d) 剪切型

图 7-3 几种典型的压电式加速度传感器

压电式加速度传感器适用的测频范围如下:若与前置放大器配套,则测频范围为 $2 \sim 10^4$ Hz;若与电荷放大器配套,则测频范围为 0.3 Hz,可测加速度为 $10^{-4} \sim 10^4$ mm/s^2,特别适用于冲击测量。由于压电加速度传感器的输出信号是非常微弱的电荷,而传感器本身的内阻很大,因此输出能量很小,它必须经高阻抗的前置放大器或电荷放大器放大和检测后才能进行测量。随着微电子技术的发展,目前已有将压电式加速度传感器与前置放大器进行集成的产品,同时增加了积分电路,积分后可得到速度和位移。压电式加速度传感器的灵敏度高、频率范围宽、结构尺寸小、质量轻,但受温度、湿度的影响较大。压电式加速度传感器是目前应用最广泛的传感器。

2)电容式位移传感器

电容式位移传感器一般分为两种类型,即可变间隙式电容式位移传感器和可变公共面积式电容式位移传感器。可变间隙式电容式位移传感器可以测量直线振动的位移,可变公共面积式电容式位移传感器可以测量扭转振动的角位移。图 7-4a 所示为可变间隙式电容式位移传感器的结构示意图,平弹簧与惯性质量相连,并与定片组成电容的两极,两极间的静态间隙为 δ_0。测振时基座固定在被测振动体上,定片随基座同步振动。由于平弹簧十分柔软而惯性质量相对较大,因此振动时惯性质量几乎不动,于是平弹簧和定片间产生相对位移,即两极间的距离变为 $\delta_0 + \mathrm{d}\delta$。若电容两极间的面积保持不变,则电容的变化量为

$$\mathrm{d}C = \pm \frac{C_0}{\delta_0} \mathrm{d}\delta \tag{7-3}$$

式中,C_0 为未振动时的电容量。由此可见,电容变化量 $\mathrm{d}C$ 与电容两极间气隙变化量 $\mathrm{d}\delta$ 成正比。

图 7-4b 所示为可变公共面积式电容式位移传感器的结构示意图,振动时电容两极间间隙不变,而两极间重叠面积改变,则电容的变化量为

$$\mathrm{d}C = \frac{\varepsilon}{\delta_0} \mathrm{d}S \tag{7-4}$$

式中,ε 为介电常数。由此可见,电容变化量 $\mathrm{d}C$ 与电容两极间重叠面积变化量 $\mathrm{d}S$ 成正比。为了提高 $\mathrm{d}C$,可以减小 δ_0 或增大 $\mathrm{d}S$。为此,常将传感器截面制成齿形。

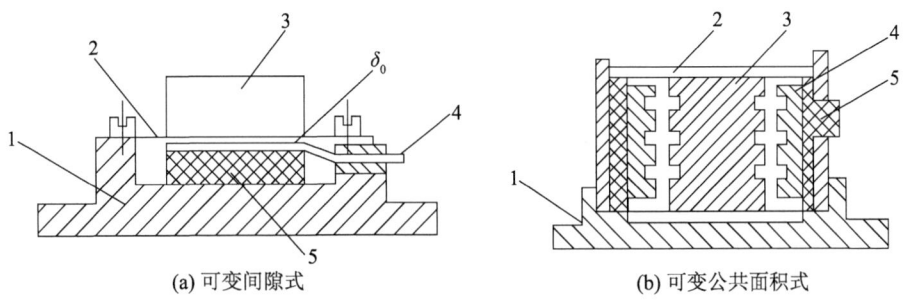

(a) 可变间隙式　　　　　　　　　　　(b) 可变公共面积式

1—基座;2—平弹簧;3—惯性质量;4—定片;5—绝缘物。

图 7-4　电容式位移传感器的结构示意图

电容式位移传感器适用于测量 10～500 Hz 范围内的角位移和 0.001～1 mm 范围内的线位移,它具有灵敏度高、结构简单等优点,但受温度、湿度及电容介质等的影响较大。

3）电感式振动传感器

图 7-5 所示为电感式振动传感器的原理图及记录波形。振动时,由弹簧支撑的惯性质量和与壳体相连的电磁体间的间隙 δ 发生变化,导致线圈周围的磁通发生变化而产生感应电动势。如果选择足够大的惯性质量和十分柔软的弹簧,那么惯性质量和电磁体间气隙 δ 的变化就是振动体的振幅值,且电磁体内的电感量与 δ 成反比。这种测振传感器常在壳体的铁心上装有线圈,线圈上供有交流电,交流电源的频率比所测振动的频率高,如图 7-5b 所示。当壳体振动时,由气隙变化引起的电感量变化如图 7-5a 所示,两种波形叠加后的调制波形如图 7-5c 所示。在测试系统中,整流后即可得到图 7-5d 所示的波形。滤波后可得到图 7-5e 所示的波形,即为实际振动波形。电感式振动传感器一般适用于测量 20～1000 Hz 范围内的振动信号,为了增加电感式振动传感器的灵敏度和提高测量的精度,常采用桥式电路或将传感器制成差动式传感器。

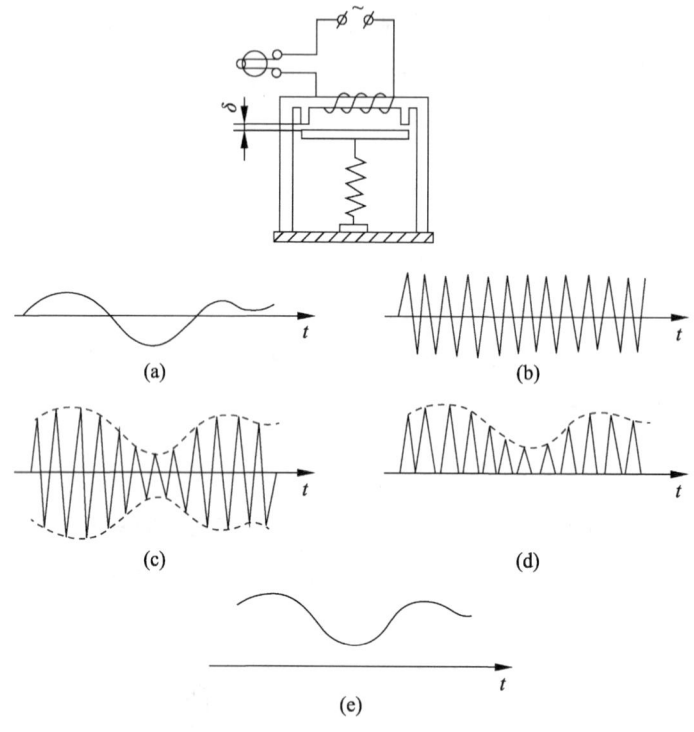

图 7-5　电感式振动传感器的原理图及记录波形

4）电磁式速度传感器

图 7-6 所示为电磁式速度传感器的原理图,它由磁铁、装有线圈的框架、平弹簧、支柱和与被测物体表面安装在一起的底座组成。由于磁铁质量很大,而平弹簧很柔软,在振动过程中磁铁几乎保持原位置不动,因此线圈切割磁力线会产生与振动速度成正比的电动势 e,即

$$e = BL\frac{\mathrm{d}x}{\mathrm{d}t} \times 10^{-4} \tag{7-5}$$

式中，B 为磁感应强度，T；L 为线圈导线总长度，m；$\dfrac{\mathrm{d}x}{\mathrm{d}t}$ 为线圈和磁场的相对运动速度（即振动速度），m/s。

由式(7-5)可见，电动势 e 与振动速度成正比。因此，这种传感器是速度传感器，经一次微分可得振动体的加速度，经一次积分可得振动体的位移。电磁式速度传感器适用于测量 $10\sim500$ Hz 范围内的线速度或角速度，$0.001\sim1$ mm 范围内的线位移，$0.01\sim10$ mm/s² 范围内的加速度。这种传感器的灵敏度高，测量精度高，受温

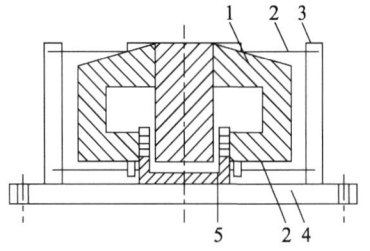

1—磁铁；2—平弹簧；3—支柱；
4—底座；5—框架。

图 7-6　电磁式速度传感器的原理图

度、湿度的影响小，低阻抗输出引起的干扰噪声小，但结构尺寸和质量大，受磁场的影响大，若采用永磁体，则其磁场衰减会导致灵敏度降低。

5）电涡流式传感器

电涡流式传感器是利用电涡流感应原理传感信号的。当金属物体置于交变磁场中时，在金属体内会产生感应电流，此电流在金属体内自成回路，称为涡电流（简称涡流）。以上现象称为电涡流效应，根据电涡流效应制成的传感器称为电涡流式传感器。涡电流一旦形成，就会产生磁场，此磁场将阻止原来产生涡流的磁场的变化。

电涡流式传感器是将一个电感线圈 L 与电容 C 并联，构成 LC 回路，如图 7-7 所示。

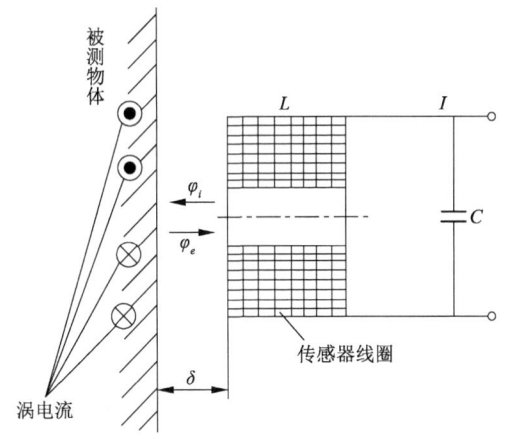

图 7-7　电涡流式传感器的原理图

当被测物体置于无穷远时，将此振荡回路调谐于 1 MHz 的频率上。当传感器移近被测物体（必须是金属导体）时，由于 1 MHz 高频电流在线圈中产生的磁场 φ_i 的感应使被测导体上产生涡流，而此涡流又产生磁场 φ_e 且其方向与 φ_i 的方向相反，因此会抵抗 φ_i 的变化。当两磁场叠加后，电感线圈中的磁通总值因 φ_e 的变化而发生变化。由于电感 $L=\dfrac{\mathrm{d}\varphi}{\mathrm{d}i}$，因此 φ_e 与 φ_i 叠加的结果使电感 L 发生变化，引起 LC 谐振回路失谐，其阻抗发生变化，从而使输出电压 E_o 发生变化。E_o 的变化量和被测物体的材料性质（导磁性与导电性）、形状、尺寸及其与传感器的距离 δ 等因素有关。当被测物体确定后，E_o 的变化就

只与传感器和被测物体之间的距离 δ 的变化有关。因此，E_0 可以表示成 δ 的单值函数，即 $E_0 = f(\delta)$。

E_0 经放大器后输出电压 V，电压 V 与 δ 的关系如图 7-8 所示。由图可知，V 与 δ 并非呈线性关系，其函数特征为 S 形曲线，虽然其整个函数是非线性的，但可以选取其近似为线性的一段，如 $\delta_1\delta_2$ 段。因此，为了使传感器工作在线性范围内，传感器的理想安装位置应是工作范围的中点，即图 7-8a 所示的 C 点。为此在测振仪器上设置了输出电平移动器，将对应于 δ_0 时的输出电平移至零电平，则 V-δ 曲线就如图 7-8b 所示。当被测物体振动时，距离 δ 便在 $\delta_1 \sim \delta_2$ 之间变化。若振动信号是正弦信号，则输出电压 V 也在 $V_1 \sim V_2$ 之间按正弦规律变化。

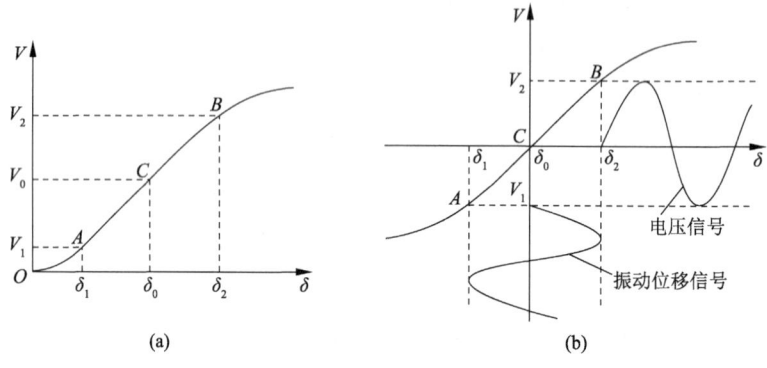

图 7-8　放大器输出电压 V 与 δ 的关系

电涡流式传感器是一种非接触式的线性化测量仪器，能静态和动态地非接触、高线性度、高分辨力地测量被测金属导体距探头的距离，能准确测量被测物体和探头端面之间的静态与动态的相对位移变化。

电涡流式传感器具有可靠性强、灵敏度与分辨率高、测量范围与频率响应范围大、体积小、使用方便等优点，在大型旋转机械的在线监测与故障诊断中得到了广泛应用。另外，电涡流式传感器最大的特点是能对位移、厚度、表面温度、转速、应力、材料损伤等进行非接触式连续测量，应用范围广。

（2）振动传感器的合理选择

振动传感器的选择应注意以下事项：

① 根据测量目的和拟测量的振动参数（速度、位移、加速度），正确选择与之相适应的传感器。如测量振动速度时，应尽量直接采用速度传感器，避免通过振动位移传感器微分或加速度传感器积分求取速度时带来的误差。

② 根据测量的频率选择传感器。在低频振动场合，加速度的幅值不大，宜做振动位移测量；在中频振动场合，宜做振动速度测量；在高频振动场合，宜做振动加速度测量。因为低频时加速度的幅值有可能小，如果用加速度传感器测量低频振动的位移，就会因低信噪比导致测量不稳定和测量误差增大，不如直接用位移传感器更合理。同样，用位移振动传感器测量高频位移时也有类似的情况发生。

③ 选择传感器时应力图使最重要的参数能以最直接、最合理的方式测得。如考察惯性力可能导致泵的破坏或故障时,宜做加速度测量;当以振动速度均方根值考察泵的振动烈度时,宜做振动速度测量;监测机件的位置变化时,宜选用电涡流式或电容式传感器做位移测量。选择时还需要注意在实际机器设备上安装的可行性。

④ 传感器的频率范围、量程、灵敏度等指标因受其结构的限制而有自身的适用范围,需要根据被测系统的振动频率范围来选用合适的惯性式振动传感器,一般质量大的振动传感器的上限频率低、灵敏度高,而质量小的传感器的上限频率高、灵敏度低。以压电式加速度传感器为例,做超低振级测量的都是质量超过 100 g、灵敏度很高的加速度传感器,做高振级(如冲击)测量的都是质量为几克或零点几克的加速度传感器。

⑤ 振动传感器的测量精度一般应在 ±5% 以内。

⑥ 选型时还应考虑使用环境、价格、寿命、可靠性、维修、校准等因素。例如,激光测振尽管有很高的分辨力和测量精确度,但由于对环境(隔振)要求极严,设备又极昂贵,因此它只适用于实验室做精密测量或校准。

(3) 振动传感器的使用

① 传感器应妥帖、牢固地安装在被测试件上,否则除了传感器本身固有的共振峰外,又会附加一个频率稍低的共振峰。振动传感器一般有螺栓连接、蜂蜡粘接、磁座吸附、接触手持等几种安装方式。振动传感器安装方式的适用范围见表 7-2。

表 7-2　振动传感器安装方式的适用范围

安装方式	工作温度/℃	谐振频率/kHz	特点
螺栓连接	>250	10	测量频率高,需在被测物体上钻孔、攻螺纹
绝缘螺栓	<250	8	用于传感器需与被测物体绝缘的场合
蜂蜡粘接	<40	7	安装位置任意,但高频响应差
磁座吸附	<150	1.5	安装方便,可测量较低频率的振动
接触手持	不限	0.4	操作简单,适于低频振动的测量,误差大

② 加速度传感器的引出电缆应贴在振动面上,不宜任意悬空。

③ 在薄板上进行振动测量时,应选择较轻的传感器,因为传感器的附加质量会使板面振动加速度明显降低。

④ 温度不应超过 250 ℃,在高温条件下压电陶瓷会减退极化,从而导致灵敏度的永久性降低。

⑤ 振动传感器应按期检定,检定周期为一年。

2. 放大器

传感器的功能只是将振动参量转换成其他物理量,目前的测试系统中大部分是转换成电量或电参量。通常由于这种信号非常微弱,必须进行放大才能显示或记录。因此,放大器成为测试系统中必不可少的重要组成部分。放大器除了具有放大功能以外,还可以进行微分、积分和滤波,因此,其输入特性必须与传感器的输出特性相匹配,而其输出特性又必须满足记录显示设备的要求,其匹配的好坏将直接影响测试结果。目前常用的放大器有电压放大器和电荷放大器两种。由于电压放大器对导线电容变化敏感,使用不便,因此常用的是电荷放大器。电荷放大器的输入和输出端之间有深度反馈存在,其输出电压与输入电荷成正比,因此输出电压与导线电容无关,适合远距离测试,常与压电晶体加速度传感器配合使用。

近年来,振动测试技术中还采用了各种振动变送器。振动变送器将利用各种测量原理的振动传感器和信号处理电路(包括滤波、整流、放大、调制等电路)集成在一起,可输出加速度的峰值、速度的有效值、位移峰峰值的 $4\sim20$ mA 的标准电流信号,还可以输出振动的动态波形。输出信号可直接送至可编程序控制器(PC)、集散控制系统(DCS)或其他 $4\sim20$ mA 输入的二次测试仪表,被广泛用于风机、发电机、离心机、压缩机、泵和电动机的振动实时监测。

3. 分析及显示记录设备

测振仪虽然能直接显示被测振动参量(如位移、速度、加速度等),但为了对振动进行分析、长期保存或满足其他特殊要求,还需要选择合适的记录仪将振动信号记录下来。振动测量中常用的记录仪有光线示波器、电子示波器、X-Y 记录仪和磁带记录仪等,其中磁带记录仪应用最广。

在大多数的振动测量中,不仅需要知道振动的幅值,还需要确定振动的频率成分,因此,需要进行频谱分析。振动测量中常用的分析仪器有频谱分析仪、实时分析仪、统计分析仪等,应根据不同的测试目的、要求及环境条件选择合适的记录和分析设备。

随着科学技术及电子工业技术的发展,振动测量仪表也得到了很大的优化,当前的很多振动仪表都将传感器、放大器、显示器、频谱分析及记录设备集成在一起,具有输出接口,可与计算机相连,制成功能齐全、使用操作方便的综合性仪表。

7.2.3　常用测振仪

1. XH6301 手持式袖珍测振仪

XH6301 手持式袖珍测振仪(相当于日本的 Vm-63)是一种数字显示多功能振动测量仪器。该仪器配有压电式加速度传感器和磁吸座,能方便地测量出机械振动的加速度值、速度值、位移值,测量结果均为有效值。

该仪器采用集成化设计,结构紧凑合理,9 V 充电池供电,触摸按键开关,3 位半液晶显示示值,是较为理想的便携式测量仪器。该仪器适用于各种设备的点检、巡检、定期检,能方便地进行各种机械设备的状态监测和故障诊断。

XH6301 手持式袖珍测振仪外形美观,体积小巧,便于携带,操作简便。其性能见表 7-3。

表 7-3　XH6301 手持式袖珍测振仪的性能

性能	指标
振动传感器	一体型:环形剪切型压电加速度传感器 分体型:内置阻抗变换器,环形剪切型压电加速度传感器
振动测量范围	位移:0.01 ～19.99 mm(峰峰值) 速度:0.1 ～199.9 cm/s(有效值) 加速度:0.001 ～ 1.999 m/s²(峰值)
准确度	±5%(测量值)
振动频率范围	通用型:0 ～ 1 kHz 低频型:5～ 1000 Hz 加速度的 HI 挡:1 ～ 15 kHz
显示	3 位半液晶显示
抗干扰性	仪器带有防磁场、防电场屏蔽层
振动测量值显示	位移:峰峰值 速度:有效值 加速度:峰值(有效值)
采样周期	1 s
电源	6F229V 层叠电池
外形尺寸	185 mm×68 mm×30 mm
质量	200 g

2. VA-11S 便携式振动分析仪

VA-11S 便携式振动分析仪是日本 RION 公司推出的内置 FFT 功能的便携式振动分析仪。它采用了最新的电子技术和制造工艺,具有操作简单、可靠性强等特点,通过面板上的 10 个键即可完成所有功能的操作,既可单手操作也可双手操作。由于内置数字处理器,在振动表显示的情况下可同时显示振动的加速度(峰值、有效值、峰值因数)、速度(有效值)和位移(峰峰值)等 5 种测量结果。VA-11S 便携式振动分析仪具有强大的时域分析和频域分析功能,FFT 分辨率可达 800 线。

产品的特点如下:

① 采用数字处理器,可同时显示振动的加速度(峰值、有效值、峰值因数)、速度(有效值)、位移值(峰峰值)等 5 种测量结果。

② 16 位 A/D 转换器,可达 80 dB 动态范围。频域分析时,在测量范围不变的情况下可以有很高的分辨率。

③ 192 点×128 点大屏幕 EL 背光液晶显示器。在环境光线比较暗的情况下,可以使用液晶的背光。

④ 可存储 500 组频谱图,FFT 的分辨率可达 800 线,细化倍数达 8 倍。

⑤ 可显示 10 组频率值,便于精密诊断。

⑥ 可记录时域波形,进行回放分析。

⑦ 数据可记录在 PCMCIA 卡上,通过计算机软件可在计算机上直接读出存储数据。

⑧ 可进行无人管理的定时采样。

⑨ 仪器质量为 770 g,可单手操作。

VA－11S 便携式振动分析仪的技术指标见表 7-4。

表 7-4　VA－11S 便携式振动分析仪的技术指标

性能		指标
传感器	输入通道	1
	传感器	标准传感器 PV－55,可选 PV－57 磁性传感器
	测定振动值	加速度、加速度包络线、速度、位移,加速度包络线仅在分析模式下使用
	测量范围	加速度:0.02～316 m/s²(RMS)
		速度:0.1～1000 mm/s(RMS)
		位移:0.003～28.3 mm(峰峰值)
	测量频率范围	加速度:3～20000 Hz
		速度:3～3000 Hz
		位移:3～500 Hz
测振表	加速度	有效值、峰值、峰值因数
	速度	有效值
	位移	峰峰值
分析模式	A/D 转换器	16 位,51.2 kHz 采样频率
	分析功能	时域波形
	动态范围	80 dB
	频率范围	100 Hz/200 Hz/500 Hz/1 kHz/2 kHz/5 kHz/10 kHz/20 kHz
	采样点数	256/512/1024/2048 点
	时域平均	瞬时值
	频域平均	指数平均、线性平均、峰值保持
显示部分	液晶显示	192 点×128 点带背光 EL 液晶
	图形显示	可显示棒图、时域图、频谱图
存储器	手动存储	测量条件和分析结果可以存在特定的地址,一共可存储 500 组
	连续存储	可连续存储波形
	定时存储回放功能	可存储起始时间、重复间隔、存储数据的长度
	回放功能	可通过仪器回放
	测量条件存储	可存储和回调 10 组用户设定的测量条件
	PCMCIA 卡	ATA 型闪存卡

续表

性能		指标
输出	打印输出	可连接 CP - 11 打印机
	RS232 接口	
其他	电源	4 节 2 号电池
	外形尺寸	188 mm×156 mm×46 mm
	质量	770 g

7.3　泵的振动测量与评价

泵的振动测量与评价执行的标准是《泵的振动测量与评价方法》(GB/T 29531—2013),适用于除潜水泵、往复泵以外的各种形式泵和泵用调速液耦合器,转速一般为 600～12000 r/min,转速小于 600 r/min 时可参照使用。对于降低转速试验的振动测量,不能作为评价的依据。机械往复泵的振动测量执行的标准为《往复泵机械振动测试方法》(GB/T 13364—2008)。

7.3.1　泵的振动测量

1. 泵的安装与固定

泵的安装与固定对振动值的测量有很大影响,应注意以下几点:

① 泵不应安装或固定在具有弹性的软安装底板上,应安装在具有一定刚度、强度及足够大的质量的固定结构的基础上。

② 当泵在试验室做性能试验时,需要进行振动测量和评价。此时对泵的基础固定应严格要求。因为泵在试验时属临时安装,其配套动力、固定方式、管路连接、牢固程度等均与现场有很大不同,所以要特别注意尽量使其满足或类似现场条件。当安装质量不如在工作现场时,应当以在工作现场测得的振动烈度为准。

③ 应尽量保证整个试验装置的固有频率不同于泵的旋转频率或不发生任何显著的谐振。

④ 试验装置通常应满足这样的要求,即在安装泵的底座、轴承支承或电动机机座的试验装置上,在水平和垂直方向测量振动值,其值不超过在该泵轴承上相同方向上测得振动值的 50%。

⑤ 如果上述条件不能满足且不能消除,那么振动验收测试就必须在现场进行。如果一定要在这种特定情况下测定其振动烈度,那么应详细注明基础和固定方法等,供比较振动烈度时参考。

2. 测量仪器

① 正确选用振动烈度测量仪器。测量仪器应具有测量振动宽频带有效值的能力,其通频响应范围至少为 10～1000 Hz。在其范围内仪器能直接显示或记录被测泵振动速度的均方根值。对于转速接近或低于 600 r/min 的泵,其通频响应范围下限应达到 2 Hz。

② 传感器的准确度和测量仪器在测量范围内的灵敏度与 80 Hz 基准灵敏度的偏差不应超过表 7-5 给出的范围(摘自 GB/T 13364—2008)。

表 7-5　振动测量仪器的灵敏度偏差范围

频率/Hz	相对灵敏度		
	额定值	最小值	最大值
1	—	—	0.01
2.5	0.016	0.01	0.025
10		0.8	
20		0.9	1.1
40			
80	1.0	1.0	1.0
160		0.9	
500			1.1
1000		0.8	
4000	0.016	0.01	0.025
10000	—	—	0.01

③ 在进行振动测量之前应细心地检查,保证测量系统不受环境因素的影响,如温度、磁场、声场、电源波动、表面粗糙度、传感器方位、传感器电缆长度等。

④ 振动传感器的质量应小于被测泵质量的 1/10,应可靠地固定在测点上,并保证不会明显地影响泵的振动特性。

⑤ 所用的振动烈度测量仪应经过计量部门鉴定,并在有效期内使用。

⑥ 在使用前对整个测量系统进行校准,保证其精度符合要求。

⑦ 测量仪表的精度应符合 GB/T 13824—2015《旋转与往复式机器的机械振动 对振动烈度测量仪的要求》中对振动烈度测量仪的要求。在选择指针式仪表测试时,应使被测的最低振动烈度值的示值至少等于满量程的 30%。

3. 测量时泵的运动工况

① 在测量离心泵、混流泵、轴流泵等叶片泵的振动时,应在规定转速(允许偏差 ±5%)下的小流量、规定流量、大流量三个工况点上进行,不能在汽蚀状态下进行。

② 对齿轮泵、滑片泵、螺杆泵、往复泵等容积泵,应在规定转速(允许偏差 ±5%)、规定工作压力的工况点上进行测量,不能在汽蚀状态下进行测量。

③ 水环真空泵的振动测量应在规定转速(允许偏差 ±5%)、真空度为 400 hPa 的工况点上进行。

④ 液力耦合器应分别在负载、空载下,在调速范围内均匀地取 10 个转速点进行测量。这 10 个点通常是最大转速的 100%,90%,…,10%(由于空载调速范围限制,能够测

到的转速点允许不足 10 个)。在负载试验时,对应最高转速时应达到额定负载。

⑤ 往复泵测振时,应在额定工况下进行,并满足《机动往复泵试验方法》(GB/T 7784—2018)的规定。

4.测点与测量方向

(1)测点确定

每台泵至少存在一处或几处关键部位,为了了解泵的振动,应把这些关键部位选为测点。测点应选在振动能量向弹性基础或系统其他部件进行传递的地方,泵通常选在轴承座、底座和出口法兰处。轴承座处和靠近轴承处的测点称为主要测点,底座和出口法兰处的测点称为辅助测点。

立式泵主要测点的具体位置应通过试测确定,即在测点的水平圆周上试测,将测得的振动值最大处定为主测点。

典型泵测点位置的选择如图 7-9 至图 7-17 所示(图中 1、2 为主要测点,3 为辅助测点),对于未涉及的其他结构类型的泵可参考这 9 个图例确定其测点位置。

往复泵测点位置的选择同上,但不分主要测点和辅助测点。

(2)测量方向选择

每个测点都在三个互相垂直的方向(水平、垂直、轴向)进行振动测量。

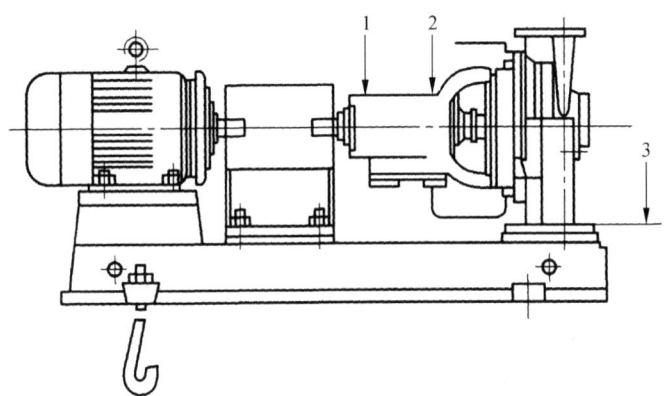

图 7-9　单级或两级悬臂泵

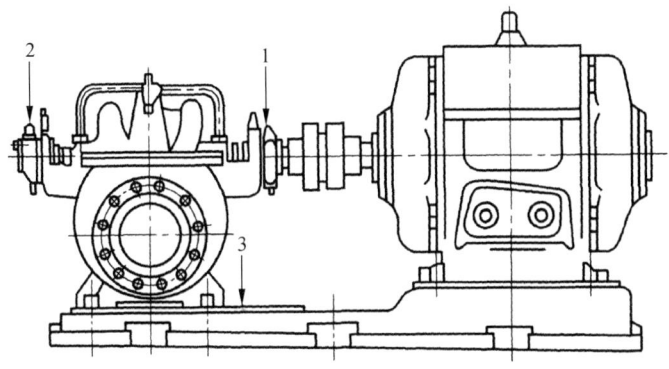

图 7-10　双吸离心泵(包括各种单级、两级两端支承式离心泵)

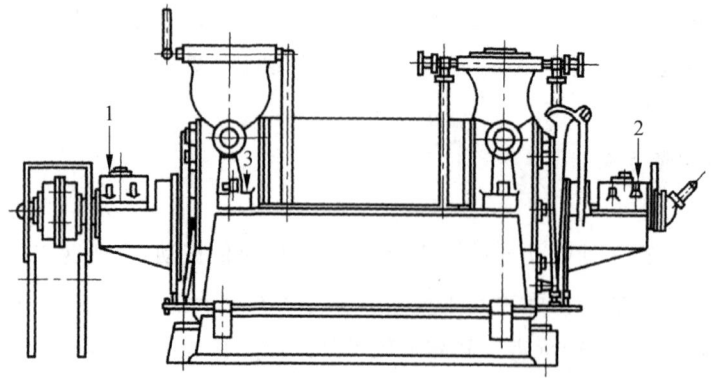

图 7-11　多级离心泵(包括双壳体多级泵)

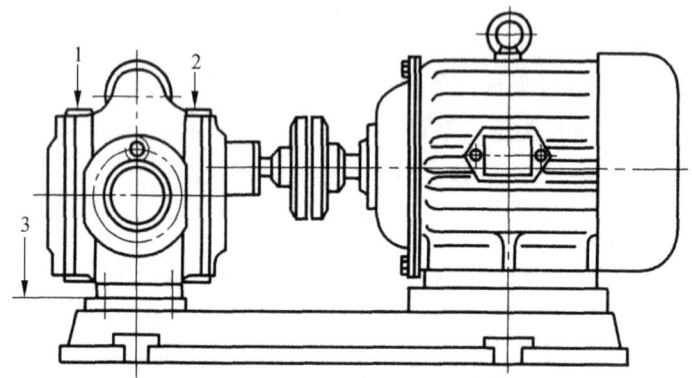

图 7-12　齿轮泵、滑片泵、卧式螺杆泵

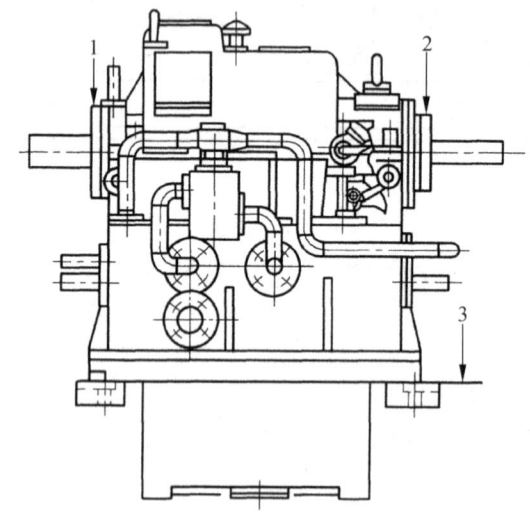

图 7-13　液力耦合器

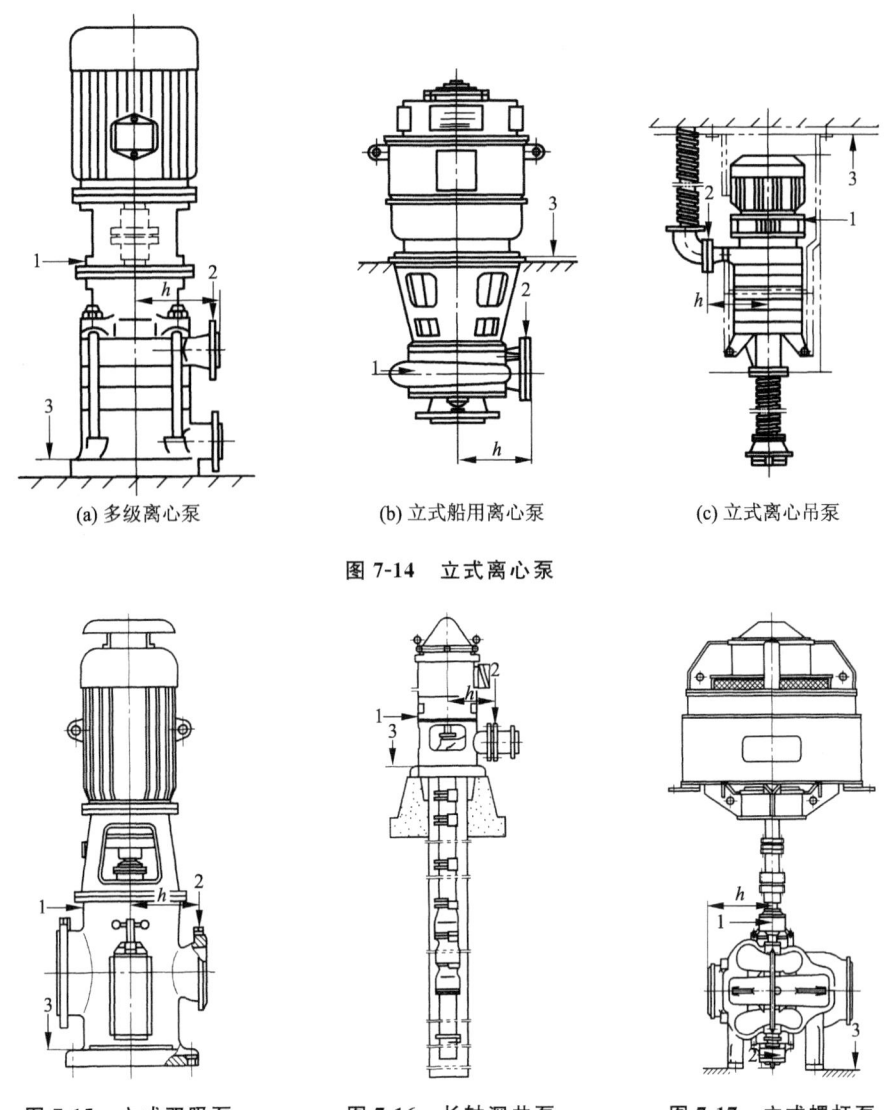

(a) 多级离心泵　　　　(b) 立式船用离心泵　　　　(c) 立式离心吊泵

图 7-14　立式离心泵

图 7-15　立式双吸泵　　　　图 7-16　长轴深井泵　　　　图 7-17　立式螺杆泵

5. 泵的振动烈度

比较主要测点在三个方向（水平方向 X、垂直方向 Y、轴向 Z）、三个工况点（小流量、规定流量、大流量）上测得的振动速度有效值,其中最大的一个定为泵的振动烈度。辅助测点的振动值不能作为评价的依据,当辅助测点的振动大于或接近主要测点的振动值时,说明泵的固定或装配有问题,应调整后重新测量。

7.3.2　泵的振动评价

1. 评价振动烈度的尺度

速度均方根值相同的振动被认为具有相同的振动烈度。标准中规定,$n = 600 \sim 1200$ r/min 的泵,在 $10 \sim 1000$ Hz 范围内,将机械振动烈度从 0.11 mm/s（人体刚有振动的感觉）到 45 mm/s 的范围分成 14 个烈度级,见表 7-6。相邻两个烈度等级之比为 1 : 1.6。

表 7-6　振动烈度分级

序号	振动烈度级	振动速度方均根的范围/(mm·s^{-1})	振动烈度/dB	序号	振动烈度级	振动速度方均根的范围/(mm·s^{-1})	振动烈度/dB
1	0.11	>0.07~0.11	>77~81	8	2.80	>1.80~2.80	>105~109
2	0.18	>0.11~0.18	>81~85	9	4.50	>2.80~4.50	>109~113
3	0.28	>0.18~0.28	>85~89	10	7.10	>4.50~7.10	>113~117
4	0.45	>0.28~0.45	>89~93	11	11.20	>7.10~11.20	>117~121
5	0.71	>0.45~0.71	>93—97	12	18.00	>11.20~18.00	>121~125
6	1.12	>0.71~1.12	>97~101	13	28.00	>18.00~28.00	>125~129
7	1.80	>1.12~1.80	>101~105	14	45.00	>28.00~45.00	>129~133

振动烈度级以 dB 表示时,选 $V_0 = 10^{-5}$ mm/s 为参考值,按式(7-2)计算,同一烈度间相差 4 dB。4 dB 之差对于大多数泵的振动来讲,其相应的振动速度的变化是有意义的。

2. 泵的分类

为了评价泵的振动级别,按泵的中心高和转速将泵分为四类,见表 7-7。往复泵不分类。卧式泵的中心高规定为由泵的轴线到泵的底座上平面间的距离,如立式泵本来没有中心高,为了评价它的振动级别,可取一个相当尺寸作为立式泵的中心高,即规定立式泵的出口法兰密封面到泵轴线间的投影距离为其中心高,如图 7-14 至图 7-17 所示。

表 7-7　泵的分类

类别	中心高及转速		
	≤225 mm	>225~550 mm	>550 mm
第一类	≤1800 r/min	≤1000 r/min	—
第二类	>1800~4500 r/min	>1000~1800 r/min	>600~1500 r/min
第三类	>4500~12000 r/min	>1800~4500 r/min	>1500~3600 r/min
第四类	—	>4500~12000 r/min	>3600~12000 r/min

3. 评价泵的振动级别

泵的振动级别分为 A、B、C、D 四级,D 级为不合格,如表 7-8 所示(参照《泵的振动测量与评价方法》(GB/T 25931—2013))。

泵的振动评价方法是首先按泵的中心高和转速查表 7-7 确定泵的类别,再根据泵的振动烈度查表 7-8 得到评价泵的振动级别。

杂质泵的振动评价方法是将表 7-7 所确定的泵的类别向后推一类,如按表 7-7 在第一类的泵,用表 7-8 中的第二类评价其振动级别,以此类推。

往复泵的振动不分级,各点中所测的最大值即为振动烈度。

表 7-8　泵的振动级别

振动烈度范围		评价泵的振动级别			
振动烈度级	振动烈度分级界线/(mm·s⁻¹)	第一类	第二类	第三类	第四类
0.28	0.28	A	A	A	A
0.45	0.45				
0.71	0.71				
1.12	1.12	B			
1.80	1.80		B		
2.80	2.80	C		B	
4.50	4.50		C		B
7.10	7.10			C	
11.20	11.20	D			C
18.00	18.00		D		
28.00	28.00			D	D
45.00					

7.4　噪声测量中的声学概念

声音是由物体的机械振动产生的。振动的物体称为声源,声源可以是固体、气体或液体。声音可以通过介质(空气、固体或液体)进行传播,形成声波。当声波到达人耳时,人们就听到声音。声波振动的快慢用频率来表示,单位是 Hz(赫兹),它表示物体在 1 s 内振动的次数。人类只能听到频率为 20～20000 Hz 的声波,低于 20 Hz 的声波为次声波,高于 20000 Hz 的声波为超声波。凡是人听起来不悦耳、感到难受的声音,都称为噪声。从物理学的角度来讲,噪声就是各种不同频率的声音无规律的杂乱组合,其波形为无规则的非周期性曲线。为防治噪声的危害,保障人的身体健康、安全生产和正常工作,一些标准和设计规范中都规定了噪声的控制标准,如泵站主泵房的电动机层允许噪声标准不得大于 85 dB(A),中控室允许噪声标准不得大于 65 dB(A)。

噪声的大小是衡量机械设备加工制造、装配及安装质量好坏的重要标志,也是评价泵质量的一项性能指标。泵噪声的测量实际上是测量声音,它是噪声控制的基础。对噪声进行测量和分析有助于找到声源、排除噪声,为改进泵产品质量提供必要的依据。

噪声是声音的一种,具有声音的一切特征。因此,物理学中的声学知识均可用于对噪声的理解和分析。现简要说明一些与噪声有关的声学概念。

7.4.1　声场

声波传播的空间称为声场。允许声波在任何方向做无反射自由传播的空间叫作自由声场。在自由声场中,任何一点都只有直达声而无反射声,声音完全被吸收,自由声场也称全消声室。消声室是人为的自由声场,是由吸声材料和吸声结构组成的密闭空间。允许声波在任何方向做无吸收传播的空间叫作混响声场,也称全反射室。与全消声室相反,全反射室室内表面的吸收率在 0.01～0.02 或以下。除非人为特别创造,否则在现实生活环境中并不存在上述两种极端的空间。如果某一空间仅以地面为反射面,而其余各个方向均符合自由声场的条件,那么称其为半自由声场;对于房屋等生活空间,其边界(墙壁、地面、天花板或摆设物等)既不完全反射声波,也不完全吸收声波,这种空间称为半混响声场。如果试验室空间较大,其墙壁和天花板既不完全反射声波也不完全吸收声波,即可认为是半混响声场。一般较大的水泵试验室或试泵站应属于半混响声场。噪声测量的声学环境是非常重要的,它直接关系所测数据的准确性和有效性。

7.4.2 声压级

声音的强弱用声压 p 来表示。所谓声压,是指声波波动引起传播介质中压力的变化的量值,单位是 Pa(帕),1 Pa=1 N/m^2(牛顿每平方米)。声压变化的范围很大,例如人耳刚能听到的最小声压为 $2×10^{-5}$ Pa,称为听阈声压。当声压达到 20 Pa 时,人耳感到疼痛,这一声压称为痛阈声压。虽然从听阈到痛阈的声压范围是人耳正常听觉的声压范围,但两阈值相差 100 万倍。可见,用声压的绝对值来衡量声音的强弱很不方便,因此在声学上引入"级"的概念,用声压级表示声音的大小,即对被测量与基准量之比取对数,称该对数值为"级",用来表示声音的强弱。例如,声压为 p 的声音,其声压级定义为

$$L_p = \lg\left(\frac{p}{p_0}\right)^2 = 20×\lg\frac{p}{p_0} \qquad (7\text{-}6)$$

式中,L_p 为声压级,dB;p 为某一声音的声压(被测量),Pa;p_0 为基准声压(基准量),定为 $2×10^{-5}$ Pa,它是人耳刚刚可以听到声音的声压,此时的声压级为零。

用式(7-6)计算出的从听阈到痛阈的正常听觉的声音范围的声压级为 0～120 dB。dB 是一个相对单位,量纲为一,它只是一个相对于基准声压的比较指标,用以反映声音的相对强度。它来源于电信工程,在电信工程中经常用两个功率比值的对数来表示放大器的增益,称为 Bel(贝尔),分贝是贝尔的 1/10。

7.4.3 声功率级

声波携带的能量称为声能量,声功率就是指声源在单位时间内辐射的总声能量,与声压和声压级的关系相似,声功率的相对大小也可以用声功率级 L_P 表示,即

$$L_P = 10×\lg\frac{P}{P_0}^2 \qquad (7\text{-}7)$$

式中,L_P 为声功率级,dB;P 为声源辐射的声功率,W;P_0 为基准声功率,W,在空气中基准声功率取 $P_0 = 10^{-12}$ W。

实际上,声功率级的数值不是直接测量得到的,而是根据相应条件下声压级的实测值换算而来的。表 7-9 给出了点声源的声功率级与声压级的换算关系。

表 7-9　点声源的声功率级与声压级的换算关系

声场类型	适用环境	关系式	备注
自由声场	全消声室	$L_P = L_p + 20 \times \lg r + 11$	r 为离声源的距离,m; t 为混响时间,s,$t_0 = 1$ s; V 为试验室容积,m^3; $V_0 = 1$ m^3; S 为试验室表面积,m^3; λ 为声波长,m; p_0 为大气压力,Pa
半自由声场	半消声室、大房间、户外	$L_P = L_p + 20 \times \lg r + 8$	
混响声场	全反射室	$L_P = L_p + 10 \times \lg \dfrac{t}{t_0} - 10 \times \lg \dfrac{V}{V_0} - 10 \times \lg(1 + \dfrac{S\lambda}{\delta V} - 10 \times \lg \dfrac{p_0}{10} + 14$	

在噪声测量中,之所以要将噪声的声压级测量结果换算为声功率级,是因为声压级的数据随声源与测点之间的距离的改变而改变,而且还与测试环境有关。声源的声功率级在其安装条件确定后,受环境的影响较小,同时也便于相同产品之间的比较。因此,目前国际标准化组织推荐以声功率级为固定式机械设备噪声的评价量。

7.4.4　频程

噪声是由大量不同频率的声音复合而成的,在很多情况下只测量噪声的总强度(即噪声的总声级)是不够的,还需要测量噪声强度中关于频率的分布,但是又不能对不同频率的噪声逐一进行测量。因此,通常是将声频范围分为若干区段,这些区段就是所谓的频程。测量时,采用频程滤波器保留待测频程范围内的声音信号而滤去其余的声音,进而通过改变滤波器通频带的方法逐一测量出各个频程范围的噪声强度,这就是分频程噪声测量中最常用的 1 倍频程和 1/3 频程。1 倍频程是指频带的上、下限频率之比为 2∶1;1/3 频程是对 1 倍频程三等分后得到的频程,即频带的宽度仅为 1 倍频程的 1/3。每个频程都有一个中心频率 $f_{中}$,中心频率与该频程频率的上限 $f_{上}$ 与下限 $f_{下}$ 的关系如下:

$$f_{中} = \sqrt{f_{上} \, f_{下}}$$

且 $f_{上}$ 与 $f_{下}$ 的比值恒定,对于 $1/N$ 频程,

$$\frac{f_{上}}{f_{下}} = 2^{\frac{1}{N}}$$

对于 1 倍频程滤波器,

$$\frac{f_{上}}{f_{下}} = 2$$

对于 1/3 频程滤波器,

$$\frac{f_{上}}{f_{下}} = \sqrt[3]{2}$$

表 7-10 和表 7-11 所列分别是 1 倍频程和 1/3 频程中常用的中心频率及相应的频率范围。

表 7-10　1 倍频程的中心频率及其频率范围　Hz

频率范围	中心频率
22.4～44.7	31.5
44.7～89.1	63
89.1～178	125
178～355	250
355～708	500
708～1410	1000
1410～2820	2000
2820～5620	4000
5620～11200	8000
11200～22400	16000

表 7-11　1/3 频程的中心频率及其频率范围　Hz

中心频率	频率范围	中心频率	频率范围	中心频率	频率范围
50	44.7～56.2	400	355～447	3150	2820～3550
63	56.2～70.8	500	447～562	4000	3550～4470
80	70.8～89.1	630	562～708	5000	4470～5620
100	89.1～112	800	708～891	6300	5620～7080
125	112～141	1000	891～1120	8000	7080～8910
160	141～178	1250	1120～1410	10000	8910～11200
200	178～224	1600	1410～1780	12500	11200～14100
250	224～282	2000	1780～2240	16000	14100～17800
310	282～355	2500	2240～2820		

7.4.5　计权声级

噪声通过一种专门设计的频率修正(听觉特性修正)电路后,某些频率成分将被衰减。在声学测量中,这种电路称为频率计权网络,用带有频率计权网络的仪器测得的噪声值称为计权声级,又称噪声级。常用的计权网络有 A、B、C 三种,相应的计权声级分别记作 L_A、L_B、L_C,单位为 dB。

A 计权网络:模拟人耳 40 phon(方)等响度曲线,主要衰减人耳不敏感的低频段声音,对中频段声音也有一定的衰减。

B 计权网络:模拟人耳 70 phon(方)等响度曲线,仅对低频段声音有一定的衰减。

C 计权网络:模拟人耳 100 phon(方)等响度曲线,对整个可听频率范围内的声音基本无衰减。

上述三种计权声级中,A 声级最能反映人耳的听觉特性,是目前最常用的噪声表示值,广泛用于各种噪声规定值和基准值的表示。对于强度不随时间变化的稳定噪声,可以直接用 A 声级评定。

7.5　噪声测量仪器

噪声测量仪器是以声级计为核心的噪声测量系统,它的主要组成设备为声级计、频率分析仪、声级校准器。在噪声频谱分析中,有时将声级计或传声放大器与滤波器组合,构成频谱仪,频谱仪既可用于噪声测量,也可用于频谱分析。

7.5.1　声级计

噪声的测量方法很多,所用仪器也很多。声级计是噪声测量中最常用且使用最简单的仪器,它不仅可以单独用于噪声级测量,而且可以与相应的仪器设备配套,用于频谱分析和振动测量。

声级计采用了先进的数字检波技术,使得仪器的稳定性、可靠性大大提高,且具有操作简单、使用方便、量程范围大、大屏幕液晶数显、自动测量存储各种数据等特点。

1. 声级计的组成与结构

（1）声级计的组成

声级计是噪声测量中最基本的仪器,又称噪声计,是一种用于测量声音的声压级的仪器,是声学测量中最具代表性且最常用的仪器。声级计一般由传声器、前置放大器、衰减器、频率计权网络、放大器、检波电路及有效值指示表头等组成。传声器将声音转换成电信号,前置放大器变换阻抗使传声器与衰减器匹配。放大器将输出信号加到计权网络,对信号进行频率计权（或外接滤波器）,再经衰减器及放大器将信号放大到一定的幅值,送到有效值检波器（或外接电平记录仪）,最后由指示表头显示相应的噪声声级的数值。

（2）声级计的结构

声级计的品种有很多,本节以早期具有代表性的产品 ND2 型精密声级计为例,对声级计的结构加以说明。ND2 型精密声级计的外形如图 7-18 所示。

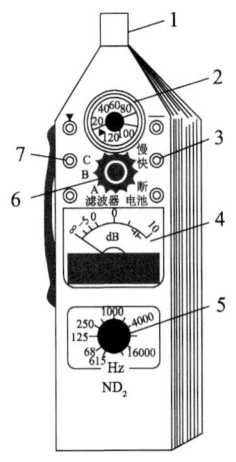

1—电容式传声器;2—衰减器;3—放大器输出;4—指示表头;

5—滤波器旋钮;6—计权网络旋钮;7—外接滤波器。

图 7-18　ND2 型精密声级计的外形

1）传声器

传声器是一种声电转换元件,它把声压信号转变为电压信号,是声级计的传感器。噪声测量常见的传声器有动圈式传声器、电容式传声器和压电式传声器等。

① 动圈式传声器。动圈式传声器由振动膜片、可动线圈、永久磁铁和变压器等组成。振动膜片受到声波压力后开始振动,并带动和它装在一起的可动线圈在磁场内振动,从而形成感应电动势,完成声电转换。这种传声器灵敏度较低,体积较大,易受电磁干扰,频率响应特性也不平直,而且对低频段声音衰减大,通常用于一般测量的声级计中。其优点是固有噪声小,能在高温环境下工作。

② 电容式传声器。如图 7-19 所示,电容式传声器主要由金属膜片和靠得很近的金属电极组成,实质上是一个平板电容器。金属膜片与金属电极构成平板电容的两个极板,受到声压作用时,膜片会发生变形,导致两个极板之间的距离发生变化,于是改变了电容量,使测量电路中的电压发生变化,实现将声压信号转化为电压信号。电容式传声器是声学测量中比较理想的传声器,具有动态范围大、频率响应平直、灵敏度高、固有噪声低、频带宽和在一般测量环

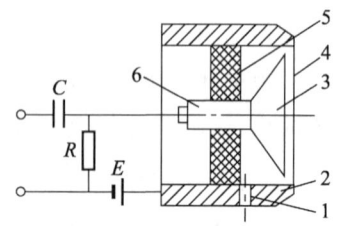

1—均压孔;2—外壳;3—后极板;
4—膜片;5—绝缘体;6—导体。

图 7-19　电容式传声器示意图

境下输出性能稳定等优点,通常用于精密测量的声级计中,但电容式传声器的输出阻抗很高,需要通过前置放大器进行阻机和配置十分稳定的直流偏压,结构复杂,成本高,膜片又薄又脆,容易损坏。尽管电容式传声器具有这些缺点,但其仍然是目前应用最广泛的传声器。

③ 压电式传声器。压电式传声器是利用压电晶体受声压作用后产生的正压电效应实现声电转换的。其灵敏度高,频率特性好,结构简单,价格便宜,但工作性能受温度的影响较大。

2）放大器和衰减器

一般采用两级放大器,即输入放大器和输出放大器,其作用是将微弱的电信号放大。输入衰减器和输出衰减器分别用来改变输入信号的衰减量和输出信号的衰减量,以便表头指针指在适当的位置。输入放大器使用的衰减器调节范围为测量低端,输出放大器使用的衰减器调节范围为测量高端。许多声级计的高、低端以 70 dB 为界限。

3）计权网络

人耳听觉在不同频率有不同的灵敏性。为此,在声级计内设有一种能够模拟人耳的听觉特性,把电信号修正为与听感近似的信号,从而使测量值与主观听感统一起来,于是就有了均衡网络,这种网络叫作计权网络。通过计权网络测得的声压级不再是客观物理量的压级(称作线性声压级),而是经过听感修正的声压级,叫作计权声级或噪声级。

计权(又叫加权)参数是在对频响曲线进行一些加权处理后测得的参数,以区别于平直频响状态下的不计权参数。

计权网络会对低频和高频都加以适度的衰减,这样可以使中频更突出。将这种加权

网络接在被测器材和测量仪器之间,器材中频噪声的影响就会被该网络放大,换言之,对听觉影响最大的中频噪声被赋予了更高的权重,它可以更真实地反映人的主观听觉。

根据所使用的计权网络不同,又可将计权网络分为三个等级,分别称为 A 声级、B 声级和 C 声级,单位分别为 dB（A）、dB(B) 和 dB(C)。A 声级是模拟人耳对 55 dB 以下低强度噪声的频率特性;B 声级是模拟 55～85 dB 的中等强度噪声的频率特性;C 声级是模拟高强度噪声的频率特性。三者的主要差别是对噪声低频成分的衰减程度不同,其中 A 声级衰减最多,B 声级次之,C 声级最少。由于 A 声级的特性曲线接近人耳的听感特性,因此它是目前世界上噪声测量中应用最广泛的一种,许多与噪声有关的国家规范都是以 A 声级为指标的。

4）检波器和指示表头

检波器的作用是把迅速变化的电压信号转变成变化较慢的直流电压信号,这个直流电压正比于输入信号。根据测量的需要,检波器可分为峰值检波器、平均值检波器和均方根值检波器三种。峰值检波器能给出一定时间间隔中的最大值,平均值检波器能在一定时间间隔中测量其绝对平均值。而均方根值检波器能对交流信号进行平方、平均和开方,得出电压的均方根值,最后将均方根电压信号输送到指示表头。多数的噪声测量都采用均方根值检波器。

测量噪声用的声级计的表头响应按灵敏度可分为四种。

① 慢:表头时间常数为 1000 ms,一般用于测量稳态噪声,测得的数值为有效值。

② 快:表头时间常数为 125 ms,一般用于测量波动较大的不稳态噪声和交通运输噪声。快挡接近人耳对声音的反应。

③ 脉冲或脉冲保持:表针上升时间为 35 ms,用于测量持续时间较长的脉冲噪声,如压力机、气锤等,测得的数值为最大有效值。

④ 峰值保持:表针上升时间小于 20 ms,用于测量持续时间很短的脉冲声,如枪声和爆炸声,测得的数值是峰值,即最大值。

随着科学技术的进步和电子技术的发展,目前出现很多新型的声级计,它们具有很强大的功能。

2. 声级计的分类

（1）按准确度分类

根据《声级计检定规程》(JJG 188—2017),声级计分为两级,即 1 级声级计和 2 级声级计,见表 7-12。1 级声级计是精密声级计,其传声器要求频响宽,灵敏度高,长期稳定性好,且能与各种带通滤波器配合使用,放大器输出可直接和电平记录器、录音机相连接,将噪声信号显示或贮存起来;2 级声级计对传声器要求不太高,动态范围和频响平直范围较狭窄,一般不配置带通滤波器。如果将 1 级声级计的传声器取下,换以输入转换器并接加速度计就成为测振仪,可进行振动测量。

表 7-12　声级计按准确度分类

类别	误差/dB	频率范围/Hz	环境条件/℃	用途
1 级声级计	±0.7	20～8000	−10～50	在实验室作为标准仪器使用,或作为声学测量使用
2 级声级计	±1.0	20～12500	0～40	现场测量的普通仪器用于噪声检测

（2）按体积分类

声级计按体积大小分为台式声级计、便携式声级计和袖珍声级计。

（3）按用途分类

声级计按用途可分为两类:一类用于测量稳态噪声;另一类用于测量不稳态噪声和脉冲噪声。

一般声级计主要用于测量稳态噪声。积分式声级计用来测量一段时间内不稳态噪声的等效声级。脉冲式声级计用于测量脉冲噪声,这种声级计符合人耳对脉冲声的响应及人耳对脉冲声反应的平均时间。

（4）按电路组成分类

声级计按电路组成分为模拟声级计和数字声级计。

3．声级计的使用与维护

（1）声级计的使用

声级计使用正确与否,直接影响测量结果的准确性。因此,有必要介绍一下声级计的使用要点。

① 声级计使用环境的选择:选择有代表性的测试地点,声级计要离开地面和墙壁以减少地面和墙壁的反射声的附加影响。

② 天气条件:要求在无雨、无雪的情况下进行测量,声级计应保持传声器膜片清洁,风力在三级以上时必须加风罩(以避免风噪声的干扰),五级以上大风情况下应停止测量。

③ 使用时,打开声级计携带箱,取出声级计,套上传声器。

④ 使用前,将声级计置于 A 状态,检测电池,然后校准声级计。

⑤ 根据被测噪声,调节声级计的量程。

⑥ 使用快(测量声压级变化较大的环境的瞬时值)、慢(测量声压级变化不大的环境的平均值)、脉冲(测量脉冲声源)、滤波器(测量指定频段的声级)各种功能进行测量。

⑦ 根据需要记录数据,同时也可以连接打印机或其他计算机终端进行自动采集。

⑧ 使用完毕,整理器材并将其放回指定位置。

（2）声级计的维护与保养

① 保持仪器的外部清洁。

② 传声器不用时应保持干燥,避免放置在高温、潮湿、有污水、有灰尘的地方。

③ 传声器膜片应保持清洁,不得用手触摸。

④ 传声器切勿拆卸,防止摔摔,不用时应放置妥当。

⑤ 安装电池或外接电源时应注意极性,切勿接反,长期不用时应取下电池,以免漏液损坏仪器。

⑥ 仪器长期不用时,应每月通电 2 h,梅雨季节应每周通电 2 h。

⑦ 仪器使用完毕,应及时将电池取出。

⑧ 定期送计量部门检定。声级计的检定周期为 1 年。

7.5.2　频率分析仪

频率分析仪是用来分析噪声频谱的仪器,用图形的方式显示信号幅度和频率的分布,即 X 轴表示频率,Y 轴表示信号的幅度。频率分析仪主要由带通滤波器和放大器组成,工作方式是先利用一组带通滤波器将被测噪声中所含的不同频率分量逐一分离,分量经内部放大器放大后再进行测量。测量结果既可由表头读出,也可外接信号记录仪直接获得频谱图。

7.5.3　声级校准器

传声器的性能常受环境影响较大。因此,正确的使用方法是在每次测量之前对声级计进行校准,必要时可在测量完成后再校准一次,而且仪器的示值偏差不得大于 0.5 dB,否则测量无效。

在《电声学　声校准器》(GB/T 15173—2010)中,将声校准器的准确度等级分为 LS 级、1 级、2 级。LS 级声校准器一般只在实验室中使用,而 1 级和 2 级声校准器为现场使用。1 级声校准器主要与 1 级声级计配套使用,2 级声校准器主要与 2 级声级计配套使用。

常用的声级校准方法有活塞发声器法和声级校准器法两种。

1. 活塞发声器法

活塞发声器是一种标准声源,它由电动机旋转带动活塞在空腔内往复移动,从而改变空腔的压力,产生了平定频率下一定大小的声压级的声音。由于活塞的表面积、活塞行程和空腔容积(活塞在中间位置时)都保持不变,因此它产生的声压也非常稳定,通常用于精密声级计的声压级校准。一般活塞发声器产生的频率为 250 Hz,声压级为 124 dB,声压级的精度为 ±0.1%。活塞发声器具有精度高、体积小、使用方便等优点,其最大缺点是随大气压的变化产生的声压级也发生变化,如在拉萨市(海拔 3600 m),它产生的声压级比在平原地区要低 3 dB 左右,这就需要对大气压的变化进行修正,才能达到规定等级要求。另外,活塞发声器失真程度也较大,而且工作频率只能到 250 Hz,对于只有 A 计权的声级计,校准的误差较大。

活塞发声器的使用方法是:校准时计权开关置于 C,量程旋钮置于 120 dB 处;然后将活塞发声器用特制的配合器紧密装在声级计的传声器上,推开发声器的开关;活塞发声器发声,观察声级计的读数是否为 124 dB,若不是,则要用螺钉旋具调节校准用的电位器进行调节,使读数为 124 dB。

2. 声级校准器法

声级校准器也是一种标准声源,它由电路产生频率为 1000 Hz 的电信号,经放大后驱动一只小型扬声器(压电陶瓷型或动圈型)发声。考虑到扬声器声压会随温度的变化而变化,因此加入温度补偿使声压保持恒定。这种声级校准器的精度比活塞发声器低,能产生的频率为 1000 Hz,声压级为 94 dB,声压级的精度为 ±0.2%。它具有体积小、质轻、耗电少、性能稳定和高精度等优点,适用于 1 级和 2 级声级计。

校准时计权开关既可以置于 A,也可以置于 B 或 C,这是因为它产生的是 1000 Hz 的声音,A、B、C 三种计权网络在该频率处都不衰减,量程旋钮置于 90 dB 处,其他步骤同前。

7.6 泵的噪声测量及评价

泵的噪声测量与评价执行的标准为 GB/T 29529—2013《泵的噪声测量与评价方法》。泵的噪声测量有声压级与声功率级两种方法,推荐采用声功率级法测量。

7.6.1 泵噪声测量的要求

1. 测量环境

泵的噪声测量一般选择在试验室、车间或泵站进行,这些地方应属于半混响声场。对于测量环境的要求主要是指声学环境,即背景噪声和环境修正两个方面。背景噪声是指被测声源以外的其他声源产生的噪声,环境修正是指由声反射或声吸收对表面声压级的影响而引入的修正项,具体要求如下。

① 背景噪声修正 K_{1A}:在传声器位置平均后的背景噪声 A 计权声压级应当至少比被测量声压级低 3 dB。

② 环境修正值应小于或等于 7 dB。

2. 测量仪器

① 所用声级计的准确度等级应不低于 2 级,测量误差不大于 ±1 dB。

② 每次测量前后,应当用测量误差不大于 ±0.3 dB 的声校准器在测试的频率范围内的一个或多个频率点上对整个测量系统进行校准。

③ 声校准器和测量系统应当每年经计量检定合格。

3. 泵的安装

① 泵应安装在实地上,不要安装在水池盖板或架空的平台上。

② 在试验室测量时,出口节流阀应当尽量装得远一些。

③ 吸入和排出管路噪声过大时,应当尽量降低噪声的影响。优先使用低噪声节流装置。

④ 应当尽量减少来自其他设备噪声的干扰,如原动机噪声的影响,必要时应采取隔声(隔声罩)等措施,以减少干扰。

4. 测量时泵的工况

在测量离心泵、混流泵、轴流泵噪声时,应在规定转速(允许偏差±5%)和规定流量下进行。在测量齿轮泵、滑片泵、螺杆泵等容积泵噪声时,应在规定工作压力和规定转速(允许偏差±5%)下进行。往复泵按《往复泵噪声声功率级的测定　工程法》(GB/T 9069—2008)的规定执行。

7.6.2　A 计权声压级和 A 计权声功率级的测量与计算

1. 基准体

因为泵体的表面是一个不规则且形状各异的声源体,为了便于设计测量表面及在测量表面上确定传声器的位置,应当设定一个基准体。基准体是一个包括泵体在内的假想的平行六面体,置于 XYZ 空间坐标系中,坐标系的 X 轴和 Y 轴位于地面上,并与基准体的长和宽平行,特性声源尺寸为 d_0,如图 7-20 所示。

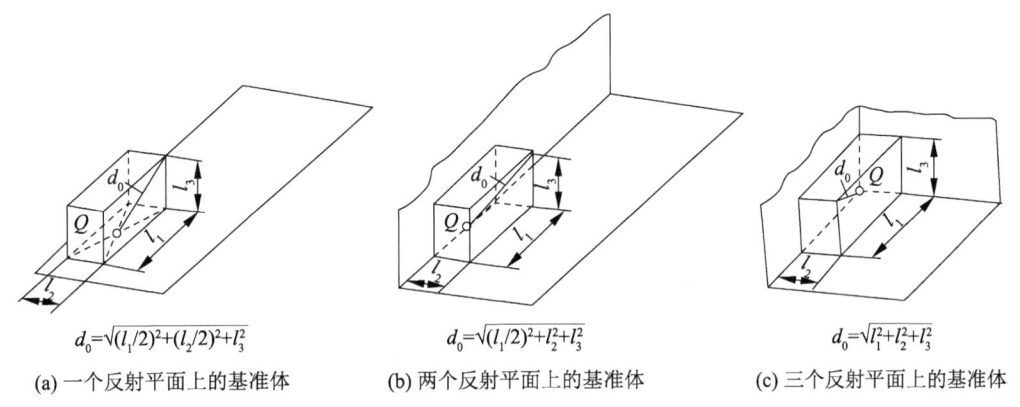

$d_0=\sqrt{(l_1/2)^2+(l_2/2)^2+l_3^2}$　　　$d_0=\sqrt{(l_1/2)^2+l_2^2+l_3^2}$　　　$d_0=\sqrt{l_1^2+l_2^2+l_3^2}$

(a) 一个反射平面上的基准体　　　(b) 两个反射平面上的基准体　　　(c) 三个反射平面上的基准体

图 7-20　基准体和特性声源尺寸 d_0 与坐标系原点 Q 的关系

2. 测量表面及传声器位置的确定

测量表面可使用两种形状:一种是半径为 r 的半球形或局部半球形表面;另一种是各边与基准体对应平行的矩形平行六面体表面。采用哪一种形状的测量表面应视被测声源体的具体形状而定,大型的或长宽比较大的机械一般采用矩形平行六面体表面。泵的噪声测量通常选择半球形表面。

(1)半球形测量表面中心及半径的确定

半球形测量表面的中心位于基准体及其在邻接反射面内的虚像所构成的箱体中心(图 7-20 中的原点 Q),半球形测量表面的半径 r 应大于或等于特性声源尺寸 d_0 的两倍且不小于 1 m。半球半径应采用 1 m、2 m 或 4 m,半径太大时环境条件难以满足。

(2)半球形测量表面面积及基本传声器位置的确定

当被测声源只有一个反射面时,半球形测量表面面积 $S=2\pi r^2$,如图 7-20a 所示;当有两个反射面时,半球形测量表面面积 $S=\pi r^2$,如图 7-20b 所示;当有三个反射面时,半球形测量表面面积 $S=0.5\pi r^2$,如图 7-20c 所示。

基本传声器和附加传声器的位置如图 7-21 和图 7-22 所示。图 7-22 中,4、5、6、10 为四个基本传声器的位置,它们在测量面上以等面积相连接;图 7-22 中,14、15、16、20 为四个附加传声器的位置。两种传声器位置的坐标列于表 7-13 中。

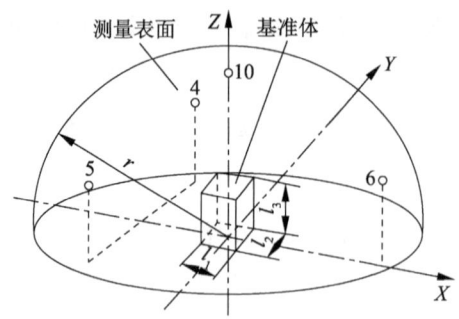

图 7-21　半球表面上的传声器

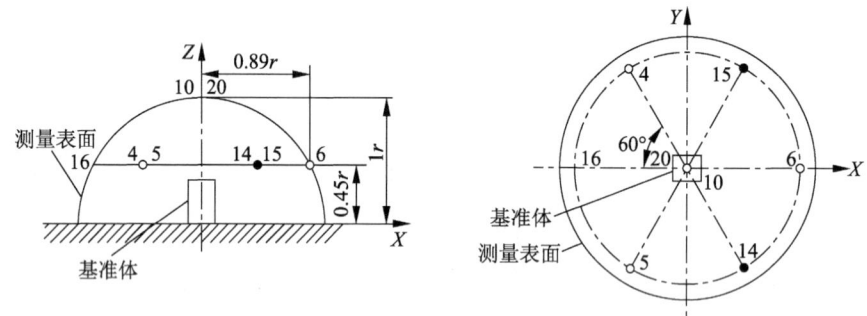

○—基本传声器位置;●—附加传声器位置。

图 7-22　半球表面上的传声器阵列

表 7-13　基本传声器位置(4、5、6、10)和附加传声器位置(14、15、16、20)的坐标

传声器位置	X/r	Y/r	Z/r	传声器位置	X/r	Y/r	Z/r
4	−0.45	0.77	0.45	14	0.45	−0.77	0.45
5	−0.45	−0.77	0.45	15	0.45	0.77	0.45
6	0.89	0	0.45	16	−0.89	0	0.45
10	0	0	1.0	20	0	0	1.0

注:顶点位置 10 和 20 重合,顶点允许略去,但应在相应的噪声测试规范中加以说明。

(3)附加传声器

当半球测量面上的声音分布不均匀时,应增加附加传声器,具体情况如下:

① 基本传声器位置上测得的声压级值的范围(即最高与最低声压级之间的差)超过基本测点数目的 2 倍。

② 声源体辐射噪声有很强的指向性。

③ 一个大声源,其噪声仅仅通过声源的一个很小的局部向外辐射,附加传声器的位置如图 7-22 所示。

3．测量方法

① 当环境(如强电场、强磁场、有风、高温、低温)对测量有影响时,应设法避免。

② 传声器取向应与其校准时的声波入射角相同。

③ 时间平均声压级应使用满足要求的积分声级计测量。当用时间特性测得的声压级起伏在 ±1 dB 以内时,允许使用满足要求的声级计,后一种情况用测量期间最大、最小声压级的平均值代表时间平均声压级(至少观察 30 s)。

④ 测量时将泵工况调至规定点,待运行稳定后观察 A 计权声压级,并读取每个传声器位置上的 A 计权声压级,测定以下量:泵的 A 计权声压级 L'_{pA};背景噪声的 A 计权声压级 L''_{pA}。

4．A 计权表面声压级和 A 计权声功率级的计算

(1) 测量表面平均 A 计权声压级和测量表面平均背景噪声 A 计权声压级

其计算公式分别为

$$\overline{L'_{pA}} = 10 \times \lg \left(\frac{1}{N} \sum_{i=1}^{N} 10 L'_{pA_i} \right) \tag{7-8}$$

$$\overline{L''_{pA}} = 10 \times \lg \left(\frac{1}{N} \sum_{i=1}^{N} 10^{0.1 L''_{pA_i}} \right) \tag{7-9}$$

式中,L'_{pA} 为泵的测量表面平均 A 计权声压级,dB;L''_{pA} 为测量表面平均背景噪声 A 计权声压级,dB;$\overline{L'_{pA_i}}$ 为在第 i 个传声器位置上测得的 A 计权声压级,dB;$\overline{L''_{pA_i}}$ 为在第 i 个传声器位置上测得的背景噪声 A 计权声压级,dB;N 为传声器位置数目。

简便算法:当各测点的声压级之间相差不大于 5 dB 时,可按算术平均值计算,其误差不超过 1 dB。

(2) 背景噪声的修正

在测量噪声时,即便所测量的声源停止发声,环境中也会存在一定的噪声,称为背景噪声或本底噪声。只有从测量结果中扣除背景噪声,才能得到所观察噪声的正确声压级值。因此,要进行背景噪声的修正。背景噪声修正值 K_{1A} 的计算公式为

$$K_{1A} = -10 \times \lg \left(1 - 10^{-0.1 \Delta L_A} \right) \tag{7-10}$$

式中,$\Delta L_A = L'_{pA} - L''_{pA}$。

当 $\Delta L_A \geq 3$ dB 时,测量结果有效;当 $\Delta L_A < 3$ dB 时,测量结果无效。当 $\Delta L_A > 10$ dB 时,不需要修正背景噪声;当 3 dB$\leq \Delta L_A \leq 10$ dB 时,按式(7-9)进行背景噪声的修正。

(3) 测试环境的修正

测试环境是指被测声源的试验室或试泵站的墙壁、地板、天花板或附近反射物,其对声反射影响的大小主要由测量表面面积 S 和测试房间吸声面积 A 之比决定,与声源在测试房间内所处的位置没有太大关系。测试环境的修正值 K_{2A} 的计算公式为

$$K_{2A} = 10 \times \lg \left[1 + 4 \left(\frac{S}{A} \right) \right] \tag{7-11}$$

式中, A 为 1 kHz 频率上测试房间的等效吸声面积, m^2 ; S 为测量表面的总面积, m^2 。

　　环境修正值作为 A/S 的函数如图 7-23 所示。由图可知,吸声面积 A 与测量表面的总面积 S 之比应大于或等于 1,即 $A/S \geqslant 1$,且越大越好。若不能满足上述要求,则应重新选择测量表面。

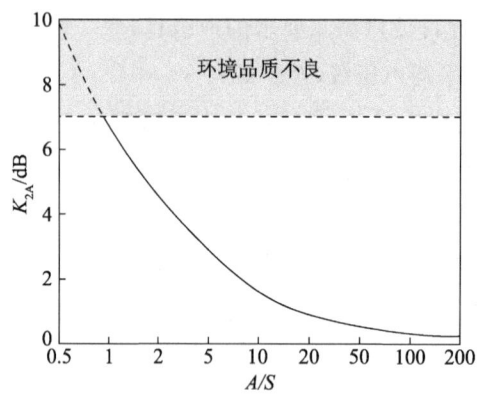

图 7-23　环境修正值

　　等效吸声面积 A 的确定方法有以下两种。

　　1) 近似法

　　A 的值为

$$A = \alpha S_V \tag{7-12}$$

式中, α 为平均吸声系数,由表 7-14 给出; S_V 为测试房间边界(墙、天花板、地板)总面积, m^2 。

表 7-14　平均吸声系数 α 的近似值

平均吸声系数 α	房间特征
0.05	房间几乎全空,墙壁平滑、坚硬,材料为混凝土、砖、灰泥面或瓷砖贴面
0.10	房间部分空,墙壁平滑
0.15	带家具的房间,矩形机器间,矩形工业厂房
0.20	带家具的不规则形状房间,不规则形状的机器间或工业厂房
0.25	带装饰性家具的房间,天花板或墙面装有少量吸声材料的机器间或工业厂房(例如局部吸声的天花板)
0.35	房间的天花板和墙壁均装有吸声材料
0.50	房间的天花板和墙壁装有大量的吸声材料

2）混响法

混响法需要通过测量房间的混响时间以确定吸声量。所谓混响时间,是指当室内声场达到稳态,声源停止发声后,声压级降到 60 dB 所需要的时间。混响时间的测量使用宽带噪声或接收系统中带有 A 计权的脉冲声作为激励信号,A 的值为

$$A = 0.16\left(\frac{V}{T}\right) \tag{7-13}$$

式中,V 为测试房间的体积,m³;T 为测试室的混响时间,s。

（4）A 计权表面声压级的计算

A 计权表面声压级的计算公式为

$$\overline{L_{pA}} = \overline{L'_{pA}} - K_{1A} - K_{2A} \tag{7-14}$$

（5）A 计权声功率级的计算

A 计权声功率级的计算公式为

$$L_{WA} = \overline{L_{pA}} + 10 \times \lg\left(\frac{S}{S_0}\right) \tag{7-15}$$

式中,$\overline{L_{pA}}$ 为 A 计权表面声压级,dB;S 为测量表面的面积,m²;$S_0 = 1$ m²。

5．泵 A 计权声压级测量的测点位置

① 具有代表性的单级、双级、多级离心泵,立式和卧式轴流泵、混流泵及电动机的测点选择如图 7-24 至图 7-30 所示（摘自 GB/T 29529—2013）。

② 测点离泵体表面的水平距离为 1 m。

③ 测点高度的规定:当泵的中心高小于或等于 1 m 时,测点高规定为 1 m;当泵的中心高大于 1 m 时,测点高与中心高相同。

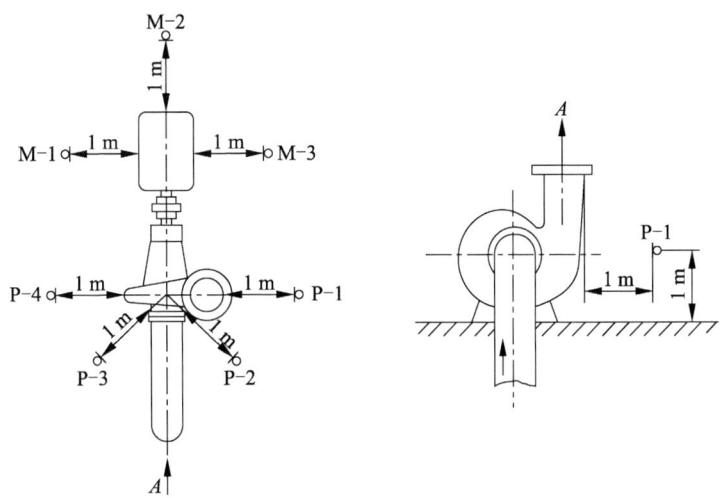

图 7-24　单级悬臂式泵

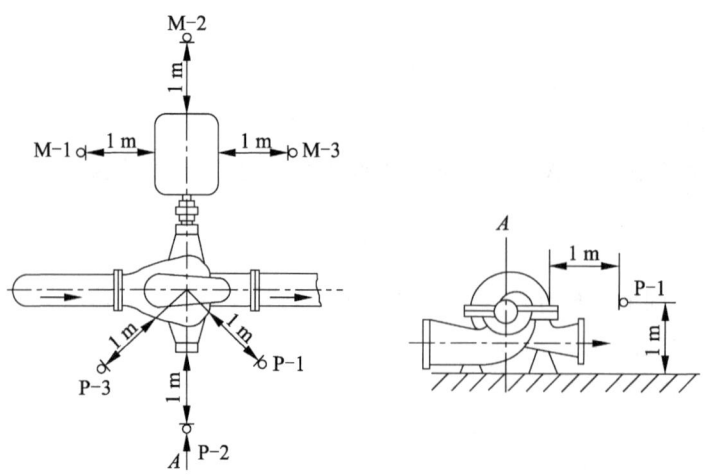

图 7-25　卧式双吸离心泵

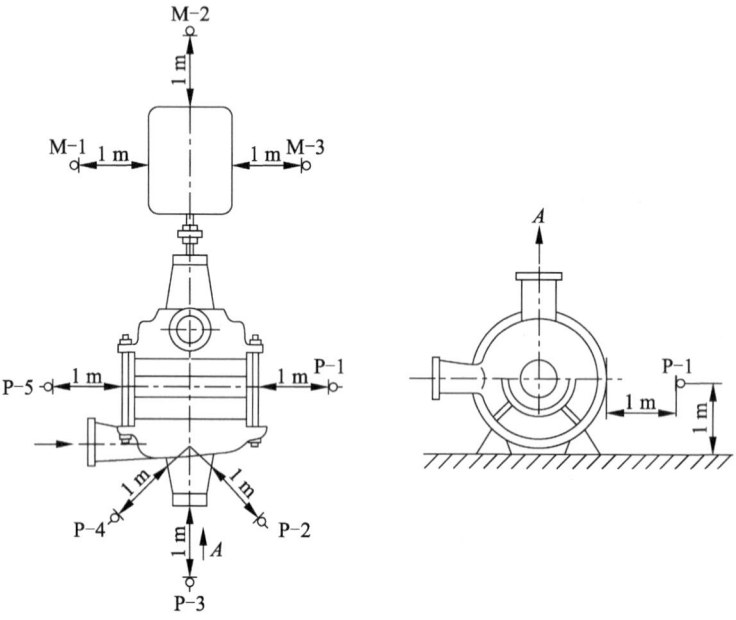

图 7-26　多级离心泵

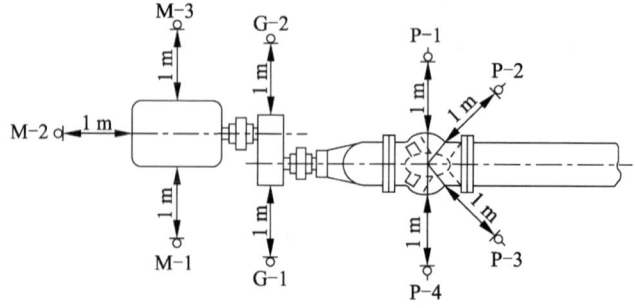

图 7-27　轴流泵与混流泵

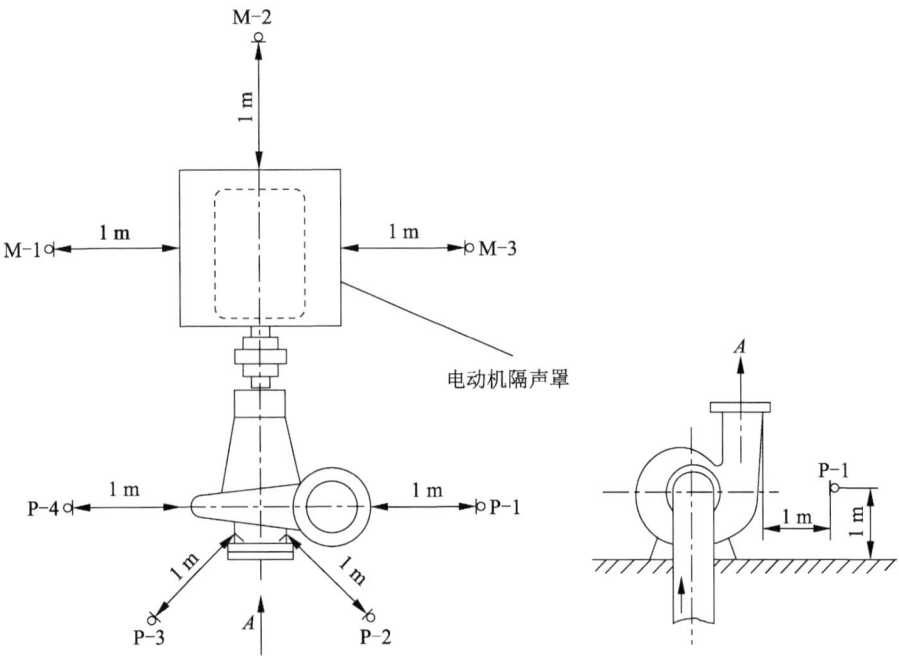

图 7-28　单级悬臂式泵（电动机加隔声罩）

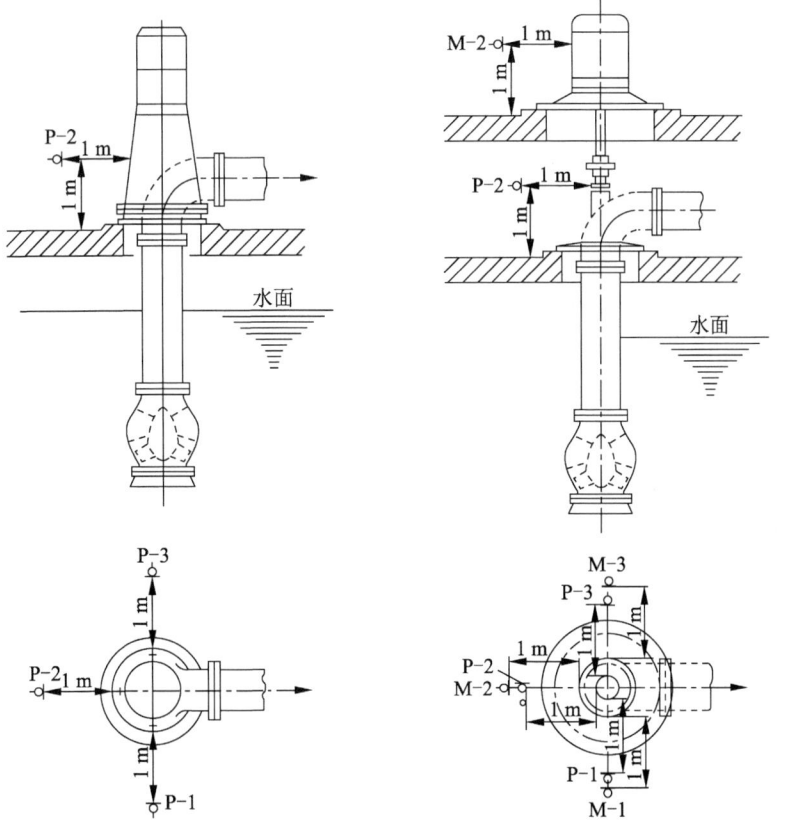

图 7-29　立式轴流泵（单座式）　　图 7-30　立式轴流泵（双座式）

7.6.3　泵的噪声级别的评价方法

在测量泵的声功率级时,用评价表面上的声压级来评价泵的噪声级别;在测量泵的 A 声级时,不重新规定评价表面,而是用泵周围测点的平均值 $\overline{L}_{pA}$ 评价泵的噪声级别;在考核机组噪声时用包括所有测点的总平均值。

1. 评价表面

用泵的声功率级评价泵的噪声时,规定一个半径为 R 的半球面为评价表面。R 的计算公式为

$$R=\sqrt{\left(\frac{1}{4}\right)l_1l_2+\sqrt{l_1l_2}+h^2+1} \tag{7-16}$$

式中,l_1、l_2 分别为基准体的长和宽,m;h 与泵的中心高有关,m,当中心高小于或等于 1 m 时,$h=1$ m,当中心高大于 1 m 时,h 等于中心高。

对卧式泵,中心高是水泵的轴线到声反射面(地面)间的距离;对立式泵,中心高为 $l_3/2$。

2. 计算评价面上的声压级

设泵的声功率级为 L_{PA},按半自由场条件下的点声源,半径为 R 的评价表面上的声压级为

$$L_{pA}=L_{PA}-20\times\lg\left(\frac{R}{R_0}\right)-8.0 \tag{7-17}$$

式中,L_{pA} 为半径为 R 的评价表面的声压级,dB;L_{PA} 为泵声源的声功率级,dB;R 为规定的评价表面的半径,m;R_0 为基准半径,m,$R_0=1$ m。

3. 划分泵的噪声级别的限值

用三个限值 L_A、L_B、L_C 把泵的噪声划分为 A、B、C、D 四个级别,D 级为不合格。泵的噪声限值分别为

$$L_A=30+9.7\times\lg(P_un) \tag{7-18}$$
$$L_B=36+9.7\times\lg(P_un) \tag{7-19}$$
$$L_C=42+9.7\times\lg(P_un) \tag{7-20}$$

式中,L_A、L_B、L_C 分别为划分泵的噪声级别的限值,dB;P_u 为泵输出功率,kW;n 为泵的规定转速,r/min。

满足 L_{pA} 或 $\overline{L}_{pA}\leqslant L_A$ 的泵噪声评价为 A 级;满足 $L_A<L_{pA}$ 或 $\overline{L}_{pA}\leqslant L_B$ 的泵噪声评价为 B 级;满足 $L_B<L_{pA}$ 或 $\overline{L}_{pA}\leqslant L_C$ 的泵噪声评价为 C 级;满足 L_{pA} 或 $\overline{L}_{pA}>L_C$ 的泵噪声评价为 D 级。

对 $P_un\leqslant27101.3$ 的泵例外,因为它们的 $L_C\leqslant85$ dB,可不区别其噪声的 A、B 级别,所以对于这类泵,满足 L_{pA} 或 $\overline{L}_{pA}\leqslant85$ dB 的评价为合格,满足 L_{pA} 或 $\overline{L}_{pA}>85$ dB 的评价为不合格。

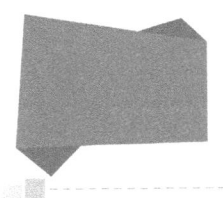

参考文献

［1］关醒凡.现代泵理论与设计［M］.北京:中国宇航出版社,2011.

［2］GÜLICH F J.Centrifugal Pumps［M］.3th ed.Berlin:Springer,2007.

［3］付祥钊.流体输配管网［M］.北京:中国建筑工业出版社,2001.

［4］陈坚.交流电机数学模型及调速系统［M］.北京:国防工业出版社,1989.

［5］汤跃,金立江.泵试验理论与方法［M］.北京:兵器工业出版社,1995.

［6］郑梦海.泵测试实用技术［M］.2版.北京:机械工业出版社,2011.

［7］段桂芳,肖崇仁,席三忠.泵试验技术实用手册［M］.北京:机械工业出版社,2017.